AF875345

LA VIDA SECRETA DE LOS NÚMEROS

Últimos títulos publicados en esta colección:

P. Bren, *El hotel Barbizon*
E. Fromm, *La atracción de la vida*
J. Galef, *La mentalidad del explorador*
R. Salecl, *Pasión por la ignorancia*
T. Aivelo, *Parásitos sin fin*
H. Gardner, *Una mente sintética*
G. Parisi, *En un vuelo de estorninos*
V. E. Frankl, *En el principio era el sentido*
S. Žižek, *Hegel y el cerebro conectado*
J. Sellars, *Estoicismo*
D. García Bello, *La química de lo bello*
b. hooks, *Comunión*
R. Dunbar, *Amigos*
N. deGrasse Tyson, *Mensajero de las estrellas*
I. Gaspari, *Pequeño manual filosófico para personas emotivas*
S. Black, *Todo lo que queda*
M. Schwartz, *La sabiduría del viejo profesor*
H. Sauer, *La invención del bien y del mal*
J. Baggini, *El Evangelio sin Dios*
Confucio, *Los cuatro libros*
T. Papakostas, *Cómo meter toda la Antigua Grecia en un ascensor*
A. Rutherford y H. Fry, *La guía completa de absolutamente todo*
N. Krishnan, *Una aventura terriblemente seria*
U. Özkırımlı, *Cancelados*
L. Shiner, *La invención del arte*
N. N. Taleb, *Antifrágil*
B. Delaney, *Cómo dejar de preocuparte*
M. Gawdat, *La inteligencia que asusta*
M. Wittig, *El pensamiento heterosexual*
J. Eichler, *El eco del tiempo*
S. Žižek, *El plus de goce*
S. Zweig, *Correspondencia*
M. Onfray, *Ánima*
J. Martín-Fernández, *Dime qué sientes*
R. Peckham, *Miedo*
N. N. Taleb, *El cisne negro*
A. Zafirakaou, *Lecciones de vida*
N. deGrasse Tyson, *Cartas de un astrofísico*
S. Ghose, *Su espacio, su tiempo*
O. Laing, *El viaje a Echo Spring*
R. Yuste Rojas, *El cerebro, el teatro del mundo*
D. J. Siegel, *Viaje al centro de la mente*
P. Bringley, *Toda la belleza del mundo*
C. López-Otín, *La levedad de las libélulas*
M. Jay, *Psiconautas*
K. Kitagawa y T. Revell, *La vida secreta de los números*
S. Magsamen y I. Ross, *Tu cerebro quiere arte*
D. Darling, *¡Buuum!*
A. Comte-Sponville, *Sobre el cuerpo*
N. N. Taleb, *El lecho de Procusto*

KATE KITAGAWA Y TIMOTHY REVELL

LA VIDA SECRETA DE LOS NÚMEROS

La historia no contada de los pioneros olvidados de las matemáticas desde Hipatia de Alejandría hasta nuestros días

Traducción de Ana Guelbenzu

PAIDÓS Contextos

Título original: *The Secret Lives of Numbers*, de Kate Kitagawa y Timothy Revell
Publicado originalmente en inglés por Viking, un sello de Penguin General. Penguin General forma parte del grupo de empresas de Penguin Random House.

1.ª edición, noviembre de 2024

La lectura abre horizontes, iguala oportunidades y construye una sociedad mejor.
La propiedad intelectual es clave en la creación de contenidos culturales porque sostiene el ecosistema de quienes escriben y de nuestras librerías.
Al comprar este libro estarás contribuyendo a mantener dicho ecosistema vivo y en crecimiento.
En **Grupo Planeta** agradecemos que nos ayudes a apoyar así la autonomía creativa de autoras y autores para que puedan seguir desempeñando su labor.
Dirígete a CEDRO (Centro Español de Derechos Reprográficos) si necesitas fotocopiar o escanear algún fragmento de esta obra. Puedes contactar con CEDRO a través de la web www.conlicencia.com o por teléfono en el 91 702 19 70 / 93 272 04 47.

© Kate Kitagawa y Timothy Revell, 2023
© de la traducción, Ana Guelbenzu de San Eustaquio, 2024
© de todas las ediciones en castellano,
Editorial Planeta, S. A., 2024
Paidós es un sello editorial de Editorial Planeta, S. A.
Avda. Diagonal, 662-664
08034 Barcelona, España
www.paidos.com
www.planetadelibros.com

ISBN: 978-84-493-4304-9
Fotocomposición: Realización Planeta
Depósito legal: B. 17.537-2024
Impresión y encuadernación en Limpergraf

Impreso en España – *Printed in Spain*

PEFC Certificado
Este libro procede de bosques gestionados de forma sostenible
PEFC
PEFC/14-38-00305
www.pefc.es

SUMARIO

Preludio 9

1. Al principio 15
2. La tortuga y el emperador 31
3. Una ciudad llamada Álex 55
4. Los albores de los tiempos 73
5. Sobre la(s) procedencia(s) del cero 91
6. La Casa de la Sabiduría 111
7. El sueño imposible 127
8. Los (primeros) pioneros del cálculo 145
9. Newtonianismo para señoritas 169
10. Una síntesis espléndida 191
11. La sirena matemática 207
12. Revoluciones 229
13. = ... 249
14. Un mapa de las estrellas 265
15. Triturar los números 281

Epílogo 303

Agradecimientos 315
Bibliografía seleccionada 319
Notas 331
Lista de ilustraciones 339
Índice analítico 343

PRELUDIO

En una escena de la serie estadounidense *El ala oeste de la Casa Blanca*, de temática política, dos veteranos asesores del gobierno contemplan perplejos una diapositiva en una presentación. Un grupo de cartógrafos intentan explicar que el mapa del mundo, el que conocen y en el que han confiado toda su vida, es solo uno entre muchos otros. Y tiene defectos. «¿Estáis diciendo que el mapa está mal?», pregunta un asesor, incrédulo.

Ningún mapa del planeta es preciso: sencillamente, es imposible desde el punto de vista matemático. No se puede transformar la superficie de una esfera en un dibujo bidimensional sin distorsionarla. Aun así, tal como aclaran los cartógrafos, el mapa que están mirando promueve una visión eurocéntrica del mundo. Europa parece más grande que Sudamérica, cuando en realidad esta dobla su tamaño. Alemania está situada en medio del mapa, cuando de hecho se ubica en el cuarto más septentrional de la Tierra. Todo este tiempo hemos tenido una visión del mundo distorsionada.

El cartógrafo flamenco Gerardus Mercator fue quien fijó el mapa mundo, en el siglo XVI. En un principio estaba destinado a los navegantes que cruzaban océanos, no a analistas políticos dedicados al estudio de la geopolítica. Ha pasado de generación en generación, consolidando su posición de mapa dominante y generalizando la idea de que el mundo es así, no de que es solo una perspectiva.

La historia de las matemáticas es parecida. Pese a su reputación de ser el estudio de las verdades fundamentales, los cálculos fríos y las pruebas irrefutables, no se ha librado de los poderosos individuos y estructuras que han dado forma a la verdad y el conocimiento. Al contrario: de hecho, la historia de las matemáticas lleva miles de años acumulando sesgos, desde la manera en que se veneran cierto tipo de matemáticas y matemáticos hasta las versiones que contamos sobre sus orígenes. Ha llegado el momento de revisar ese modelo y de contar un relato nuevo.

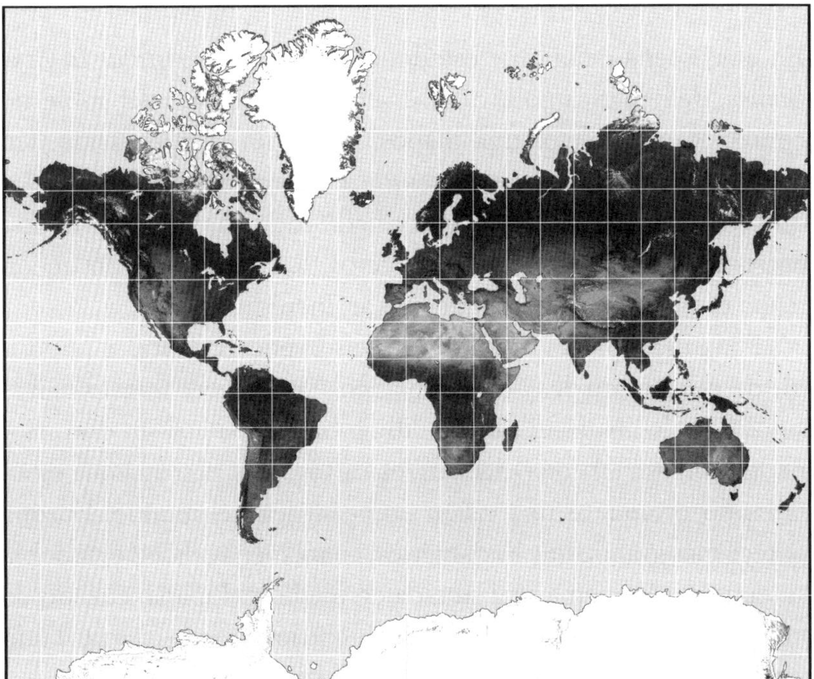

La proyección de Mercator.

Cuando nosotros, Kate y Timothy, quedamos por primera vez para comentar el proyecto de un libro conjunto, no previmos adónde nos llevaría. Mientras tomábamos té en una librería de Charing Cross, en Londres, hablamos de nuestra pasión compartida por las matemáticas y de que deberíamos escribir una historia accesible de esta ciencia. Teniendo en cuenta la experiencia de Kate como historiadora de las matemáticas y las credenciales de Timothy como matemático y periodista, pensamos que sería sencillo.

Nos equivocábamos. Cuanto más indagábamos en la historia de las matemáticas, más sabíamos de cómo se había distorsionado. Y mayor era la obligación que sentíamos de hacer algo.

Los orígenes de las matemáticas son de una diversidad muy bonita. En lugar de ideas surgidas en una sola zona, han ido apareciendo variantes a lo largo de la historia, una muestra de la fuerte tendencia humana a la razón. Las ideas no entienden de fronteras nacionales, así que las matemáticas se han extendido de un lugar a otro en numerosas ocasiones junto con el comercio y el intercambio cultural. Sin embargo, el avance de las matemáticas no es lineal. Ha ido hacia delante y hacia atrás, ha saltado por todo el planeta, se ha ido por la tangente, de aventuras, y a veces ha acabado en callejones sin salida. Y por eso es mucho más rica. Pese a la fama de ser una progresión lógica, las matemáticas son en realidad un asunto caótico.

No obstante, esta no es la historia que se suele contar. Se pone en un pedestal a los griegos antiguos, como si fueran los creadores de las matemáticas modernas, aunque gran parte de lo que ahora se incorpora a nuestro saber global procede de muchos otros sitios, incluida la antigua China, la India y la península arábiga. La premisa de que la manera europea de hacer las cosas es superior no tiene su origen en las matemáticas, sino que es fruto de siglos de imperialismo occidental, pero se ha infiltrado en la disciplina. A menudo se han dejado a un lado las matemáticas ajenas a la Antigua Grecia por ser consideradas «etnomatemáticas», como si esta fuera una ciencia independiente, un relato secundario de la auténtica historia.

Mientras nos abríamos paso a través de milenios de matemáticas, casi todo lo que creíamos saber acababa cuestionado de un modo u otro. Ciertas anécdotas muy conocidas resultaron ser tergiversaciones o puras invenciones, y muchos matemáticos y matemáticas habían quedado excluidos de la historia. Durante las páginas siguientes, te contaremos algunas de las formas en que se ha tergiversado la historia de esta ciencia. Esta es la historia de una verdadera actividad global. Las matemáticas son una materia que trata de las ideas y de buscar maneras de concebirlas para llegar a sus conclusiones. En matemáticas la diversidad de pensamiento no es solo importante: es fundamental.

Pensemos en el cálculo. Esta teoría matemática para describir y determinar cómo cambian las cosas con el tiempo es uno de los avances más importantes y útiles de la historia de la humanidad. Es crucial para la ingeniería (sin él no podríamos construir con precisión puentes o cohetes) y se usa en casi todas las disciplinas científicas que nos ayudan a comprender mejor el mundo. Muchos aspectos esenciales de nuestra vida actual no serían posibles sin él.

Entonces, ¿quién se lleva el reconocimiento? La versión más común es que los matemáticos Isaac Newton, inglés, y Gottfried Wilhelm Leibniz, alemán, elaboraron por separado sus propias versiones del cálculo en la misma época del siglo XVII. Hasta aquí es cierto, pero quedarse solo con eso es como mirar el mapa de Mercator: una visión distorsionada. Hay quien reivindica las ideas que hay detrás del cálculo mucho antes.

En el siglo XIV, una escuela de Kerala, en la India, era un crisol de matemáticos. Su fundador, Madhava de Sangamagrama, fue un brillante matemático, y uno de sus logros fue describir una teoría del cálculo. Indagó en las ideas clave que hicieron posible el cálculo, ideas que pulieron sucesivos matemáticos de la escuela de Kerala. No era una teoría completa ni perfecta, como ocurre siempre que algo es nuevo. Muchas de las primeras bombillas se quemaban demasiado rápido y el cristal se ennegrecía por defectos de diseño, pero se sigue reconociendo, con razón, que Thomas Edison las inventó en el siglo XIX. Ha llegado el momento de reconocer también a Madhava.

Las ideas figuran en primer plano en cualquier historia de las matemáticas, pero no se pueden separar de las personas que las concibieron. Para representar de forma veraz los orígenes de las matemáticas debemos estudiar también el origen de los matemáticos. Algunos de los que aparecen en este libro, aparte de ser matemáticos impresionantes, rompieron barreras y ayudaron a que las matemáticas fueran una materia más inclusiva y global. En este libro damos protagonismo a los matemáticos olvidados, y explicamos cómo encajan en la historia tradicional y corregimos engaños y tergiversaciones sobre ellos. Personas importantes que no encajaban en el concepto aceptado de lo que era un matemático no solo sufrieron represión en vida, sino que posteriormente recibieron continuos ataques de los historiadores y analistas.

Tomemos el caso de Sofía Kovalévskaya, nacida en Moscú en 1850, justo antes de la guerra de Crimea. Durante toda su vida la desincentivaron y le prohibieron dedicarse a las matemáticas. Su padre le negó el acceso a unos estudios adecuados, pues consideraba una vergüenza que su hija fuera una mujer culta. Este tipo de posturas eran habituales en la época. Pese a todo, ella se dedicó a las matemáticas y produjo un trabajo que sin duda le habría valido un doctorado.

Sin embargo, muchas universidades se negaron a que hiciera el examen necesario para obtenerlo por ser mujer.

Gracias a una inmensa determinación, al final Kovalévskaya logró ganarse un puesto en la Universidad de Estocolmo y convertirse en la primera profesora universitaria de matemáticas del mundo. Aun así, no era un trabajo remunerado: tuvo que pedir en persona dinero a sus alumnos para sobrevivir. A algunas personas no les gustó siquiera que hubiera accedido al puesto. El célebre dramaturgo August Strindberg describió el concepto de una mujer profesora como «un fenómeno pernicioso y desagradable».[1]

Tras su muerte, el legado de Kovalévskaya quedó distorsionado por unos biógrafos que para contar su historia recurrían con demasiada frecuencia a los estereotipos de género en vez de a los datos de su vida. Aunque fue una matemática extraordinaria, la presentaban como una especie de mujer fatal que progresaba gracias a su aspecto y su encanto, pese a que no había pruebas de ello. Ha llegado el momento de poner fin a la contaminación de historias como la de Kovalévskaya.

Consideramos que esta reformulación de la historia de las matemáticas es importante, pero esperamos que sea más que eso. Esta ciencia ha estado plagada de personajes fascinantes durante milenios. Es una materia que busca la verdad, maneras de pensar reveladoras y teoremas alucinantes. No es una búsqueda desapasionada, sino creativa. Como dijo Kovalévskaya una vez: «Es una ciencia que requiere mucha imaginación».[2] La historia de las matemáticas es una saga imprescindible de primera categoría.

Ningún libro puede enmendar todos los errores o contar una historia realmente completa, pero, si un mapa nuevo puede cambiar nuestra forma de ver el mundo, con una historia nueva puede ocurrir lo mismo. La nuestra es una historia de las matemáticas tal como es: un caos precioso y colaborativo. Las matemáticas actuales son una asombrosa amalgama de conceptos de todo el mundo, encabezada por un grupo de personas que derribaron las fronteras haciendo caso omiso de los límites que les imponía la sociedad por su raza, su género o su nacionalidad. Las matemáticas son una ciencia con una historia rica y diversa. Ha llegado la hora de contarla.

CAPÍTULO 1

Al principio

Nuestra especie, el *Homo sapiens*, existe desde hace unos trescientos mil años, pero, por lo que sabemos, las matemáticas son un invento relativamente reciente. Muchos artefactos se han perdido o no han sobrevivido, así que nuestra visión es parcial. Los primeros rastros de actividad matemática humana aparecen hace unos veinte mil años, en forma de marcas de cuentas rayadas en huesos de animales.

Uno de los más antiguos y famosos es el hueso de Ishango, encontrado junto a la frontera entre la actual Uganda y la República Democrática del Congo, del 18000-20000 a. C. El hueso es probablemente el peroné de un babuino, aunque quizá se tratara de un lobo o de un animal de tamaño parecido. En la parte superior tiene pegada una pieza de cuarzo, lo que sugiere que se usara como herramienta. A lo largo hay tres columnas repletas de marcas. Tal vez solo sirvieran para agarrar la herramienta, pero también podrían ser más que eso.

Las marcas de la primera columna suman 48, y las de la segunda y la tercera, 60. Cada columna aparece en segmentos claros, y el más interesante es el de la tercera columna. Las sesenta muescas están divididas en grupos de 11, 13, 17 y 19. Son números primos: números que solo se pueden dividir por 1 y por sí mismos. Estos números están sin duda entre los más importantes en matemáticas. Tal como descubriría la ciencia más adelante, constituyen los cimientos de todos los números. Verlo ahí, en una talla de hace más de veinte milenios, es como recibir un mensaje de un extraterrestre. Resulta estimulante y asombroso, pero cuesta desentrañar su significado exacto.

Hueso de Ishango (cara y dorso).

Los patrones matemáticos podrían ser una mera coincidencia, pero también podrían mostrar la sofisticación numérica de nuestros antiguos ancestros. Los números 48 y 60 son 4 × 12 y 5 × 12 respectivamente, lo que apunta a que las personas que hicieron las marcas crearon un sistema numérico basado en el número 12 (en lugar de en el 10, como el que usamos hoy en día). Uno de los primeros sistemas numéricos que conocemos se basaba en el número 60, así que la anterior hipótesis no resulta. Otra opción es que el hueso fuera un calendario lunar de seis meses y las muescas representaran las fases de la Luna. Otra posibilidad, planteada por la matemática del siglo XX Claudia Zaslavsky, es que una mujer utilizara el hueso para hacer un seguimiento de su ciclo menstrual. Otras explicaciones razonables son que midieran las idas y venidas de las estaciones para plantar semillas o que calcularan cuándo se desbordarían los ríos. Se han descubierto huesos parecidos en otras zonas de África y otros sitios. Así, las cuentas han sido parte integrante del ser humano durante decenas de miles de años.

Los primeros signos de las matemáticas que han pervivido se parecen mucho a las del hueso de Ishango. Puede que esas reliquias atestigüen un salto conceptual gigante para nuestra especie, un momento en que empezamos a pensar en abstracto, o que sean simples marcas. Los restos de monumentos y cerámica antiguos a menudo incluyen complejos diseños geométricos, pero ¿eso significa que sus creadores entendían las matemáticas que había detrás, o solo les gustaban los dibujos?

Quizá las primeras matemáticas que desarrolló nuestra especie no quedaran por escrito ni dejaran rastros físicos. Pruebas mucho más contemporáneas demuestran que se puede alcanzar una profunda comprensión de las matemáticas solo mediante el habla. El pueblo akan de África occidental, por ejemplo, contaba con un sofisticado conjunto de herramientas matemáticas para abordar pesos y medidas que se trasmitía por el boca a boca. La naturaleza oral de su sistema matemático era perfecta para la negociación con los mercaderes árabes y europeos entre el siglo XV y finales del XIX. Sin embargo, también provocó que desapareciera durante los siglos de comercio de esclavos en el Atlántico. Cuando, en 2019, los investigadores trataron de reconstruir cómo funcionaba, utilizando los escasos artefactos que se conservaban en museos, propusieron que se le diera al sistema la categoría de patrimonio de la humanidad de la Unesco debido a su espectacularidad.

En este caso, el sistema se utilizaba hasta hace bastante poco y se han conservado algunos artefactos, pero seguramente han existido muchos otros sistemas matemáticos orales que se han perdido con el tiempo. Lo más probable es que el cálculo, y sus consecuencias, fuera fundamental en numerosas comunidades y civilizaciones que jamás tuvieron la necesidad de dejar por escrito nada de esa índole. O, si lo hicieron, todo vestigio de ello se ha desvanecido. Estos primeros momentos de las matemáticas son borrosos y perdurarán así para siempre. No obstante, con la llegada de la escritura y el auge de algunas de las mayores civilizaciones del mundo, la imagen gana cierta claridad.

Por los ríos de Babilonia

Entre los ríos Tigris y Éufrates hay un tramo de tierra fértil que acogió a muchas grandes civilizaciones antiguas. Los nacimientos de ambos son distintos y se sitúan en la actual Turquía, para luego serpentear por los modernos Iraq, Siria e Irán hasta que desembocan en el golfo Pérsico. Juntos forman una frontera natural para la zona antes conocida como Mesopotamia.

Hacia el año 3000 a. C., allí prosperaba la civilización sumeria. Los sumerios construyeron complejas ciudades con vastos sistemas de riego. También contaban con uno de los primeros sistemas judiciales, dotados de tribunales, celdas y registros oficiales. Habían creado el primer sistema de escritura conocido, el cuneiforme (lo necesitaban para los registros), y un sistema de cuentas, para empezar. Incluso organizaron un servicio de correos.

Durante los mil años siguientes, los acadios se convirtieron en la fuerza dominante de la región. Aportaron su propia tecnología, incluido el ábaco, una herramienta de su invención. (El funcionamiento era un poco distinto de las versiones posteriores, como el ábaco chino). Al final su imperio cayó y dejó dos grupos diferenciados que hablaban acadio: los asirios, en el norte, y los babilonios, en el sur. Cada uno produjo una gran civilización, pero fue en el sur donde las matemáticas aceleraron de verdad.

La ciudad de Babilonia, a unos cien kilómetros al sur de la actual Bagdad, era la capital del imperio babilonio. Bajo el mando del rey Hammurabi, que gobernó desde el 1792 hasta el 1750 a. C.

aproximadamente, Babilonia se erigió en una potencia que tener en cuenta. Controlaba varias ciudades-Estado de la región, así que era muy rica y poderosa.

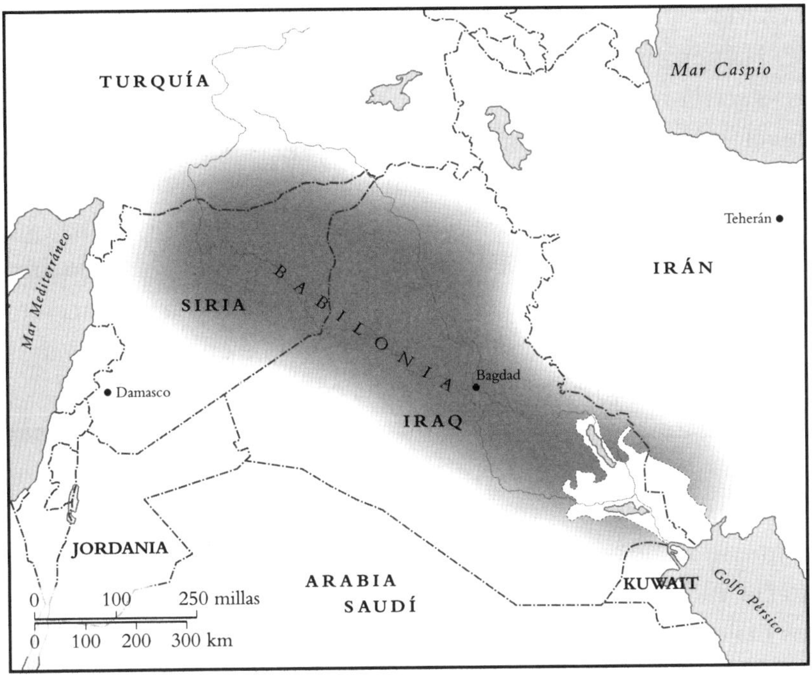

Mesopotamia abarcaba zonas de los actuales Iraq y Siria. Babilonia era un Estado de habla acadia, situado en la parte central al sur de Mesopotamia, y su principal ciudad era Babilonia.

Eso les aportó la estabilidad y los recursos necesarios para desarrollar una comunidad matemática fructífera.

En una extensa colección de tablas de arcilla que han llegado hasta hoy se documentan muchos detalles de la Babilonia de esa época. Los escribas grababan lo que querían anotar con un palo afilado en arcilla húmeda que dejaban endurecer al sol. Para los babilonios, esas tablillas eran como el papel y las hojas de cálculo para nosotros: herramientas cruciales para llevar un registro. Dejaron constancia del cuerpo legal de Hammurabi, conocido como el Código de Hammurabi. Formado por 282 leyes escritas, contiene uno de los primeros ejemplos del concepto de presunción de inocencia, aunque el grado de culpa dependía de si eras una persona con propiedades, libre o esclava. También registraban transacciones y narraciones, incluidos mitos sobre la creación, y comunicaban noticias.

Ha perdurado una tabla que, en esencia, es una reseña negativa. Escrita hacia el año 1750 a. C., es de un cliente insatisfecho llamado Nanni, que había acordado comprar lingotes de cobre a un mercader llamado Eanasir. Sin embargo, cuando llegaron los lingotes, no fueron del gusto de Nanni. En su queja, escribía que no estaba contento con el cobre y que el vendedor había sido grosero con su sirviente cuando estaban completando la transacción. Grabar y hornear una reseña de una forma que dure miles de años es la máxima expresión del poder del consumidor.*

Los babilonios usaban las matemáticas con numerosos fines prácticos, como dividir parcelas de tierra y calcular impuestos. En algunas tablillas se registraron ingresos y presupuestos, lo cual demuestra que estaban familiarizados con los números. Por desgracia, ninguna estaba firmada, así que apenas sabemos nada de los matemáticos como individuos de esa época. Aun así, algunos sin duda estudiaron la ciencia de forma sistemática, tratando campos como el álgebra, y descubrieron el famoso teorema sobre los triángulos que suele llamarse de Pitágoras (que vivió mucho después). También aproximaron la raíz cuadrada de dos correctamente hasta seis decimales.

El sistema de cálculo del tiempo procedía de los sumerios y era sexagesimal, basado en el número 60. Nuestra preferencia por dividir los círculos en 360 grados y las horas en 60 minutos tiene su origen en este sistema. Estos son los símbolos cuneiformes que utilizaban para representar los números del 1 al 59:

* Y, por supuesto, si quisieras usar ese poder del consumidor para grabar una reseña favorable de este libro, nosotros y los futuros arqueólogos te estaríamos muy agradecidos.

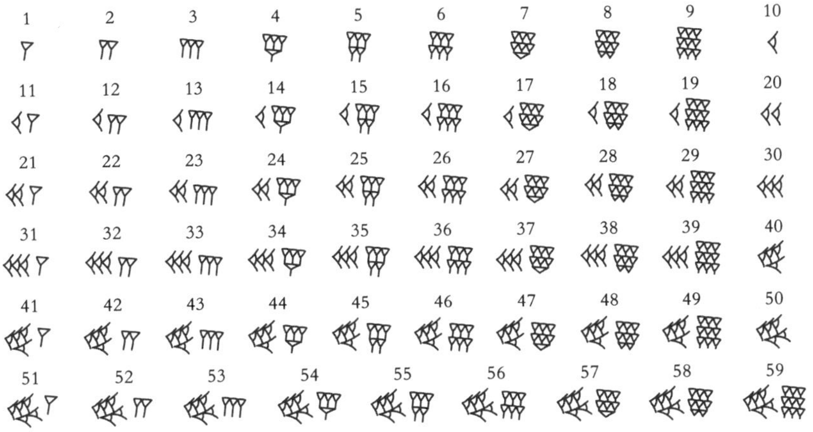

Números babilónicos cuneiformes.

El sistema numérico babilonio era posicional, como el nuestro, lo que significa que el orden de los números te indica la cantidad que representan. Por ejemplo, cuando escribimos el número 271, queda implícito que el número situado más a la derecha representa la unidad 1 y, al movernos a la izquierda, hay 7 decenas y 2 centenas. O, en números:

$$271 = (2 \times 10^2) + (7 \times 10^1) + (1 \times 10^0)$$

De manera parecida, los babilonios utilizaban las posiciones para representar potencias de 60, de manera que 271 podría expresarse:

$$271 = (4 \times 60^1) \times (31 \times 60^0)$$

O, en cuneiforme:

En lo que el sistema numérico babilonio difiere más del nuestro es en que no había cero: hasta siglos después no surgió un cero de verdad. Eso significa que los babilonios a menudo tenían que deducir el tamaño de un número a partir del contexto. Si veían un símbolo cuneiforme de 42, por ejemplo, tenían que inferir si significaba 42, o 42×60^1 42×60^2 o $\frac{42}{60^1}$ o $\frac{42}{60^2}$, por mencionar algunas de las opciones. Aunque podía inducir a error, no es tan irracional como parece de entrada. Si oyeras que alguien dice que una casa cuesta «300» de una moneda concreta, según en qué lugar del mundo estés probablemente deducirás si significa 300, 300.000, 3.000.000 o más.

Puede que la base de 60 parezca difícil en comparación con la base de 10, pero confirió a los babilonios una ventaja matemática. El número 60 es un número compuesto muy superior, lo que significa que tiene muchos factores: se puede dividir entre 1, 2, 3, 4, 5, 6, 10, 12, 15, 20, 30 y 60. Por eso es fácil trabajar con él, sobre todo al escribir fracciones.

Recordemos que, igual que las posiciones a la izquierda a partir de la coma decimal representan unidades, decenas, centenas, etc., hacia la derecha después de la coma decimal representan décimas, centésimas, milésimas, etc. El número 0,347, por ejemplo, es en realidad una abreviatura de

$$0{,}347 = \frac{0}{10^0} + \frac{3}{10^1} + \frac{4}{10^2} + \frac{7}{10^3}$$

Ahora pensemos en la fracción $\frac{1}{3}$. En decimal se escribe

$$0{,}333\ldots = \frac{0}{10^0} + \frac{3}{10^1} + \frac{3}{10^2} + \frac{3}{10^3}$$

Estamos tan acostumbrados a escribir así un tercio en decimal que su naturaleza recurrente parece normal, pero es una peculiaridad de nuestro sistema numérico. Se debe a que 10 no se puede dividir entre 3. Pero 60 sí. Un tercio es lo mismo que $\frac{20}{60}$, lo que significa que, en el sistema sexagesimal, se podría escribir simplemente 0,20, o en otros números:

$$\frac{1}{3} = \frac{0}{60^0} + \frac{20}{60^1}$$

Por tanto, dado que 60 es un número compuesto muy superior, se pueden expresar bien más fracciones en base a 60 que en base a 10.

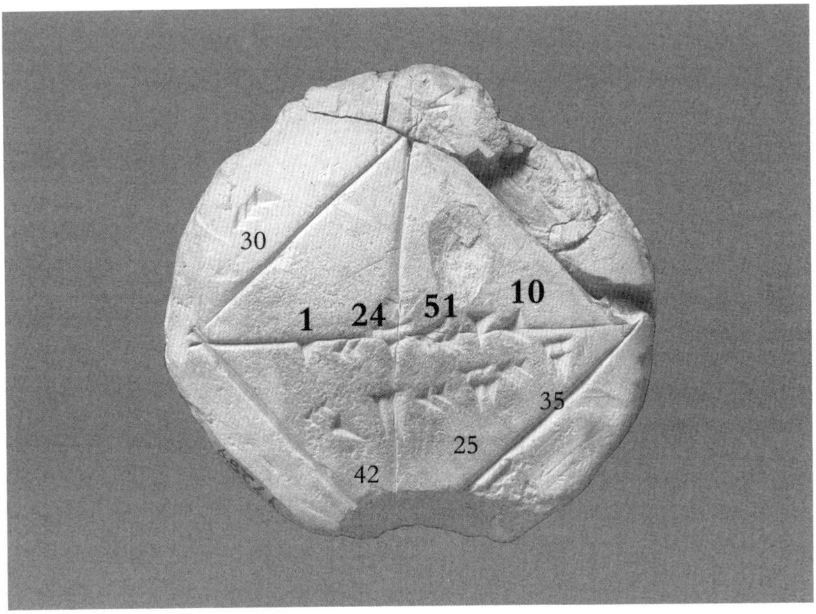

Aproximación babilónica de $\sqrt{2}$.
En el sistema sexagesimal, 1 24 51 10. En el decimal, aproximadamente 1,414213.

Los antiguos egipcios hicieron avances parecidos en la misma época. A partir del año 3000 a. C., la gente tenía símbolos específicos para representar números distintos como parte de un sistema de base 10. Una sola línea representaba el número 1, dos líneas el número 2, y así sucesivamente, hasta el número 9. Había jeroglíficos específicos para números como 10, 100, 1.000, etc., además de símbolos para fracciones. Para escribir un número concreto, los antiguos egipcios simplemente anotaban la combinación correcta de jeroglíficos.

Gran parte de esto se recoge en el papiro de Rhind,* un manuscrito redactado por un escriba llamado Ahmes. Que sepamos, es el manual de matemáticas más antiguo, y arranca con algo extraordinario: «Cálculo exacto. La entrada al conocimiento de todas las cosas y todos los secretos oscuros».[1] Ahmes escribió el manuscrito hacia el año 1.550 a. C. y señala que utilizó textos del año 2.000 a. C. para redactarlo. Cuesta asimilar que las matemáticas que recoge podrían datar de hace cómo mínimo cuatro mil años, sobre todo teniendo en cuenta que gran parte del contenido se parece a las matemáticas tal como las conocemos hoy en día.

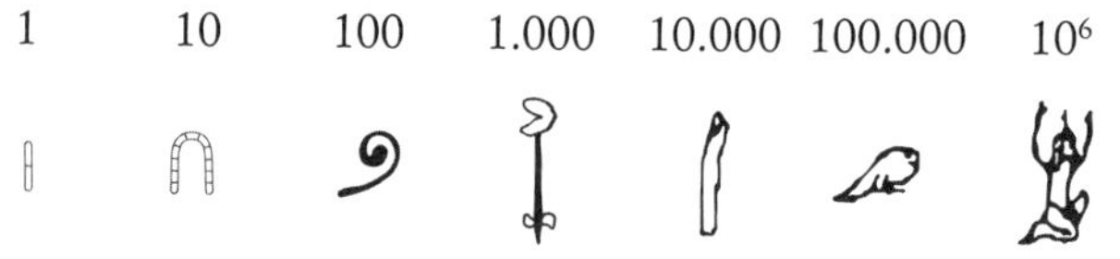

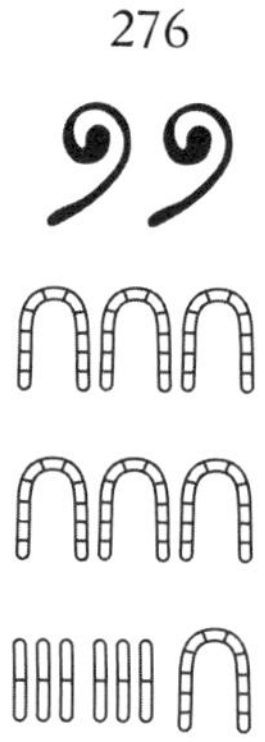

Jeroglíficos numéricos egipcios

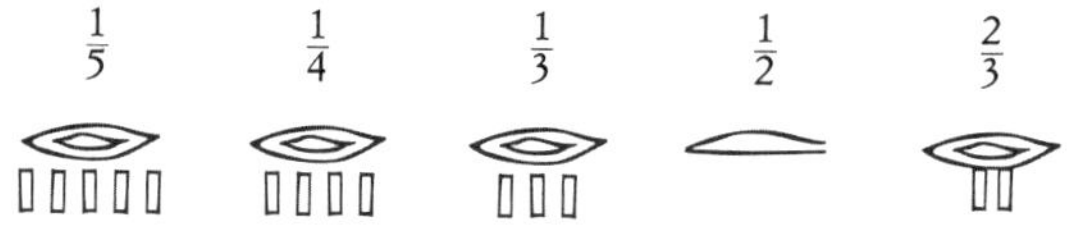

Jeroglíficos de algunas fracciones

El manual contiene ochenta y cuatro problemas matemáticos y maneras de resolverlos. Seis de ellos tratan de calcular la pendiente de una pirámide a partir de la altura y la anchura usando ideas parecidas a la trigonometría. Los pueblos que crearon las pirámides fueron los que dieron forma a las matemáticas, así que no es de extrañar que a los matemáticos egipcios les interesaran la ciencia de aquellas, con lo obsesionados que estaban los faraones

* El nombre procede del arqueólogo británico Alexander Henry Rhind, que compró el papiro en 1863. La mayor parte está guardada en el Museo Británico de Londres.

con construirlas. Sin embargo, las ideas matemáticas también son universales. Muchas otras culturas descubrieron por su cuenta la trigonometría, desde la antigua China hasta la Europa del Renacimiento, solo que con distintas motivaciones. El papiro también incluye tablas de dividir y multiplicar, además de explicaciones sobre cómo calcular el volumen y la superficie. De un modo u otro aparecen muchos de nuestros conceptos e ideas modernos sobre aritmética, álgebra y geometría.

Hay cierta superposición entre las ideas del papiro de Rhind y las que aparecen en las tablas babilónicas. Las dos civilizaciones tenían sistemas numéricos, creencias y culturas distintos, pero ambas descubrieron verdades matemáticas parecidas. Se suele considerar que no se debe a un intercambio activo, sino a que estudiaron independientemente algunas de las ideas matemáticas más fundamentales.

Un manuscrito bajo el brazo

Al otro lado del Atlántico, y en la misma época, prosperaba una civilización con un enfoque distinto de las matemáticas, surgido de la astronomía: la civilización maya, nacida hacia el 2600 a. C. No era un único imperio, sino un grupo de gobernantes independientes de ciudades-Estado que se extendían desde México hasta Honduras y compartían cultura, mitología y calendario. Había templos alineados con los movimientos del Sol, la Luna y los planetas, y ciudades amplias y en expansión. Se cree que en Tikal, en el norte de la actual Guatemala, llegó a haber cincuenta mil habitantes y tres mil edificios separados, desde palacios y santuarios hasta casas, plazas y depósitos de agua. Era un centro económico y de ceremonias, con un amplio comercio de bienes preciosos como el jade, las plumas de quetzal y el cacao. La maya, como otras civilizaciones, contaba con sofisticados sistemas de riego para alimentar las cosechas. También crearon el procedimiento para purificar el agua de boca utilizando zeolitas, que se sigue usando hoy en día.

Los matemáticos eran tan importantes y célebres que aparecían en pinturas murales, con sus manuscritos bajo el brazo. Esos matemáticos contaron con la ayuda de determinados rasgos fortuitos de la cultura maya. Para empezar, aunque los mayas hablaban muchos idiomas locales distintos, había un solo sistema de escritura basado en jeroglíficos para las sílabas y en los perfiles de los dioses para los números (véase la imagen siguiente). La mayoría de la gente era analfabeta, pero los escribas podían comunicarse sin importar el idioma que hablaran gracias a los libros escritos en jeroglíficos sobre papel fabricado con la corteza interna de las higueras. Usaban dos símbolos: un punto y una barra. El punto representaba el 1 y la barra el 5. En lugar de basarse en el 10 o el 60, como los sistemas numéricos decimal o sexagesimal, el maya era vigesimal, es decir, creado a partir del número 20.

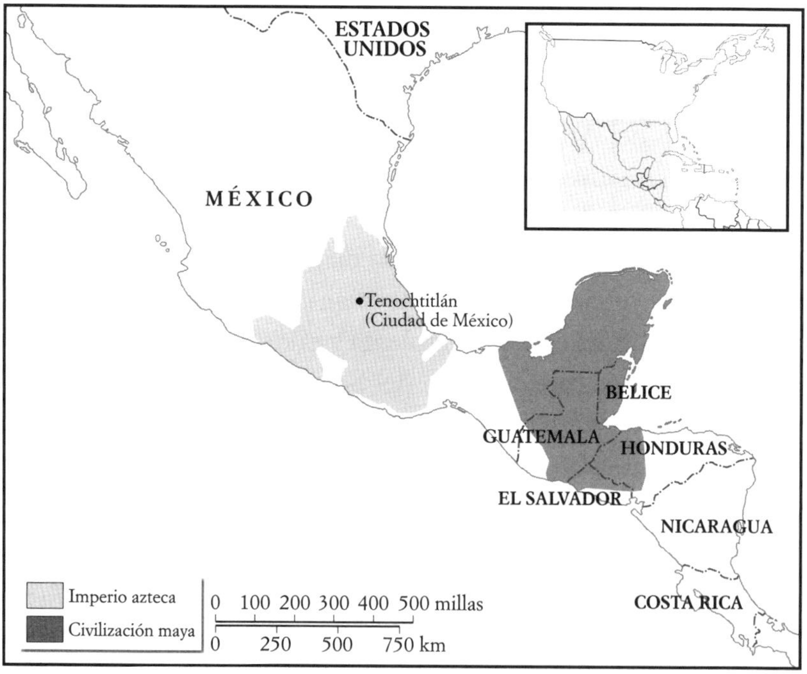

La civilización maya. El área cubre partes de lo que hoy es México, Guatemala, Belice, Honduras y El Salvador.

Por desgracia, para comprender el funcionamiento exacto de este sistema numérico solo podemos hacer conjeturas. Cuando los conquistadores españoles invadieron Mesoamérica, en el siglo XVI, aún existían numerosos libros mayas hechos con corteza de higuera, pero los curas católicos creyeron que contenían «las mentiras del diablo» y quemaron muchos.

Aun así, sabemos que los mayas usaban sus sistemas numéricos con gran eficacia. Una de las funciones básicas de los matemáticos mayas era ser astrónomos. Su trabajo consistía en planificar rituales sagrados para que estuvieran alienados con los acontecimientos celestes. Los mayas crearon observatorios sencillos pero funcionales para ayudar a predecir los cambios de estación y cuándo era mejor plantar las cosechas. Aunque el edificio se construyó más tarde, muchas de las ventanas del observatorio El Caracol, en Chichén Itza, en el actual México, ofrecían una visión perfecta de importantes hechos astronómicos, como la puesta de sol y el equinoccio de primavera.

Los glifos numéricos con variantes de cabezas.

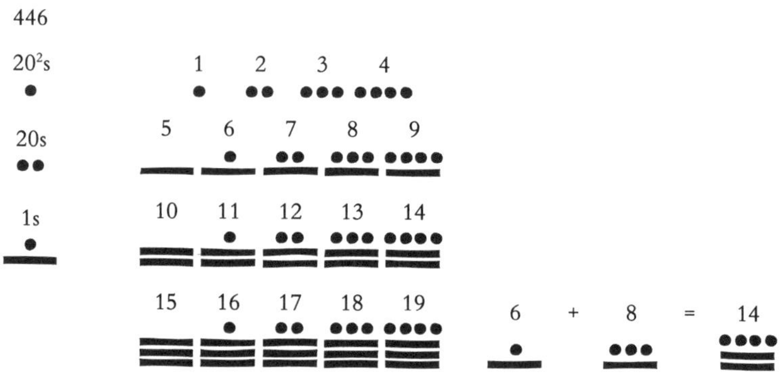

Numerales mayas y una suma de muestra (6 + 8 = 14).

Los restos de una escribanía maya, conocida como la casa de los calendarios, nos muestran que los astrónomos conservaban un registro de sus datos. De principios del siglo IX a. C., la pared y el techo están adornados con coloridas pinturas, que representan varias figuras humanas, números y glifos. Probablemente la pared se usaba a modo de pizarra. Hay jeroglíficos coloreados, que se usaban para cálculos del calendario y astronómicos. En los restos de dos tablas de cálculo se ve el movimiento de la Luna y probablemente de Marte y Venus.

Los matemáticos-astrónomos mayas pertenecían a la clase sacerdotal y gozaban de gran consideración. Eran capaces de pronosticar con precisión los eclipses solares, e incluso lograban predecir los extraños movimientos de Venus en el cielo, que se repiten durante un período de ocho años, que en parte se deben a que el Sol nos obstaculiza verlo. Consideraban a Venus un compañero del Sol y lo llamaron Chak Ek', o Gran Estrella.

Los mayas llevaron a cabo mediciones increíblemente exactas de los movimientos de la Luna y las estrellas: por ejemplo, calcularon que 149 meses lunares duraban 4.400 días; en nuestra notación, eso arroja como resultado que un mes lunar son 29,5302 días, y el cálculo actual es de 29,5306. Asimismo, dedujeron que la duración del año era de 365,242 días; ahora la establecemos en 365,242198 días.

Impulsados por el deseo de entender mejor el cielo nocturno y sus efectos en la Tierra, los mayas se vieron impelidos a desarrollar las matemáticas. Creían que si dominaban la astronomía prosperarían en la agricultura. Un mecanismo parecido impulsaría otro período de evolución matemática en otro lugar del mundo, que nació por lo menos tan temprano como las matemáticas en Babilonia y duró miles de años: en China, donde sin embargo las matemáticas no abordarían solo las lluvias y las cosechas, sino también la autoridad para gobernar y la voluntad de los cielos.

CAPÍTULO 2

La tortuga y el emperador

Cuenta la leyenda que un día, hace unos seis mil años, Yu el Grande se estaba dando un respiro de sus funciones como emperador de China paseando junto a la orilla del río Amarillo. Cuando miró a través del agua corriente, notó que un objeto oscuro se movía a sus pies. Bajó la mirada y vio que era una tortuga. Pero no era una vieja tortuga cualquiera. La observó con mayor detenimiento. En el caparazón había unas grietas que formaban una cuadrícula de tres por tres de numerales chinos que reconoció enseguida. Era un símbolo de la perfección matemática.

El patrón que vio se conoce ahora como el cuadrado mágico, y se puede transcribir de la manera siguiente:

4	9	2
3	5	7
8	1	6

Cada columna, fila y diagonal suma quince. A ojos de los habitantes de la antigua China, esa coincidencia numérica era un buen augurio. Los emperadores eran las figuras más importantes del Estado y llevaban a cabo ritos para garantizar que se preservara la armonía del cosmos. Yu fundó la dinastía china más antigua, la Xia, y asumió la plena responsabilidad de lo que ocurría en todo su imperio, y los resultados de la adivinación desempeñaban una función importante en todo, desde las batallas hasta los partos, las enfermedades y la cosecha. Al encontrar ese patrón favorable, Yu obtuvo la autoridad de presentarse como el justo dirigente del país. Contaba con el llamado Mandato del Cielo.

Con historias como esta empiezan las matemáticas en China. Durante el transcurso de mil años, los matemáticos y la adivinación estuvieron en el centro de cada dinastía. Los gobernantes se basaban en ambas para asuntos prácticos como el comercio y la orientación divina, usando métodos matemáticos para intentar averiguar qué les deparaba el universo. En la antigua China las matemáticas implicaban poder.

Pese a estar subestimadas con frecuencia fuera de Asia oriental, las matemáticas creadas durante esta época eran sofisticadas, elegantes y muy adelantadas a su tiempo. Los cuadrados mágicos, por ejemplo, aparecieron primero en China, pero después surgieron en la India, Oriente Medio y, mucho después, en Europa. Se convirtió en un patrón. A lo largo de la historia, matemáticos de todo el mundo daban con los que creían que eran nuevos hallazgos, para advertir luego que se habían descubierto en China no cientos, sino miles de años antes.

Contar varillas (y con bendiciones)

Los registros más antiguos que tenemos de las matemáticas en China son huesos, en concreto los que se utilizaban para la adivinación. Aunque Yu topó por casualidad con una tortuga que portaba un mensaje, lo habitual era que los adivinos intentaran forzarlo. Trataban de hablar directamente con los dioses grabando preguntas en los caparazones de tortugas muertas o en los omóplatos del ganado, que luego calentaban hasta que se rompían. Los patrones resultantes se interpretaban como respuestas celestiales a las preguntas que planteaban.

Réplica del caparazón de una tortuga utilizada en la adivinación.

Yu vivió siglos antes de los registros escritos más antiguos de China, así que no existe un consenso universal sobre los hechos de su vida. Lo que sabemos de él se trasmitió oralmente durante generaciones y no quedó constancia de ello hasta mucho después. Sin embargo, hay cuantiosos restos de esas adivinaciones en los llamados huesos oraculares. Y es aquí donde también vemos el sistema numérico chino más antiguo en acción como parte de la escritura del oráculo: un primer ancestro de los caracteres chinos modernos de alrededor del siglo XIV a. C.

La escritura del hueso oracular era según un sistema numérico basado en el 10, pero no era posicional. En cambio, los numerales se combinaban para representar números mayores (véase la tercera fila del cuadro siguiente); sin embargo, este sistema tenía sus limitaciones. El mayor número que han encontrado los arqueólogos en un hueso oracular es el 30.000.

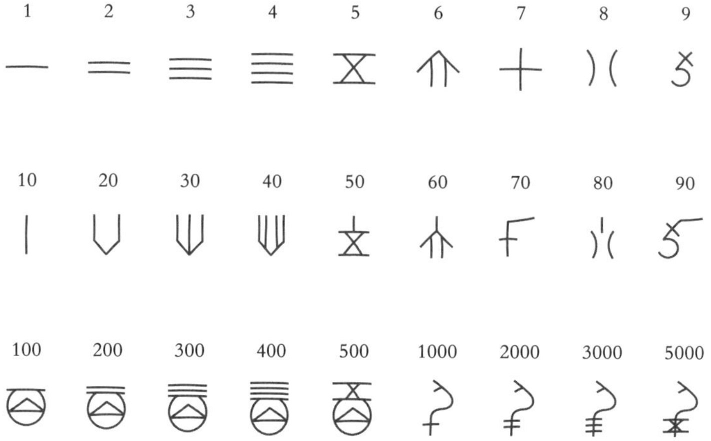

Numerales de un hueso oracular.

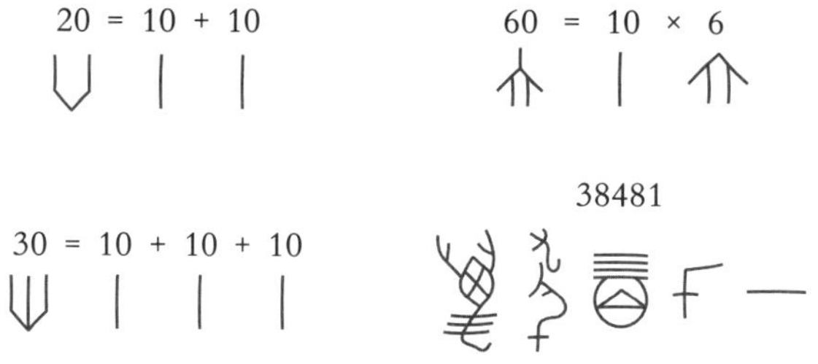

Los números de los huesos oraculares también se podían utilizar para fracciones básicas. Se aprecia en la tabla de multiplicación decimal más antigua, encontrada cuando se donaron 2.500 cintas de bambú de alrededor del año 300 a. C. a la Universidad Tsinghua de Pekín. No se sabe cuál es el origen exacto de las cintas, pero probablemente antes de llegar a la universidad estuvieron a la venta tras aparecer en una excavación ilegal.[1] Entre la colección había veintiuna cintas de bambú que formaban una tabla de multiplicar que indicaba cómo multiplicar cualquier número entero o mitad entre 0,5 y 99,5. Este tipo de tablas se usaban a modo de calculadoras para realizar rápidamente sumas complicadas. Hacía unos cuatro mil años que los antiguos babilonios tenían tablas de multiplicación, anteriores a las tablas chinas, pero no estaban en decimales. Las primeras tablas de multiplicación europeas conocidas datan del Renacimiento.

Cintas de bambú de hacia el año 300 a. C.

Un tiempo después de que se crearan esas cintas de bambú, en China surgió un sistema numérico distinto que resultaría de especial utilidad para los comerciantes: la numeración de varillas. Utilizaban símbolos basados en líneas que se podían dibujar fácilmente en el barro o la arena, aunque mucha gente usaba varillas de verdad. En esa época los mercaderes chinos formaban parte de la élite adinerada, propietaria de tierras, y llevaban encima un manojo de varillas de contar de bambú para hacer cálculos sobre la marcha.

La base del sistema de varillas era un ingenioso truco para crear números mayores a partir de otros más pequeños. Cada número entre el 1 y el 9 se representaba en dos sistemas que se usaban a la vez. En el primero, las varillas se colocaban en vertical para indicar del 1 al 5; para los números del 6 al 9, una varilla horizontal representaba el 5, y se añadían varillas verticales para cada número sucesivo. En el segundo sistema, las varillas horizontales y verticales tenían la función contraria. Por ejemplo, si observamos la tabla anterior, veremos que el 7 se puede escribir como dos varillas verticales y una horizontal, o dos horizontales y una vertical.

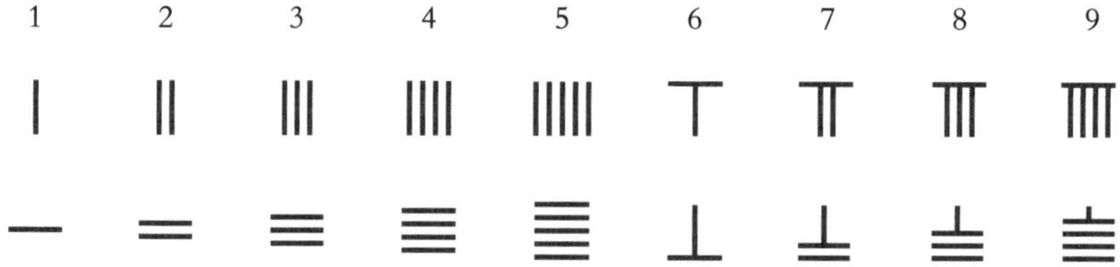

Diagrama: ejemplos de varillas que representan números.

Para representar números más altos, se alternaban estos dos sistemas para los números del 1 al 9, y las varillas predominantemente verticales se usaban para indicar las unidades, las varillas principalmente horizontales indicaban las decenas, etc. El número 264 podría escribirse de la manera siguiente:

Pese a que no existía ninguna anotación que marcara el cero, se podía indicar usando uno de los sistemas (vertical u horizontal) en orden consecutivo. Por ejemplo, el número 209 se escribiría:

La ausencia de un número horizontal entre las 2 centenas y las 9 unidades deja claro que no hay decenas. Cientos de años antes de que alguien inventara un símbolo para el cero (una historia que veremos en el capítulo 5), los matemáticos chinos entendieron su utilidad como marcador de posición. La idea de que los números estuvieran formados por dígitos en posiciones concretas (como ocurría tanto en la antigua China como en Babilonia) fue una auténtica revolución. Hoy en día cuesta imaginarlo, por estar tan acostumbrados al sistema numeral basado en posiciones, pero este salto fue el equivalente matemático a inventar el motor de inyección después de haber esperado mover los brazos y alzar el vuelo. Al alternar los dos métodos para expresar dígitos, los antiguos mercaderes y los matemáticos podían ampliar la línea numérica hasta números más altos sin necesidad de nuevos símbolos o nombres: solo había que conocer los símbolos y sus posiciones.

Puede que las varillas para calcular se inventaran en China, aunque según algunas pruebas procedían de la India. Sea como fuere, prosperaron en China y fueron una bendición para las personas que las utilizaban. Gracias a los sencillos algoritmos que aprendieron moviendo varillas físicas, los comerciantes podían hacer sumas, restas, multiplicaciones y divisiones de forma rápida y fácil. Para multiplicar dos números, se colocaban dos varillas en una superficie y se combinaban en cada posición. Había incluso métodos para encontrar raíces cuadradas o resolver ecuaciones simultáneas, que implicaban más de una incógnita. Los antiguos chinos también entendían los números negativos: usaban varillas negras para representar los positivos y rojas para los negativos, aunque los números negativos nunca aparecían en las respuestas, solo en los cálculos. Aunque los negativos nos parecen naturales hoy en día, a lo largo de gran parte de la historia todos los números tenían un vínculo tan estrecho con objetos físicos que fuera de China muchas civilizaciones matemáticas simplemente no se planteaban la posibilidad de que los negativos resultaran útiles. «Menos siete ovejas» no tenía mucho sentido. Tal como veremos en la próxima sección, una de las grandes influencias en las matemáticas chinas fue el equilibrio entre opuestos, así que quizá este punto de vista los ayudara a aceptar la idea de los negativos.

El sistema de numeración con varillas constituyó una innovación increíble. Durante siglos se mantendría como parte fundamental del cálculo y el comercio chinos hasta que se sustituyeron por las supercomputadoras de la época: los ábacos. Eran más fáciles de utilizar y más rápidos que las varillas y hacia el año 190 a. C. se convirtieron en la herramienta numérica dominante en China.

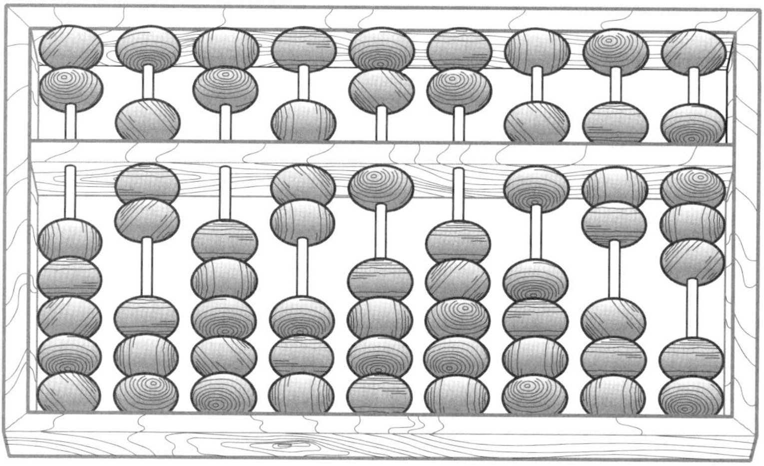

Las matemáticas de la antigua China a menudo trataban de asuntos prácticos, pero también se combinaban con lo divino. Un buen ejemplo de ello son las acciones de Yu para evitar la repetición de las graves inundaciones ocurridas durante el reinado del emperador Shun, su predecesor. (Ambos hombres responden a una categoría casi mítica en China, en parte debido a que no sabemos con certeza ni siquiera si existieron). Yu estudió con meticulosidad el flujo de los ríos y construyó un complejo sistema de canales para trasladar el agua de lluvia a los campos. Se dice que supervisó en persona el proyecto durante trece años, dormía en las mismas estancias que los granjeros y ayudaba en el arduo trabajo de dragar el lecho de los ríos.

Funcionó. Los ríos del corazón de China, entre ellos el río Amarillo y el Wei, no se desbordaron nunca más. Fue muy importante para las numerosas personas que se ganaban la vida junto a los ríos y los usaban para viajar y transportar mercancías. Junto a las orillas fluviales prosperó la vida y Yu se ganó el epíteto de «Gran Yu que controlaba el agua». Había obtenido la confianza para embarcarse en semejante proyecto de la perspectiva de tiempos favorables que adivinó en la aparición de la tortuga del cuadrado mágico.

La guía de hexagramas para la galaxia

Las matemáticas fueron creciendo junto con el poder político. La dinastía Zhou, que abarca desde el 1046 hasta el 256 a. C., fue la más duradera de la historia de China. Nos dio al filósofo Confucio y al estratega militar Sun Tzu, y los documentos escritos que nos han llegado son mucho más sofisticados que los anteriores. Desde el punto de vista matemático, también fue cuando aparecieron dos de los libros más influyentes de todos los tiempos: *El libro de los cambios* y *Los nueve capítulos sobre el arte matemático.*

El libro de los cambios, también conocido como *I Ching*, tiene un objetivo bastante ambicioso. Pretende ser nada más y nada menos que un tratado completo sobre el universo que nos guíe para tomar las decisiones correctas, predecir el futuro y dar con nuestro fin último. Si lo consigue está abierto a debate, por decirlo con suavidad, pero su importancia en el ámbito cultural y matemático es evidente.

Se desconocen los orígenes exactos de *El libro de los cambios.* Según la leyenda, lo creó el mítico emperador Fuxi, del que se decía que era hijo de los cielos. Probablemente el libro se compiló entre el año 1000 y el 750 a. C., y propone un método de adivinación llamado cleromancia en el que se lanzan al aire varias veces palos de milenrama y el patrón que forman al aterrizar se interpreta como uno de los siguientes 28 símbolos, ahora conocidos como hexagramas. Cada uno corresponde a un capítulo del libro, de manera que el patrón remite a un determinado texto que leer e interpretar, aunque dilucidar el significado dista mucho de ser sencillo.

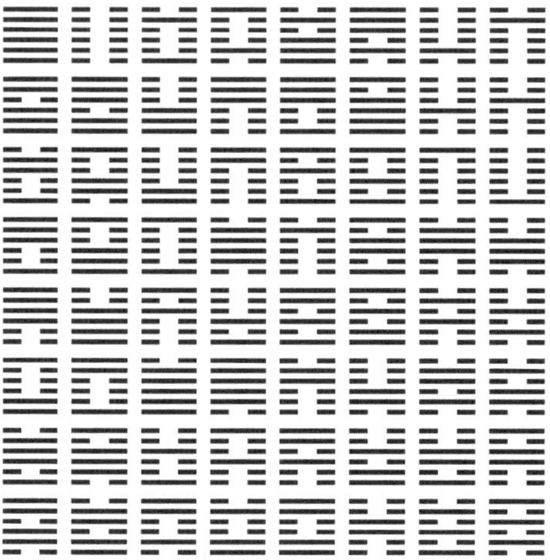

La filosofía que contiene *El libro de los cambios* está vinculada al concepto del yin y el yang, que impregna la cultura de la antigua China y según el cual dos mitades complementarias deben unirse para producir un todo. *Yin* viene de la palabra que equivale a «ladera sombría de una colina», y *yang*, a «ladera soleada». Se dice que el yin y el yang conforman la base de todos los seres humanos y todas las cosas. Desde este prisma, se podría entender la dinámica del mundo a través de *El libro de los cambios*. En los hexagramas, las líneas rotas representan el yin y las sólidas el yang, y en el cuadro se muestran las sesenta y cuatro combinaciones de los dos símbolos en grupos de seis. Durante siglos, la flor y nata de la sociedad consultó *El libro de los cambios* para tomar decisiones y entender su propósito en la vida, y el libro adquirió tal importancia que debían adoptarlo en todas las materias.

En el año 10 a. C., el astrónomo Liu Xin utilizó *El libro de los cambios* para interpretar las observaciones y los cálculos que debía hacer en el cielo nocturno. El sistema de la triple concordancia esbozaba los movimientos de la Luna, el Sol y los planetas y los vinculaba a los sesenta y cuatro hexagramas. A pesar de sus defectos, en aquella época era uno de los modelos más complejos del universo que se habían formulado. Con este sistema Liu calculó que la duración media de un mes lunar era de 29,5309 días, comparable al cálculo de los mayas y de una precisión increíble.

En aquella época, los viajes marítimos de larga distancia estaban en pleno apogeo, y la Iglesia católica enviaba a misioneros jesuitas a China a predicar, hacer proselitismo y difundir la fe. Los chinos acogieron a los misioneros. Al emperador Kangxi, en el siglo XVII, le despertó especial interés el «aprendizaje occidental», así que invitó a la corte a algunos jesuitas para que le dieran clases de varios temas, entre ellos las matemáticas. Los jesuitas enviaban informes a Roma sobre la cultura intelectual de China, y llegaron a Europa traducciones de libros clásicos chinos. Sin embargo, este tráfico bilateral no fue del agrado de la Iglesia católica, que, al fin y al cabo, había enviado misioneros para enseñar, no para aprender, y consideraba que las creencias cristianas eran incompatibles con las chinas. Algunos misioneros habían llegado a la conclusión de que Europa y China compartían una historia de ancestros y dioses, algo que a la Iglesia católica le parecía una blasfemia y por tanto prohibió seguir aprendiendo sobre los ritos chinos.

Pese a todo, el matemático alemán del siglo XVII y polímata Gottfried Wilhelm Leibniz consiguió hacerse con un ejemplar de *El libro de los cambios*. Cuando lo leyó, quedó atónito al ver que los hexagramas eran una representación pictórica de un sistema numérico en el que él había estado trabajando. «Es muy sorprendente que encaje a la perfección con mi nuevo planteamiento de la aritmética», escribió a Joachim Bouvet, el misionero jesuita que le había llamado la atención sobre *El libro de los cambios*.[2]

El sistema numérico de Leibniz había nacido de la distinción cristiana entre dos estados del ser: la existencia y la no existencia. Él atribuyó a estos dos estados el 1 y el 0, y se le ocurrió una manera de representar todos los números usando solo estas dos cifras. Este planteamiento se conoció como sistema binario. Las combinaciones de unos y ceros que utilizó para los números del 0 al 63 eran las mismas que las composiciones de líneas sólidas y rotas que se usaban en los hexagramas de *El libro de los cambios*.

El sistema binario en *El libro de los cambios* estaba muy arraigado en la filosofía del yin y el yang, y el sistema binario de Leibniz, en el cristianismo. No obstante, las matemáticas resultantes eran universales y claramente compatibles tanto con la cultura china como con la europea, además de con muchas otras. Las matemáticas binarias también aparecen en el papiro de Rhind, en las matemáticas de la India del siglo II a. C. y, como mínimo, trescientos años antes de que naciera Leibniz, en el sistema de cálculo del pueblo mangareva, de la Polinesia francesa.

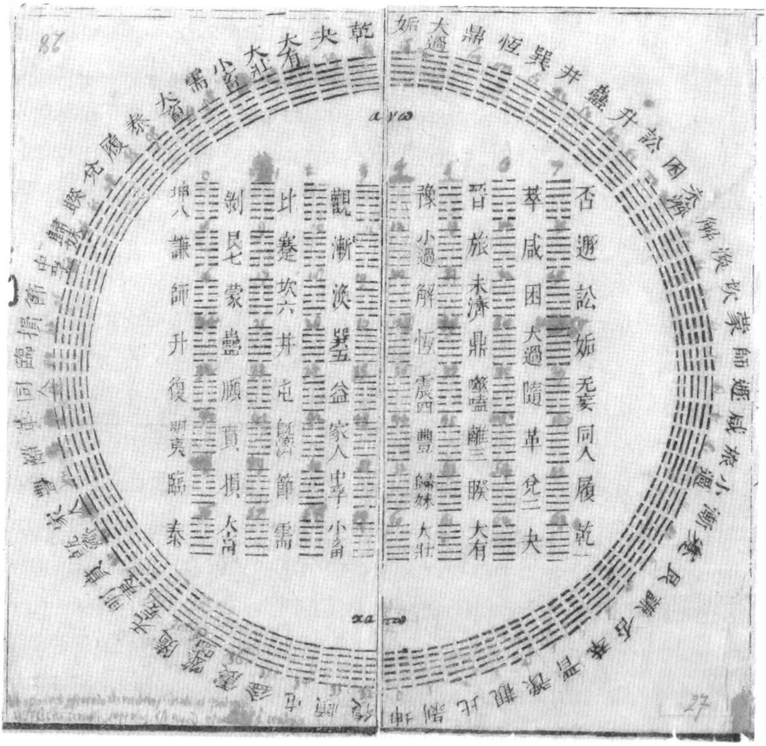

Un hexagrama del *I Ching*. Esta es la versión que vio el matemático alemán Gottfried Wilhelm Leibniz en el siglo XVII. La anotó con tinta.

Puede que los orígenes fueran distintos, pero los fundamentos binarios eran los mismos. Las matemáticas a menudo se entrelazan con la religión, la política, la cultura y la identidad: a fin de cuentas, son obra de personas, así que resulta inevitable. Sin embargo, tal como demuestra el caso del sistema binario, hay muchas formas de llegar a una idea matemática.

Nueve capítulos que cambiaron el mundo

La interpretación binaria del cuadro de *El libro de los cambios* no aparecía en las versiones más antiguas del texto: la añadió más tarde el sabio Shao Yong, del siglo XI. En épocas anteriores, la principal función de un matemático era preservar el conocimiento haciendo copias de obras existentes. Muchos se limitaban a copiar sin implicarse en el tema, pero algunos no podían evitar realizar mejoras o incorporaciones por el camino, como ocurrió con el sistema binario de *El libro de cambios* y con otro libro de la antigua China: *Nueve capítulos sobre el arte matemático.*

Este libro es menos conocido fuera de Asia oriental que *El libro de los cambios*, pero su influencia fue trascendental. *Nueve capítulos* constituyó la base de las matemáticas de Asia oriental durante siglos, y fundamentó esta ciencia tanto en problemas de índole práctica (por ejemplo, hacer seguimiento del tiempo y de los impuestos) como para intentar predecir lo que deparaba el futuro mediante la adivinación.

Nueve capítulos era una guía perfecta para los funcionarios gubernamentales que necesitaban aprender matemáticas para gestionar recursos como el grano, la mano de obra y el tiempo. En el primer capítulo se enseña a calcular la superficie de los campos, y en el segundo, el intercambio de mercancías. Sin embargo, el nivel de dificultad aumenta rápido. En el capítulo ocho se presentan problemas que contienen varias incógnitas, con lo que se asientan las bases del álgebra. En el último capítulo se aborda la geometría de una forma intrincada, con problemas sobre figuras bidimensionales como triángulos, rectángulos, trapezoides y círculos, así como figuras sólidas como prismas, cilindros, pirámides y esferas. A medida que avanza el libro, los capítulos se vuelven más abstractos y generales, aunque cada uno empieza con un ejemplo ilustrativo y ofrece instrucciones para resolver problemas generales.

El primer ejemplar conocido que ha sobrevivido lo compiló el matemático y escritor del siglo III Liu Hui. En su prefacio, Liu se lamenta de lo que se perdió antes de que él naciera y afirma que el texto de *Nueve capítulos* se escribió hacia el año 1000 a. C. Hay consenso histórico en que es demasiado pronto, probablemente el libro se compiló por primera vez en el siglo III a. C., durante o después del reinado de Qin Shi Huang. Fue el primer emperador de la dinastía Qin y ordenó quemar incontables libros para evitar comparaciones entre su gobierno y el de las dinastías anteriores. Pocas obras sobrevivieron a su ira.

Independientemente de cuándo se compilara por primera vez el libro, los comentarios de Liu sobre *Nueve capítulos* eran un alarde matemático. Un hito concreto de la obra de Liu es su aproximación a la relación de la circunferencia de un círculo con su diámetro, a menudo representada hoy en día como pi, o π.* Liu no fue el primero en descubrir π, pero nos acercó más que nunca a su valor exacto. Los babilonios sabían que π era aproximadamente 3. En el siglo III a. C., el matemático griego Arquímedes lo limitó a un rango de entre 3,140 y 3,142. Liu aproximó pi a 3,14159, lo corrigió a cinco decimales, utilizando el mismo método (no se sabe si había llegado a China desde Grecia de alguna manera). En la actualidad, con superordenadores, hemos calculado pi hasta 50 billones de decimales. Pese a todo, los astrofísicos solo necesitan hasta catorce decimales del número para controlar con precisión los cohetes que se lanzan al espacio: ir más allá no

* Esta costumbre la inició el matemático galés William Jones en 1706.

tiene gran utilidad práctica. El cálculo exacto responde más a nuestro amor hacia pi y nuestras ganas de poner a prueba las supercomputadoras y llevar sus algoritmos al límite. Para los cálculos cotidianos incluidos en *Nueve capítulos*, el número de Liu era más que suficiente. Además, para llegar a él empleó una técnica muy ingeniosa con polígonos (figuras de múltiples caras).

El perímetro de un polígono regular y la distancia desde el centro hasta un borde de este es fácil de calcular. Liu advirtió que, a medida que aumentaba la cantidad de caras de un polígono, la figura se parecía cada vez más a un círculo. Eso significa que sus perímetros y anchuras son aproximaciones cada vez mejores al diámetro y el radio de un círculo. Imaginando un polígono regular de 3.072 caras, Liu llegó a su aproximación a pi.

Siguiendo los pasos de Liu Hui, en el siglo V el matemático chino Zu Chongzhi calculó pi con mayor precisión aún, utilizando un polígono de 24.576 caras y dándole los valores correctos de hasta siete decimales. Se mantuvo como el récord mundial hasta que, a principios del siglo XV, el matemático árabe Jamshid al-Kashi lo pulverizó determinando pi hasta con dieciséis decimales. En realidad, es lo máximo que necesitamos, y se calculó hace más de setecientos años.

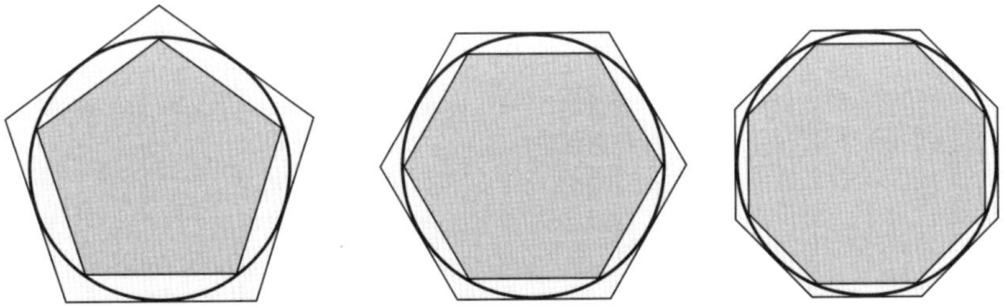

Polígonos dentro y fuera de un círculo. Los matemáticos antiguos aumentaron la cantidad de caras para aproximar pi.

En su versión de *Nueve capítulos*, desviándose del estilo habitual de las matemáticas chinas, Liu fue más allá de los problemas prácticos añadiendo demostraciones matemáticas. En vez de buscar ejemplos ilustrativos que demostraran un patrón más amplio, empezó por lo general, tomando elementos de la batería de demostraciones matemáticas para construir un argumento lógico irrefutable. Esta técnica constituye la base de todas las matemáticas de la actualidad.

Una de sus demostraciones fue la del teorema comúnmente llamado de Pitágoras, pero conocido en China como el teorema de Gougu.* Para los matemáticos de esa época, los triángulos eran muy prácticos; por ejemplo, servían para calcular la altura de una isla vista desde tierra, el tamaño de una ciudad amurallada lejana, la profundidad de un barranco o la anchura de la desembocadura de un río observada a distancia. Libros como *Nueve capítulos* planteaban problemas como esos a modo de ejemplos ilustrativos.

Una página de la *Colección completa de ilustraciones y textos de los primeros tiempos a la actualidad*, de Liu Hui, edición de 1726.

* «Gougu» es una palabra compuesta derivada de las palabras chinas que designan dos lados de un triángulo. Para $a^2 + b^2 = c^2$, *a* es «gou», *b* es «gu» y *c* es «xian».

La versión del teorema de Gougu de *Nueve capítulos* es la primera formulación escrita de este teorema; por tanto, deberíamos llamarlo así, en lugar de teorema de Pitágoras. En cualquier caso, es un teorema que se ha redescubierto en todo el mundo, incluidos Babilonia, Egipto, la India y Grecia. La perspicacia de Liu fue copiar y reordenar los triángulos rectángulos de un modo parecido a como lo demostramos en la próxima sección. Empleó un argumento algo distinto, pero muchos de los principios subyacentes que implican manipular copias de triángulos son los mismos.

¿Qué es una demostración, en realidad?

La idea de demostración matemática saldrá una y otra vcz en este libro, así que vale la pena explorar qué es exactamente.

Una demostración es la forma de probar que algo es cierto en matemáticas. En sentido estricto, para demostrar un teorema, un matemático debe exponer las premisas iniciales (los axiomas) y las reglas lógicas que se permiten. A continuación, utilizando solo esos axiomas y reglas, hay que hacerlos encajar para demostrar que algo es cierto.

Las demostraciones a menudo son elegantes y bonitas. Pueden resultar sorprendentes y gozosas. También pueden ser fragmentadas, complejas y difíciles de seguir. Puede haber más de una manera de demostrar algo, pero un teorema, una vez demostrado, es para siempre.*

Así, los teoremas de la Antigüedad que conocemos siguen vigentes hoy en día. Pensemos en el teorema de Gougu (¡perdón, de Pitágoras!). Establece que, en un triángulo rectángulo donde a, b y c son las longitudes de los lados, siendo c el lado más largo, $a^2 + b^2 = c^2$.

* Por supuesto, en ocasiones las demostraciones contienen errores, pero eso plantea la cuestión de si realmente era una demostración.

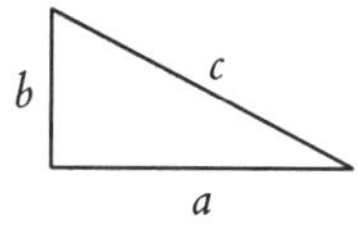

En la actualidad, se conocen más de cien maneras de demostrarlo. A continuación veremos una relativamente moderna.

Tomemos cuatro ejemplos de este triángulo

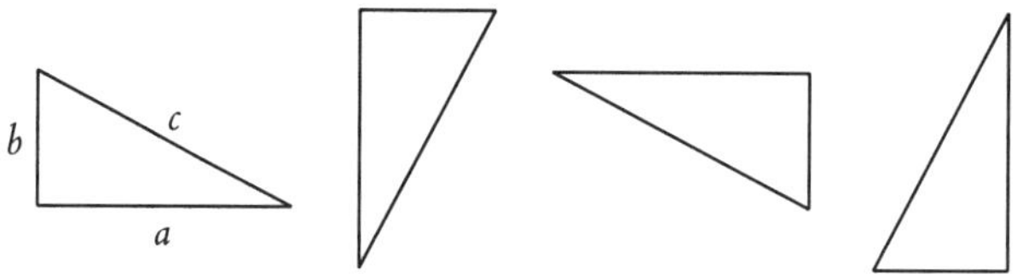

luego los reordenamos formando un cuadrado con un hueco en el centro.

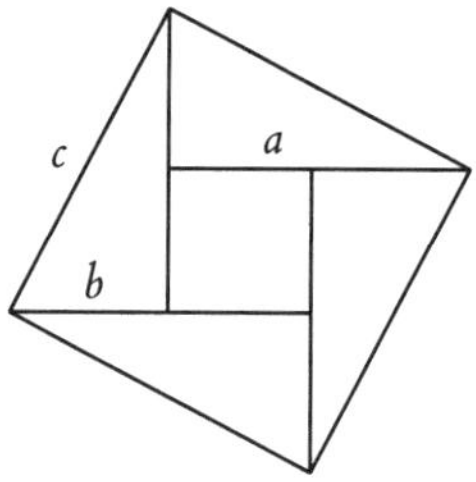

Hay dos maneras claras de calcular la superficie del gran cuadrado exterior (formado por los cuatro triángulos y el cuadrado del centro). La primera es simplemente multiplicar la longitud de un lado por sí misma para obtener c^2.

El segundo método es sumar el área del cuadrado pequeño del centro y las áreas de los cuatro triángulos. La longitud de los lados del cuadrado más pequeño es $(a - b)$, así que el área es $(a - b)^2$. El área de un triángulo es la mitad de su altura multiplicada por su base. Así, cada triángulo tiene un área de $\frac{1}{2}ab$. Como hay cuatro, en total el área de los triángulos es $2ab$.

En conjunto esto significa que tenemos dos maneras de expresar el área del cuadrado grande, así que

$$c^2 = (a - b)^2 + 2ab$$

Si luego multiplicamos los paréntesis, el resultado es

$$\begin{aligned} c^2 &= a^2 + b^2 - 2ab + 2ab \\ &= a^2 + b^2 \end{aligned}$$

Et voilà! O, como les gusta escribir a algunos matemáticos cuando demuestran un teorema, QED (de la frase latina *quod erat demonstrandum*, que significa «lo que había que demostrar»).

Que el teorema de Gougu haya conservado su fuerza todos estos años es algo tan extraordinario como normal en matemáticas. Si lo comparamos con ideas de cualquier otra disciplina científica, queda claro hasta qué punto es una herramienta potente. Casi todas las creencias de otras ciencias se han reescrito de un modo u otro con el tiempo. Ello se debe a su propio objetivo, ya que el método científico requiere repetidas mejoras de lo anterior. Así, las teorías científicas no duran para siempre: solo hasta que aparece una mejor. En matemáticas, una vez algo es cierto, se queda.

No obstante, esto también apunta a la diferencia entre la verdad en el mundo real y la verdad matemática. Las matemáticas son la base de muchas teorías científicas. Estos teoremas se han demostrado, pero la ciencia que se basa en ellos a veces es errónea debido a que la intersección entre las matemáticas y el mundo real es complicada. No sabemos cuáles son las premisas iniciales del universo, ni qué lógica es admisible. Dentro del universo matemático que creamos, los teoremas que demostramos son ciertos para siempre, pero no está claro en qué medida el universo matemático se corresponde con el universo en el que vivimos.

Nada de eso reduce la capacidad de las matemáticas de describir el mundo real. Nada, desde la física cuántica hasta el estudio de las células, sería lo mismo sin las matemáticas y sus demostraciones. Aun así, tal como atestiguan muchas culturas matemáticas antiguas, las demostraciones no son una condición necesaria para la destreza matemática. Los matemáticos chinos solo hacían demostraciones matemáticas de vez en cuando, y sin embargo la antigua China fue un puntal de esta disciplina. Los gobernantes valoraban las matemáticas porque estaban vinculadas a su autoridad para gobernar. Así, la persona responsable de enseñar matemáticas al círculo más próximo al emperador era muy importante.

Clases para mujeres

En el año 202 a. C., un tiempo después de que se escribiera *Nueve capítulos*, llegó al poder la dinastía Han, y con ella se produjo un progreso tecnológico fenomenal. En esa época se inventaron el papel y versiones mejoradas de relojes solares y de agua, así como el sistema de calendario de Liu Xin. También vivió la extraordinaria historiadora y matemática Ban Zhao, una de las primeras mujeres matemáticas conocidas del mundo.

Ban Zhao nació hacia el año 45 a. C. en el seno de una familia afamada. Su padre, Ban Biao, era historiador y el autor original de lo que se convirtió en *El libro de Han*, la historia oficial de la dinastía Han desde el año 206 a. C. hasta el 23 d. C. Sin embargo, murió antes de terminar el proyecto, cuando Ban Zhao aún era pequeña. Su hermano mayor, Ban Gu, asumió la tarea. A los catorce años, Ban Zhao se casó con un residente de Anling (cerca de la moderna Xianyang) llamado Cao Shishu, que no sobrevivió mucho tiempo después de su matrimonio. Viuda, Zhao dedicó el resto de su vida a la labor académica. Algunos familiares le habían enseñado a leer y a escribir y la habían formado en las enseñanzas de Confucio, cuyas virtudes y filosofías eran apreciadas por la clase gobernante y constituían la base del arduo examen para acceder a la función pública, diseñado para detectar a las personas con talento intelectual. Sus conocimientos la colocaron en una buena posición ante el emperador He, de la corte de Han. Reconocieron su intelecto y le asignaron el trabajo de enseñar matemáticas y astronomía a la emperatriz Deng Sui, la segunda esposa de He, y a las concubinas imperiales. Puede que Ban y Deng fueran la primera pareja de maestra y discípula en el estudio de las matemáticas en China.

No sabemos con exactitud qué le enseñaba, pero sí contamos con algunas pruebas en las que basarnos. Ban era muy versada en los clásicos de Confucio y habría leído *El libro de los cambios*. La biblioteca de la familia imperial, la Biblioteca Imperial de Dongguan, contenía libros sobre gran variedad de materias, entre ellas, las matemáticas y la astronomía. Como nació tras el reinado de Qin Shi Huang, durante el cual se quemaron muchos libros, todos los documentos escritos que pudo leer debían ser relativamente recientes. Por otro lado, su hermano avanzó al principio bien con *El libro de Han* y amplió el alcance del libro para incluir los primeros doscientos años de la dinastía Han. Sin embargo, era tan meticuloso registrando todos los detalles, incluidos los errores cometidos por funcionarios y emperadores, que la corte empezó a mostrarse suspicaz con el trabajo que estaba haciendo. Lo acusaron de alterar la historia, lo mandaron a la cárcel y más tarde lo culparon de organizar un golpe contra el emperador. Poco después murió en prisión, probablemente tras ser torturado hasta la muerte o ejecutado.

Ban Zhao, por entonces de cuarenta y tantos años, recibió la arriesgada tarea de hacerse cargo de la labor de su hermano. Pasó décadas trabajando en *El libro de Han*, prestó especial atención a la madre del emperador He e incluyó las historias familiares de mujeres relacionadas con la corte, en una época en que las mujeres rara vez aparecían en ese tipo de relatos. Probablemente también añadió un capítulo sobre astronomía en el que aparecían interpretaciones del movimiento de las estrellas, los eclipses y el tiempo durante la dinastía Han. Las clases y la posición de Ban en la corte le valieron una considerable influencia política. La emperatriz Deng se convirtió en regente después de dar a luz a su hijo, el emperador Shang, y solía pedir consejo a Ban sobre importantes asuntos de Estado. En la corte imperial, los hombres la llamaban Venerable Dama Cao en reconocimiento a su talento y sus logros: un nombre derivado directamente del de su difunto marido. Las mujeres de la corte preferían llamarla «la talentosa».

A lo largo de su vida, Ban advirtió que se había escrito poco específicamente para mujeres en las enseñanzas de Confucio sobre la sociedad y a los sesenta años se dispuso a corregirlo. Sus *Clases para mujeres*, que ejercieron una enorme influencia, esbozaban siete sencillas reglas para que las mujeres adoptaran una conducta adecuada en la sociedad china.

Representación posterior de Ban Zhao, obra de Jin Guliang (1690).

Empezaba diciendo: «Yo, autora indigna, no soy sofisticada, ni ilustrada, ni inteligente por naturaleza». Desde luego, nada de eso era cierto, pero la filosofía de Confucio daba mucho valor a la modestia. Muchos de sus lectores consideraron que semejante afirmación sugería lo contrario, casi como la actual falsa modestia.

A primera vista, muchas de las siete reglas son muy propias de su época: giraban en torno a ser una esposa servil y obedecer al marido, pilares tradicionales de la filosofía de Confucio. Aun así, si se entienden en el contexto de su vida y época, se pueden interpretar como una guía para que las mujeres salgan adelante en una sociedad patriarcal. Entre las reglas hay una firme defensa de la alfabetización y la formación de las mujeres, y se trata del primer texto chino que defiende semejante visión. Más de mil años después, durante las dinastías Ming y Qing, las mujeres cultivadas recurrirían a las palabras de Ban Zhao sobre la formación para respaldar sus argumentos a favor de la igualdad de género.

Una panda de geómetras rebeldes

Durante el transcurso de largos siglos, los matemáticos chinos se convirtieron en una potencia que tener en cuenta. Si observamos la obra producida, es igual de espléndida que cualquier otra de cualquier otro lugar del mundo en cualquier otro momento de la historia de la humanidad. Los opulentos emperadores invirtieron recursos en apoyar a los matemáticos, en especial para que los ayudaran a descubrir certezas favorables sobre su gobierno. La influencia de los matemáticos chinos era especialmente intensa en países de Asia oriental y del sudeste asiático como Japón, Corea y Vietnam. Estos Estados tributarios adoptaron el sistema de escritura chino y siguieron el estilo práctico a base de ejemplos a la hora de redactar manuales de matemáticas. Este método era intrínseco a las matemáticas chinas, pero, durante un breve período del siglo v a. C., pareció que podía imponerse un enfoque distinto.

Mozi fue un filósofo que vivió durante el período de las Cien escuelas de pensamiento en China, en las que surgían ideas nuevas a un ritmo vertiginoso. A mediados del siglo IV a. C. fundó una escuela orientada a las enseñanzas de Confucio que había aprendido y defendía una sociedad meritocrática, en lugar de basada en

Dos páginas del *Tratado para todos los tiempos*, texto japonés de matemáticas de 1627.

las clases sociales. En el marco de ese replanteamiento, él y sus seguidores, los mohistas, escribieron sobre geometría de una manera completamente distinta de como se había hecho antes. En vez de partir de ejemplos concretos, presentaban premisas generales y las combinaban en un sistema lógico a fin de demostrar las propiedades de los puntos, las líneas y las figuras. Luego introducían ejemplos concretos en la teoría general. Fueron más allá que Liu cuando demostró el teorema de Gougu: además de utilizar argumentos, Mozi tenía en cuenta las premisas que los sustentaban.

Durante ese breve período, el mohismo fue muy popular y podría haber llevado las matemáticas chinas por una dirección distinta. Se extinguió durante la dinastía Qin, cuando volvió a predominar la filosofía de Confucio, pero un método parecido ganaría importancia en otro lugar, hacia el oeste. Se estaba desarrollando una nueva tradición matemática centrada en generar pruebas a partir de principios generales.

CAPÍTULO 3

Una ciudad llamada Álex

Corría el año 415 d. C. Alejandría, al este del Imperio romano, en el actual Egipto, era la ciudad más poblada del mundo, con entre 300.000 y 500.000 habitantes. El puerto la conectaba con Europa y Oriente Medio, y la urbe era un bullicioso punto de encuentro de las mentes brillantes de la época. En la práctica era la capital intelectual del delta del Nilo, el Mediterráneo y el desierto occidental.

Además, la ciudad tenía un papel cultural. La élite gobernante apoyaba con decisión las bibliotecas y los museos, lo que permitió que en Alejandría se desarrollaran generaciones de filósofos, astrónomos y matemáticos destacados. Ese apoyo no estaba al servicio de un ideal noble de promoción del conocimiento por sí mismo: los gobernantes querían afianzar sus legados, y crear amplias bases de conocimiento constituía un claro signo de poder, algo que en Alejandría nunca perdían de vista.

Euclides el desconocido

Alejandría se fundó cuando Alejandro Magno conquistó Egipto, en el año 332 a. C. Llegó con un ejército de griegos y macedonios, pero apenas tuvieron necesidad de combatir porque los egipcios estaban ansiosos por expulsar a los persas, que gobernaban. Alejandro Magno se dispuso a crear una ciudad al estilo griego que llevara su nombre. Tras su muerte, uno de sus generales, Ptolomeo I, se declaró faraón de Alejandría, hacia el año 305-304 a. C., y unió dos grandes dioses de cada cultura para formar uno universal, Zeus-Amón, y marcar la fusión de griegos y egipcios. También nombró Alejandría capital de Egipto. La ciudad forjó vínculos con ciudades como Atenas y compartieron los conocimientos más modernos, incluidos los matemáticos, gracias a que los académicos viajaban de una a otra.

Para los antiguos griegos, igual que para otras culturas, las matemáticas eran más que cálculos prácticos. Muchos matemáticos griegos creían que la disciplina sintetizaba una forma divina de belleza y eran el camino hacia la comprensión del sentido de la existencia del ser humano. Como escribió Platón en *La república*, «la geometría atraerá el alma hacia la verdad». Las matemáticas trataban de descubrir «el conocimiento de lo eterno».[1]

Algunas ideas matemáticas se veneraban por encima de otras debido a sus supuestas propiedades mágicas. Los pitagóricos, un culto matemático que reunía a los discípulos de Pitágoras, creían que el 10 era el número más perfecto. También estaban convencidos de que el 1 era el origen de todas las cosas, porque se podía utilizar para generar todos los números enteros mediante sumas repetidas (10 = 1 + 1 +1 +1 + 1 + 1 + 1 + 1 + 1 + 1). Muchas de esas creencias conferían un peso adicional a la búsqueda de descubrimientos matemáticos, pero también dificultaban el seguimiento de una lógica hasta su conclusión. El matemático Jámblico, por ejemplo, fue un pensador adelantado del cero, pero el número no logró popularizarse en las matemáticas griegas porque no encajaba con su visión del mundo. Como escribió Aristóteles en su *Física*: «No hay un vacío que exista por separado, como sostienen algunos».[2]

Aristóteles, Platón y Pitágoras hicieron aportaciones en los inicios de las matemáticas griegas, pero el que logró mayor influencia fue el trabajo de Euclides. Se sabe muy poco de su vida. Probablemente nació hacia el año 325 a. C., pero han sobrevivido tan pocas fuentes contemporáneas que lo mencionen que ni siquiera estamos seguros de dónde, aunque a menudo se hace referencia a él como Euclides de Alejandría, lo que sin duda significa que por lo menos vivió allí. Antes y después de él, estudiosos de la región escribieron extensas biografías sobre Euclides, pero en su caso casi todo lo que creemos saber se consignó mucho después de su muerte.

La hipótesis más probable es que Euclides llegara a Alejandría después de que Ptolomeo I se declarara faraón. Ptolomeo financió y apoyó la búsqueda del saber, por ejemplo, fundando el Museo, una institución que se erigió en el centro de conocimiento de la región y albergaba la célebre Biblioteca de Alejandría. Era una de las más grandes del mundo y pretendía presumir de la vasta riqueza de Egipto. Custodiaba cientos de miles de rollos y

La antigua Biblioteca de Alejandría, representación artística del siglo XIX basada en restos arqueológicos.

había numerosas salas de lectura, comedores y salas de reuniones, así como jardines y salas de conferencias. Euclides fue uno de los primeros eruditos adscritos a la biblioteca y el Museo. Y hasta ahí llega nuestro conocimiento de Euclides, la persona.

La falta de información sobre la vida de Euclides contrasta con nuestro conocimiento de su legado, que no solo ha sobrevivido, sino que es fundamental para las matemáticas modernas. Su *Elementos*, un tratado de trece libros sobre matemáticas, es una de las obras más importantes jamás creadas. Su influencia en Europa y Norteamérica es parecida a la de *Nueve capítulos* en Asia oriental.

La mayor parte de *Elementos* está dedicada a la geometría y trata tanto las figuras bidimensionales como las tridimensionales, pero también ofrece algo de teoría de números: el estudio de los números y sus propiedades. El aspecto más innovador era su estricta adhesión a los principios de la demostración. Muchos de los resultados que incluye ya eran conocidos antes de los tiempos de Euclides, pero él logró situarlos en un marco coherente, exponiendo con claridad sus premisas (conocidas como axiomas o postulados), y utilizarlos para crear argumentos lógicos.

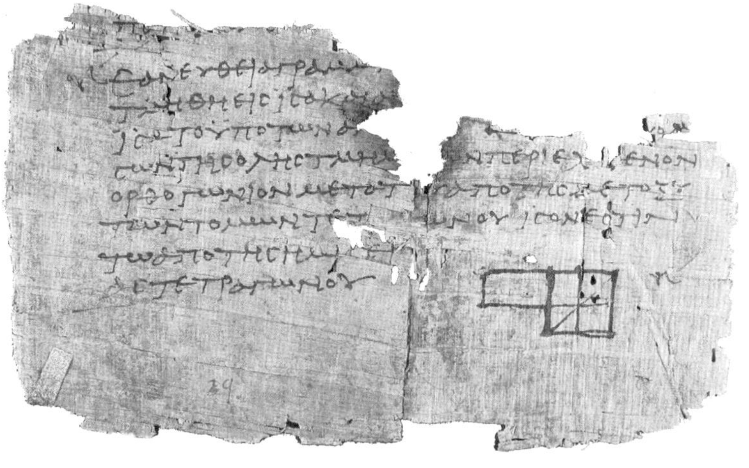

Uno de los fragmentos más antiguos que han perdurado de *Elementos* de Euclides, escrito en papiro. Datado *c.* 100 a. C.

Euclides empieza el primer libro de *Elementos* definiendo un punto como «el que no tiene partes». A continuación enumera otros cuatro axiomas, entre ellos «una línea es longitud sin anchura». Desde esas definiciones geométricas fundamentales se desarrolla el resto de su obra. El método de Euclides, que parte de los axiomas más sencillos para luego ir sumando hasta crear ideas y teoremas más sofisticados, se ha convertido en un dogma esencial de las matemáticas, tanto que *Elementos* constituyó la base de la enseñanza matemática en Europa hasta mediados del siglo XX.

Este planteamiento es distinto del adoptado en *Nueve capítulos*, que se organiza mucho más en torno a ejemplos prácticos como un recurso para demostrar principios generales. Ninguna de estas perspectivas debería considerarse inferior a la otra. El planteamiento axiomático de los griegos ha recibido numerosas alabanzas, pero basar el conocimiento en aplicaciones de la vida real es igual de válido.

Elementos ofrece una clase magistral sobre cómo construir un argumento matemático, pero, como los alumnos de miles de años podrían atestiguar, no siempre es tarea fácil. Aunque quizá sea apócrifa, una conversación entre Euclides y Ptolomeo I da una idea de los infortunios que sufrieron los estudiantes posteriores. Mientras lidiaba con las dificultades y la vasta extensión de *Elementos*, Ptolomeo preguntó si existía un atajo para dominar las matemáticas, a lo que Euclides replicó: «No hay caminos regios en geometría».[3]

Alejandría, magna

Además de con Euclides, Alejandría contaba con su proporción justa de matemáticos importantes, entre ellos Pandrosion, cuyo periplo vital resulta de especial interés. Como veremos a menudo en este libro, las conjeturas de los historiadores suelen perpetuarlas sus sucesores, creando una falsa impresión de alguien o de su vida. Es claramente el caso de Pandrosion.

Gran parte de su vida, que empezó hacia el 300 d. C., o bien nunca quedó documentada o hace tiempo que se ha perdido, pero podemos estar bastante seguros de que inventó un método aproximado para uno de los problemas más frustrantes de la geometría antigua: doblar el cubo. Teniendo en cuenta la longitud de un lado o arista de un cubo, ¿cómo se construye un cubo con el doble de volumen?

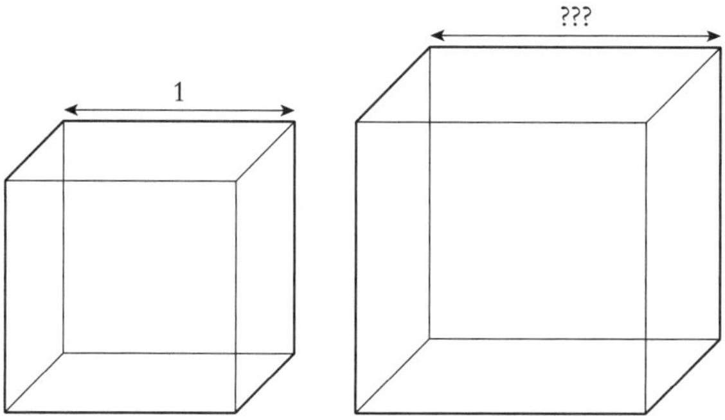

Hoy en día podemos usar el álgebra para solucionar fácilmente el problema,* pero los matemáticos antiguos no contaban con ese lujo. Buscaban una manera de construir el segundo cubo utilizando solo un canto recto y un compás. Esta es una técnica común en geometría: la idea es que con esas dos herramientas se pueden crear círculos y líneas basadas en las figuras de las que partes. Aunque es posible usar herramientas físicas para reconstruir el proceso, Euclides incluyó postulados sobre esas herramientas en *Elementos*, de modo que los matemáticos luego podían imaginar versiones teóricas de las herramientas y lo que se podía hacer con ellas.

O, en este caso, lo que no. En realidad, resulta imposible doblar a la perfección el cubo utilizando solo un canto recto y un compás (aunque no se sabría con certeza hasta el siglo XIX, cuando Pierre Wantzel lo demostró empleando técnicas modernas de

* Respuesta: $\sqrt[3]{2}$, aunque los antiguos griegos no lo sabían.

álgebra), así que no es de extrañar que el problema quedara pendiente durante tanto tiempo.

Papo de Alejandría fue coetáneo de Pandrosion y residente de Alejandría. En *Colección*, su epopeya de ocho libros sobre matemáticas, alude a la técnica de Pandrosion para aproximarse a la solución, pero solo para burlarse de ella en una diatriba sarcástica. Su principal crítica a la obra es esencialmente pedante. Según Papo, Pandrosion y sus discípulos habían confundido un «problema» con un «teorema».[4] Escribió que un problema es algo que puede ser verdadero o falso, mientras que un teorema debe ser demostrado para ser correcto. Parece muy poco probable que Pandrosion y sus alumnos no conocieran esa distinción, así que tal vez este sea uno de los primeros casos registrados de *mainsplaining*. Se suele suponer que existía algún tipo de rivalidad entre Papo y Pandrosion debido a los comentarios del primero, pero sabemos tan poco sobre su relación que es imposible determinarlo.

Sin embargo, sí sabemos que Papo durante toda la *Colección* utiliza la forma y adjetivos femeninos para referirse a Pandrosion. Una conclusión razonable sería que Pandrosion era una mujer, pero cuando el historiador de las matemáticas antiguas Friedrich Hultsch tradujo la obra del griego al latín, en el siglo XIX, adoptó la visión contraria, considerando que presentar a Pandrosion como mujer había sido un error. Luego muchos historiadores siguieron el ejemplo de Hultsch. Hasta 1988, cuando Alexander Jones hizo la traducción al inglés de la *Colección* y defendió que Pandrosion era una mujer, no se cuestionó la versión predominante. Otros académicos han corroborado la idea desde entonces y ahora goza de aceptación general. Eso convierte a Pandrosion en la primera matemática conocida en esta parte del mundo, un título antes reservado a la más conocida Hipatia.

Hipatia la maestra

Las mujeres matemáticas no eran algo insólito en la Antigua Grecia, aunque muchas han desaparecido de los documentos históricos. En el siglo XVII, el estudioso Gilles Ménage logró reunir referencias a sesenta y cinco mujeres de esa época. Por nombrar solo unas cuantas, estaba Aspasia (*c.* 470-*c.* 400 a. C.), anfitriona de uno de los salones intelectuales más destacados de la época, adonde atraía a filósofos de renombre como Sócrates. Se la menciona en los textos de Platón, que aparentemente se quedó impresionado con la inteligencia y el ingenio de Aspasia. Areta de Cirene (*c.* 400 a. C.-*c.* 300 a. C.) escribió más de cuatrocientos libros sobre filosofía y ciencias naturales, aunque, por desgracia, ninguno ha sobrevivido. Luego estaba Hiparquía (*c.* 325 a. C.), que vestía ropa de hombre, vivía en igualdad con su marido y escribió varias obras filosóficas, aunque, de nuevo, se han perdido con el tiempo.

Estos ejemplos no deberían hacernos creer que la sociedad de la Antigua Grecia era una utopía igualitaria: estaba dominada por los hombres. En el caso de Hiparquía, probablemente ella y su estilo de vida escandalizaban a la gente. Hombres y mujeres rara vez colaboraban en público. Además, no sabemos con certeza qué parte de nuestro conocimiento de estas mujeres han distorsionado los que recogieron la historia. En el párrafo anterior nos hemos ceñido a hechos básicos, pero, tal como afirmó Kathleen Wider en la década de 1980, en un artículo sobre filósofas en el mundo antiguo, tanto las fuentes antiguas como las modernas son «sexistas y suelen distorsionar nuestra visión de esas mujeres y sus logros».[5]

Como veremos, la historia también ha sido injusta con Hipatia. Nació hacia los años 350-370 d. C. No se sabe nada sobre su madre, porque no figura en ninguna de las fuentes disponibles, pero su padre era el destacado matemático Teón, jefe de una escuela llamada Mouseion, especializada en astronomía y matemáticas (e independiente del Museo de Alejandría). Su obra más conocida es tal vez la actualización de *Elementos*.[6] Su edición revisada, con comentarios, setecientos años después del original, se convirtió en la versión más leída de la obra durante los siguientes siglos.

Se dice que una vez Teón le dijo a Hipatia: «Resérvate el derecho a pensar. Porque incluso pensar y equivocarse es mejor que no pensar en absoluto». Ella pronto destacó en matemáticas. En palabras de su biógrafo Edward Watts, «enseguida demostró ser más capaz que su padre y desarrolló mejores competencias que él», así que pasó «de ser discípula de matemáticas en la escuela de su padre a ser su colega».[7]

No sabemos con exactitud por qué Hipatia pudo optar por esta vía tan poco convencional. Lo habitual era que las hijas de familias cultas se formaran solo en el marco de su preparación para contraer matrimonio con un miembro de otra familia culta, es decir, con un filósofo o un retórico. Algunas mujeres, en particular en las clases altas, podían continuar y cursar estudios formales de filosofía, que luego incluirían astronomía, geometría, aritmética y los textos de Aristóteles y Platón. Sin embargo, ser matemática y maestra, como Hipatia, no solía formar parte del plan.

Las primeras obras de Hipatia fueron comentarios sobre textos matemáticos. Incluían poco contenido en forma de explicaciones, porque gran parte se debatía y trasmitía oralmente. Aquello generaba confusión, como es lógico, así que los matemáticos a menudo tenían que recurrir a su experiencia para descodificar lo escrito y presentarlo de una manera más inteligible. Cuando un matemático hábil hacía mejoras importantes en un texto, alargaba la vida del original. Por aquel entonces, los comentarios eran la manera que tenían los estudiosos de demostrar que eran matemáticos de primer orden. Hipatia abordó numerosos textos matemáticos y astronómicos, incluida la *Aritmética* de Diofanto, las *Cónicas* de Apolonio y el *Almagesto* de Ptolomeo. Los tres son textos fundacionales de lo que más adelante se conocería como álgebra, geometría y astronomía respectivamente.

Aritmética es el primer libro de la historia donde aparecen símbolos para las incógnitas,* como las habituales *x* o *y* de la actualidad. Por ejemplo, Diofanto escribió:

$$K^{\upsilon}\overline{\alpha}\ \ \zeta\overline{\iota}\ \ \pitchfork\ \ \Delta^{\upsilon}\overline{\beta}\ \ M\overline{\alpha}\ \ \acute{\iota}\sigma\ \ M\overline{\varepsilon}$$

que hoy en día formularíamos:

$$x^3 - 2x^2 + 10x - 1 = 5$$

No obstante, cabe destacar que la notación de Diofanto no era del todo algebraica. Los símbolos eran atajos, útiles para escribir matemáticas de forma concisa, pero en esa época no se veían los símbolos como algo manipulable desde el punto de vista matemático. Ese avance lo daría en Bagdad un matemático del siglo IX, a quien conoceremos en el capítulo 6. Aun así, fue un paso más hacia la posibilidad de dejar huecos en cálculos para rellenarlos más tarde y expresar relaciones matemáticas generales. Sin eso no existiría $E = mc^2$.

Hipatia añadió a la *Aritmética* varios ejercicios para estudiantes. Debió de ver las matemáticas del libro y pensar que sus alumnos necesitaban practicar un poco más las ecuaciones simultáneas (en las que hay varias incógnitas). Así, añadió las siguientes ecuaciones para resolver:

$$x - y = a$$
$$x^2 - y^2 = (x - y) + b$$

donde *a* y *b* son conocidas.[8] No queda claro de dónde procede esta ecuación, pero su sentido sí: resolver ecuaciones simultáneas era útil para los alumnos de astronomía.

Hipatia también revisó los comentarios de su padre al *Alma-*

* Aunque tal vez las añadieran en ediciones posteriores.

gesto de Ptolomeo. Lo sabemos porque el propio Teón reconoció la ayuda de su hija. Escribió: «La edición la ha preparado la filósofa, mi hija Hipatia».[9] El libro era de especial utilidad para maestros y, dado que Hipatia era maestra, parece factible que lo escribiera en parte por interés propio. No daba por sentados los conocimientos previos de astronomía ni de *Elementos*, y explicaba, según el mejor saber reunido por los antiguos griegos, cómo funcionaba el sistema solar.

En aquella época, la gente seguía creyendo que el Sol giraba alrededor de la Tierra, y Ptolomeo había planteado un cálculo que describiría hasta dónde se movía el Sol en relación con la Tierra cada día. Requería una forma de división larga e Hipatia lo mejoró proponiendo un método nuevo con tablas para simplificar el proceso.[10]

Hipatia editó una versión de las *Cónicas* de Apolonio que exploraba figuras como los círculos, las elipses, las hipérboles y las parábolas, todas surgidas de la intersección de un plano con un cono.

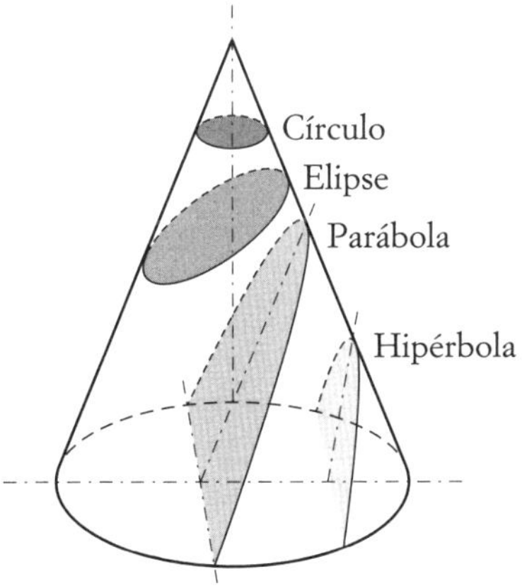

Su trabajo sobre la obra permitió que las ideas de Apolonio perduraran hasta que se revisaron en el siglo XVII, con libros que en parte parecían imitar su estilo. El astrónomo Johannes Kepler fue uno de los que estudiaron las *Cónicas* de Apolonio, y puede que de ahí sacara las elipses, las formas que utilizaría para describir la órbita de los planetas de nuestro sistema solar.

Los intereses de Hipatia se extendían a los instrumentos científicos, y ayudó a pulir el diseño del astrolabio, un dispositivo que se usaba para predecir la posición de las estrellas y los planetas. Los astrolabios existían mucho antes que ella, pero Hipatia había aprendido mucho de ellos gracias al libro de su padre *Tratado sobre el astrolabio*, posiblemente el primer libro que ofrece descripción matemática del instrumento. Cuando uno de sus discípulos, Sinesio de Cirene, quiso crear un astrolabio plano, una versión más reducida y compacta del original, Hipatia le enseñó a hacerlo.[11]

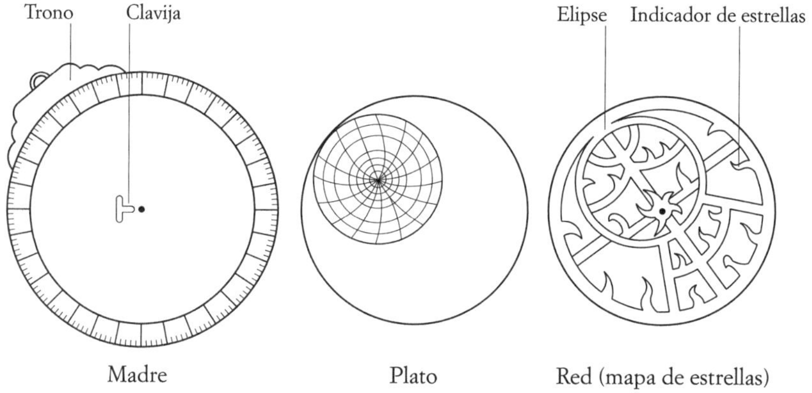

Mecanismo de un astrolabio plano.
Hipatia ayudó a su alumno a crearlo.

En otra ocasión, Sinesio le pidió a Hipatia que le ayudara a crear un hidrómetro, un instrumento para medir la densidad de los líquidos. Está formado por un flotador y un recipiente para el líquido con una escala en un lado. La carta entre Sinesio e Hipatia es la referencia más antigua a este instrumento. Pese a que algunos interpretan que en la misiva se insinúa que Hipatia inventó el dispositivo, otros dicen que es más probable que ella tuviera los conocimientos para replicarlo.

Cuando cumplió los treinta, Hipatia se había convertido en una destacada figura intelectual de Alejandría. Su padre rondaba los cincuenta y cinco años y optó por una jubilación temprana y gradual, así que ella se hizo cargo de la escuela. Cabe suponer que su padre estaba seguro de la decisión, consciente de que, con su hija, la escuela estaba en excelentes manos.

Aunque existieron otras mujeres cultivadas en Alejandría, Hipatia fue la primera que sepamos que consolidó una posición social como intelectual de prestigio. La gente viajaba a Alejandría para oírla hablar. Su casa se convirtió en un lugar de reunión de intelectuales para comentar y estudiar una mezcla de filosofía, matemáticas y astronomía. Ella era pagana, pero acogía a personas de todas las religiones.

Sin embargo, en aquella época las mujeres cultas no tenían una vida fácil. Las maestras soportaban habladurías sobre su vida sexual porque solían dar clases a jóvenes solteros en privado. La virginidad de Hipatia era objeto de debate y sospecha entre los habitantes de Alejandría. Aunque puede que se casara con un filósofo llamado Isidoro, parece más probable que llevara una vida de celibato y rechazo a los acercamientos de sus discípulos, a los que por lo visto calmaba con música.

Hacia la década de 380 d. C., los cristianos ya eran mayoría en Alejandría, y durante las décadas siguientes la ciudad se dividió entre los que eran cristianos y los que no. La ciudad se polarizó y las posturas religiosas se volvieron extremas. En el año 412 d. C. murió el obispo de Alejandría, Teófilo, y se desató una sangrienta lucha por el poder. Su sobrino Cirilo se hizo con el control de la ciudad y empezó a apretar las tuercas a los que se habían manifestado en contra de él. Guardaba especial resentimiento hacia los judíos, expulsó a muchos de la ciudad y cerró sinagogas. El prefecto romano Orestes se enfureció ante la conducta de Cirilo y envió una cáustica carta a la corte imperial de Constantinopla en la que explicaba la situación. Al principio Cirilo quiso hacer las paces con Orestes, pero este se negó, a riesgo de sufrir la ira de Cirilo, con lo que a su vez puso en peligro a Hipatia.

Hipatia se mostraba escéptica ante Cirilo, pero no está claro que se decantara por un bando en concreto. Por lo general se consideraba que los intelectuales públicos estaban por encima de las rencillas políticas, así que no hay motivos para pensar que se implicara. Sin embargo, se solía recurrir a los intelectuales en busca de orientación, y ella aconsejaba con regularidad a Orestes. Cirilo empezó a hacer campaña para acabar con la buena reputación y el prestigio de Hipatia. Abundaban rumores de que ella había impedido que Cirilo y Orestes fueran aliados. Más tarde, el obispo del siglo VII Juan de Nikiû escribiría que «ella había engatusado [a Orestes] con su magia».[12] Declarar que una mujer era una especie de bruja era una técnica horrible pero eficaz para volver la opinión pública en su contra, como ha ocurrido en muchos períodos de la historia.

Cirilo reunió a una cohorte improbable para amenazar a Orestes: quinientos monjes cristianos. En Alejandría, los monjes vandalizaron propiedades y en algunos casos incluso torturaron y ejecutaron a personas. Enviar a un grupo de monjes a un adversario era una táctica de intimidación habitual. En cierto momento, una de las turbas de monjes de Cirilo, en pleno frenesí, golpeó a Orestes en la cabeza con una piedra. Orestes sobrevivió y ordenó torturar y matar al monje.

Aquello bastó para sumir la ciudad en el caos absoluto. Se formaron tumultos de cristianos enfurecidos, peones en el feudo político que representaba la ciudad. La multitud estaba empecinada en destruir y se topó con Hipatia, que viajaba en un carruaje. La arrastraron a un edificio cercano y la apuñalaron hasta la muerte con pedazos de cerámica, luego exhibieron su cuerpo en las calles y le prendieron fuego. Este horrible ataque correspondía al castigo que se reservaba en Alejandría a los delincuentes de la peor calaña. Pero Hipatia no era una delincuente. Había hecho grandes aportaciones al conocimiento matemático en Grecia. Con sus libros, comentarios y enseñanzas había demostrado ser una matemática del mayor calibre. La lucha de poder entre Orestes y Cirilo se había contagiado a la calle, e Hipatia, atrapada en ese fuego cruzado político, lo pagó con su vida.

Mirar atrás

Tras el asesinato de Hipatia, muchos académicos adscritos a su escuela abandonaron la ciudad y se mudaron a Atenas. Algunos solo habían vivido en Alejandría por Hipatia, y otros huían de las consecuencias del ascenso al poder de Cirilo. En Atenas, los intelectuales paganos reformularon la historia de la vida de Hipatia, explicaron cómo la asesinaron y lo pusieron en el contexto de la persecución de los paganos por parte de los cristianos. Hipatia pasó a ser considerada una mártir pagana. En el siglo V, el historiador de la Iglesia Sócrates el Escolástico detalló los hechos, culpando a los cristianos y afeándoles lo ocurrido. En cambio, algunos autores cristianos defendieron a Cirilo y el asesinato. Juan de Nikiû llamó a la turba «una multitud de creyentes en Dios».[13] Afirmó que fue un acto de «limpieza civil ritual»[14] y que el asesinato de Hipatia estaba justificado dentro del esfuerzo por suprimir el paganismo de la ciudad.

Por supuesto, lo que interesó a los historiadores posteriores no fue solo el papel de Hipatia en las disputas religiosas. El influyente académico Damascio contó su historia en *Vida de Isidoro*, burlándose de que llevara un *tribón*, la capa tradicional de los filósofos. Con los hombres no tenía esas ocurrencias.[15] Autores del siglo XVII y XVIII también revisaron su vida. En su *Hipatia*, de 1720, por ejemplo, John Toland la presentaba como una persona modélica y animaba a las mujeres de su época a ser profesionales formadas como ella. Honraba y elogiaba su vida, pero Toland usó la historia como argumento en contra del cristianismo. Pronto aparecieron obras que lo contradecían. El autor cristiano Thomas Lewis llamó a Hipatia «una maestra de la escuela de Alejandría de lo más impúdica»,* criticó las obras de Toland y defendió la conducta de Cirilo.

En la época victoriana, Hipatia revivió como personaje atractivo para los escritores, esta vez para el clérigo anglicano liberal y socialista cristiano Charles Kingsley. Escribió una novela titulada *Hipatia* que se tradujo a varios idiomas europeos y fue muy leída, pero el talento matemático de Hipatia se omitió en la historia. En cambio, la obra se centraba en su cuerpo. En el punto álgido de la novela, Hipatia se convierte al cristianismo y unos monjes la desnudan y la asesinan bajo una imagen de Cristo. La novela se adaptó al teatro en *The Black Agate, or, Old Foes with New Faces* («El ágata negra, o viejos enemigos con nuevo rostro») en 1859 y la historia se propagó a otras artes visuales que inspiraron una oleada de cuadros de desnudos de Hipatia.

En obras más tardías del siglo XIX se la representaba con su toga de filósofa. Este cambio, el dejar de sexualizar a Hipatia, perduró hasta el siglo XX, cuando los historiadores empezaron a desmontar las ficciones perjudiciales que se habían contado y reformulado sobre ella. La biografía de Maria Dzielska de 1995, *Hipatia de Alejandría*, reconstruía su vida a partir de documentos de tiempos de Hipatia. Según Dzielska, «Hipatia se ha convertido en un símbolo tanto de la libertad sexual como del declive del paganismo y, por tanto, de la decadencia del pensamiento libre, la razón natural, la libertad de investigación [...]. Para los que deciden limitar su atención a las fuentes históricas reales, se puede esbozar un perfil claro de Hipatia no distorsionado por la idealización ahistórica».[16] Dzielska verificó los hechos y recompuso la vida de Hipatia como filósofa y matemática, eliminando varios sesgos ideológicos que se habían ido acumulando durante siglos.

* El título completo del libro de Lewis era de una longitud inadmisible: *Historia de Hipatia, una maestra impúdica de Alejandría. Asesinada y hecha pedazos por el pueblo, en defensa de san Cirilo y el clero alejandrino. A partir de las calumnias del señor Toland* (1721).

Hipatia según Julius Kronberg (*izquierda*), 1889, y Alfred Seifert, 1901 (*derecha*).

En 1998, Hipatia se incluyó en la obra enciclopédica *Notable Mathematicians: From Ancient Times to the Present* («Matemáticos notables: Desde la Antigüedad hasta nuestros días»). En lugar de un desnudo presenta un retrato de ella, y su entrada empieza con «primera matemática conocida, escribió comentarios sobre varias obras clásicas de las matemáticas».[17] Pese a que ya no es la primera mujer matemática conocida (ese honor le corresponde a Ban Zhao), esta sencilla entrada recoge los escasos datos que tenemos de Hipatia más allá de su brutal muerte. Aun así, Edward Watts escribió en su biografía: «El heroísmo de Hipatia no reside en la brutalidad que sufrió al final de su vida, sino en las sutiles barreras que superó cada día en vida».[18]

CAPÍTULO 4

Los albores de los tiempos

De momento, hemos ido abriéndonos paso en la historia de las matemáticas centrándonos en un lugar y un período antes de pasar al siguiente. Esto sirve para entender fragmentos individuales de la historia antigua, pero para algunos aspectos de esta ciencia necesitamos un enfoque más amplio. Es el caso de las matemáticas del tiempo. Así que demos un pequeño salto adelante.

Era abril de 1883 y se estaba celebrando una reunión extraordinaria del claustro de la Universidad de Mumbai,* en la India. Unos cuarenta profesores, funcionarios municipales y jueces asistieron para comentar un asunto importante, que condicionaría los fundamentos de la vida pública del país durante los años venideros. Todo se basaba en una cuestión matemática en apariencia sencilla, pero tan controvertida que provocó protestas y disturbios.

La cuestión era: ¿qué hora es?

Unos años antes se había terminado de construir una torre con reloj de ochenta y cinco metros de altura en la universidad, al estilo del Big Ben de Londres. La torre del reloj Rajabai fue una novedad impactante en el paisaje, pero también un símbolo claro

* Entonces conocida como la Universidad de Bombay.

del colonialismo británico y, como tal, el tiempo que marcaba no aludía solo a horas y minutos, también a la política y el poder.

Para la mayoría de los habitantes de Mumbai, como en muchos otros lugares del mundo, la precisión horaria estaba vinculada al Sol. Los relojes en «hora de Bombay» se basaban en la salida y la puesta del sol, algo perfecto para que la gente se orientara en sus actividades diarias. Sin embargo, con la llegada de los trenes y los telegramas, la geografía ya no era la misma. Ahora se podían trasladar personas e información de un lugar a otro mucho más rápido, y se hicieron patentes las grietas en la antigua manera de hacer las cosas. Distintas ciudades de la India, como Chennai* y Calcuta, estaban en diferentes husos horarios, algunas solo separadas por minutos, según su posición geográfica.

Tras varios intentos fallidos, a finales del siglo XIX se planteó un horario estándar indio y se impuso en 1906. Sin embargo, la propuesta topó con fuerte resistencia. A algunos les molestaba que el edicto proviniera de la Gran Bretaña colonial; otros no querían que su jornada laboral se rigiera por la puesta de sol en otra población. El concepto de tiempo, y cómo medirlo, afectaba a la vida diaria de las personas, tanto que años después de la reunión del claustro en la universidad miles de trabajadores de las fábricas de algodón se sublevaron como consecuencia de este conflicto temporal. La Batalla de los Relojes duró décadas.

La hora del reloj nunca había sido tan importante. La idea de medir el día en incrementos tan pequeños como segundos, minutos y horas es un fenómeno relativamente reciente, igual que el concepto de sincronizar estas medidas en todas las fronteras geográficas. Sin embargo, desde sus inicios la humanidad ha visto la salida y la puesta del sol, las lunas crecientes y menguantes y los cambios de estación. Estas observaciones cristalizaron en la producción de los primeros calendarios y una comprensión más sofisticada del cosmos.

* Entonces conocida como Madrás.

Calendarios cósmicos

Todas las civilizaciones matemáticas a las que hemos aludido hasta ahora crearon sus propios calendarios, sobre todo para seguir las estrellas y ayudar a la gente a planificar y tomar decisiones. Los babilonios, de forma muy parecida a los antiguos chinos, creían que todo lo que ocurría en la Tierra se explicaba con lo que pasaba en el cielo, y contrataban a astrólogos en la corte para que los aconsejaran en las decisiones importantes. Esos astrólogos eran en parte adivinos y en parte matemáticos. Una tablilla datada entre los años 350 y 50 a. C. indica que los astrólogos babilonios calculaban hasta dónde llegaba Júpiter en un período de tiempo determinado, usando una técnica que antes se consideraba inventada en Europa en el siglo XIV. Si calculaban el área bajo una curva utilizando unas formas de cuatro lados llamadas trapezoides, podían seguir mejor los movimientos de Júpiter, con los que luego predecían el tiempo, las plagas y el precio del grano.

Los astrónomos babilonios registraban con minuciosidad el movimiento de numerosos cuerpos celestes en tablillas, usando astrolabios, entre otras herramientas, para mayor exactitud. Su calendario, en gran parte heredado de los sumerios, junto con su sistema numérico, se basaba en doce meses lunares: cada uno empezaba cuando se veía una nueva luna creciente baja en el horizonte occidental al atardecer. Los astrónomos añadían periódicamente meses bisiestos al calendario, cuando las discrepancias entre el calendario y las estaciones eran evidentes. Eso significa que el año del calendario se parecía mucho al año solar, por lo que era más preciso que los calendarios anteriores.

Kidinnu, un astrónomo y matemático babilónico, perfeccionó el calendario a principios del siglo III a. C. Astrónomos anteriores creían que la velocidad de la Luna era constante, pero Kidinnu mejoró los métodos anteriores para calcular la posición de la Luna y el intervalo entre dos lunas llenas, y así descubrió que la velocidad cambiaba periódicamente.* Con ese dato, el calendario babilonio resultaba más fiable, y pronto fue el escogido por los astrónomos de Alejandría y Roma.

Los primeros indicios de un sistema de calendario en China aparecen durante la dinastía Shang (1600-1046 a. C.). El calendario chino seguía el ciclo lunar y consistía en doce meses, cada uno de treinta días, que conformaban un año de 360 días. Tenía en cuenta tanto los ciclos lunares como los solares y se ajustaba a las estaciones. Los emperadores emitían decretos basados en el calendario, como cuándo atacar durante una guerra o cuándo celebrar los rituales.

En Mesoamérica, desde los años 800 y 500 a. C., los mayas vivían según nada menos que tres calendarios. El primero, el Tzolk'in, se usaba sobre todo para rituales y para programar actos religiosos, pero también para diagnosticar enfermedades y tomar decisiones importantes relacionadas con el comercio y la cosecha. Era un calendario de 260 días formado por trece meses de veinte días, bautizado en honor de un dios. En realidad, no sabemos por qué escogieron esas cifras, pero hay quien sugiere que los mayas tenían trece dioses y el veinte era un número simbólico que representaba a los humanos (diez dedos de las manos y diez de los pies). Otros dicen que en la región hay 260 días y 105 días entre los equinoccios, cuando el sol está en su cénit.

El segundo calendario, el Haab', contaba con 365 días y comprendía dieciocho meses de veinte días cada uno, más un noveno de cinco días. Los meses del Haab' llevaban el nombre de actos agrícolas y religiosos; para señalar el día de su cumpleaños o de su aniversario de boda, la gente usaba el Haab'. Pero los mayas a menudo combinaban los dos calendarios y daban fechas tanto en el Tzolk'in como en el Haab'.

La tercera manera en que los mayas medían el flujo del tiempo era el «Recuento Largo». Era un ciclo de 5.125 años medido a

* Esto pasa porque su órbita es una elipse y no un círculo.

partir de lo que ellos creían que eran los albores del tiempo (el 12 de agosto del año 3113 a. C.) y aparece en muchos monumentos mayas junto a símbolos que representan el Tzolk'in y el Haab'. Tal vez recuerdes ese período apocalíptico de principios de la década de 2010 en el que algunas personas creían que los mayas habían pronosticado que, al acabar un ciclo del Recuento Largo el 21 de diciembre de 2012, ese día llegaría el fin del mundo. En realidad, los mayas creían que era solo uno de tantos ciclos de reencarnación y que todo seguiría como estaba. Naturalmente, eso fue lo que pasó.

Una deidad al día

Los calendarios babilonios, chinos y mayas son sin duda algunos de los más antiguos que conocemos. Pero los egipcios también habían registrado el paso del tiempo, con un año de 365 días dividido en tres estaciones de 120 días cada una, junto con cinco días más. Sin embargo, en 2019, con el descubrimiento de un magnífico santuario de piedra caliza, Yazilikaya, en la actual Turquía, salió a la luz la historia de otro posible calendario antiguo.

Los altos muros de piedra de Yazilikaya apuntaban con osadía al cielo, como era la intención del Imperio hitita, de la Edad de Bronce, que lo construyó antes de finales de la década de 1500 a. C. Las paredes están decoradas con esculturas, representaciones de deidades y símbolos, y juntos forman un retiro al aire libre. Las estructuras llevan en pie más de tres milenios, pero hasta hace poco se desconocía su finalidad.

Los hititas contaban con un ejército bien organizado que luchaba con frecuencia con los kaskas, una tribu que vivía en el norte, en la costa del mar Negro, así como con el Imperio Nuevo de Egipto y el Imperio asirio al sur. Sin embargo, al final los hititas aprendieron a instaurar la paz con los grupos contrincantes de la región y fueron más conocidos como diplomáticos que como luchadores. Para comunicarse con los demás escribían en acadio, una lengua muy hablada, para demostrar que no pretendían crear problemas.

Una diplomática de especial prestigio fue la reina y sacerdotisa hitita del siglo XIII a. C. Puduhepa, famosa por los tratados de paz que redactó y marcó con su sello. Reinó con su marido y estuvo muy implicada en los asuntos políticos y religiosos. Decidió organizar los numerosos dioses hititas en un panteón de las deidades que consideraba de suma importancia. Puduhepa convirtió a la diosa del Sol, Arinna, en la reina de los dioses. La jerarquía quedó plasmada en Yazilikaya, por lo que ahora creemos que se consideraba uno de los sitios más sagrados del reino hitita. Recientemente, los arqueólogos han empezado a pensar también que el panteón de Puduhepa se podría haber utilizado para marcar el paso del tiempo.

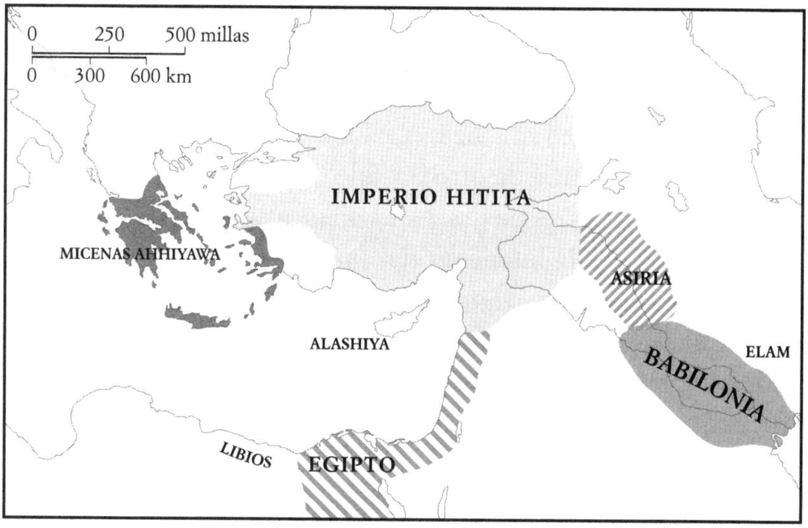

La civilización hitita (*c.* 1600-1180 a. C.).

Uno de los pasajes de la excavación de piedra caliza de Yazilikaya contiene más de noventa relieves de deidades, humanos, animales y figuras míticas. En 2019, un equipo de investigación sugirió que se utilizaban para registrar el día del mes lunar, con una piedra que se movía cada día delante de una nueva figura, posiblemente empezando el primer día después de la luna llena. En tal caso, el santuario sería un calendario tridimensional en el que se podía entrar.[1]

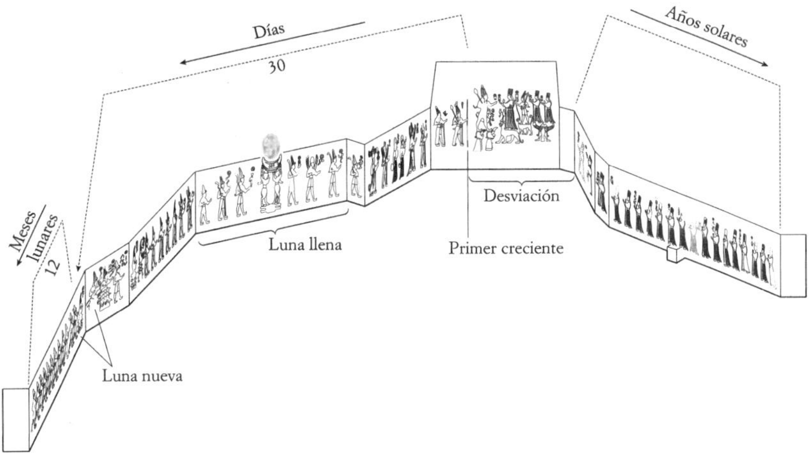

Disposición de las deidades en la Cámara A.
Están colocadas en fila y divididas en secciones.

Hay doce deidades masculinas idénticas en un lado de una sucesión de sesenta y cuatro deidades. El equipo de investigación afirma que podrían funcionar como contadores de los meses sinódicos (el tiempo que transcurre entre una luna nueva y otra) en un año. Al lado hay un grupo de treinta deidades de aspecto uniforme que se podrían haber utilizado para contar los días de un mes. También hay diecisiete deidades femeninas de tamaño parecido, aunque se cree que se han perdido dos deidades femeninas más. Si en origen había diecinueve, significaría que los hititas contaban los años solares antes de ajustar el calendario.

De media, un mes sinódico tiene 29,53 días, así que doce meses sinódicos sumarían 354,36 días, once días menos que un año

Las deidades de la Cámara A.

solar. Para rellenar ese hueco, el equipo sugiere un mes adicional que podría estar insertado en los años 3, 6, 8, 11, 14, 17 y 19. Tras el decimonoveno año solar, habría una diferencia de dos horas, cinco minutos y doce segundos. Al principio del vigésimo año solar, esta desviación se podría haber ajustado para reanudar el recuento a partir de la luna nueva. Puede que jamás lleguemos a saber si Yazilikaya se usaba así, pero resulta estimulante pensar que este sublime monumento era un calendario a gran escala.

El auge de los relojes

Durante la mayor parte de la historia humana, la medición del tiempo no se dedicaba a la pequeña escala. Más que seguir los minúsculos incrementos a lo largo del día, a las sociedades les interesaba definir los meses lunares, los movimientos planetarios y los tiempos de los eclipses, pues creían que influían en sus vidas. El Sol era un reloj con una precisión más que suficiente para la mayoría de la gente, aunque eso pronto cambiaría gracias a las matemáticas, que están en la base de una nueva tecnología.

El gnomon, o palo de sombra, se usó en el mundo antiguo desde aproximadamente el año 3500 a. C. para calcular la hora del día. La varilla fina proyecta una sombra, y luego se mide la longitud. Los relojes solares son un gnomon con una esfera, y se ubicaban en lugares públicos para que la gente pudiera comprobar la hora durante todo el día. Si son precisos, los relojes solares pueden indicar la hora y los minutos, pero tienen una desventaja evidente: no funcionan de noche ni cuando está nublado.

Ahí entró el reloj de agua, una innovación que se instauró en Egipto, Persia, la India y China. Era un cuenco que se llenaba o se vaciaba poco a poco de agua. Las marcas que medían el flujo de agua se usaban para medir el paso del tiempo. Unas tablillas babilónicas de entre el 2000 y el 1600 a. C. indican que los relojes de agua se usaban para medir cuántas horas habían pasado, de manera que eran útiles, por ejemplo, para que el guardián de una torre supiera cuánto tiempo le quedaba para terminar el turno.

Sin embargo, los relojes de agua tenían poca precisión, al menos al principio. Entonces llegó «el reloj elefante», creado por Ismail al-Jazari, un erudito e inventor de Mesopotamia, en 1206. El reloj elefante era una absoluta maravilla y una de las razones por las que al-Jazari a veces es considerado el padre de la robótica. El mecanismo quedaba dentro de un dosel, encima de la figura de un elefante, y el reloj incluía un gorjeo de pájaro, una serpiente y un autómata con forma humana que tocaba un tambor en la media hora.

Reloj elefante de al-Jazari.

Dentro del reloj elefante había un cuenco flotando dentro de un cubo. El agua goteaba despacio en el cuenco en el transcurso de media hora, hacía que pesara más, así que se iba inclinando en el agua, tiraba de una cuerda unida a la parte superior del elefante y soltaba una bola. Esta caía en la boca de la serpiente, la empujaba hacia delante y sacaba el cuenco del cubo. Entonces el pájaro gorjeaba, tocaba el platillo para marcar la media hora y el ciclo volvía a empezar. Cada elemento mantenía la armonía matemática para garantizar que el reloj marcaba el tiempo con precisión.

Todo el montaje era increíblemente preciso. No obstante, tenía un inconveniente: era enorme. No podías llevar un reloj elefante encima en cualquier momento, y era caro, por lo que no estaba al alcance de todo el mundo. El mismo al-Jazari se dio cuenta y mejoró otros mecanismos relojeros como los de los relojes vela o los relojes de barco, que eran más pequeños y sencillos.

Un dispositivo más práctico para medir el tiempo era el reloj de arena o ampolleta. Cuando los viajes marítimos de larga distancia despegaron de verdad en el siglo XV, se popularizaron entre los marineros. Los relojes de arena marinos se fabricaban para medir incrementos de treinta minutos. El problema era que los marineros tenían que darles la vuelta cada media hora. Si se olvidaban, perdían el hilo del tiempo, que era esencial para calcular la velocidad y la distancia recorrida por el barco, y por tanto para determinar su posición en el mar. El deber de dar la vuelta al reloj era una de las tareas más importantes y engorrosas de a bordo.

Los relojes completamente mecánicos aparecieron en el siglo XVII, en los Países Bajos, cuando el erudito Christiaan Huygens y el relojero Salomon Coster lograron construir un reloj de pared basado en un peso oscilante en 1656. Fue el primer reloj de péndulo del mundo. Galileo Galilei había tanteado la idea de un reloj de ese tipo en 1602, inspirado por el movimiento de una lámpara que se balanceaba en la catedral de su ciudad natal, Pisa. Advirtió que la oscilación de un péndulo es constante e independiente de cuánto recorra de lado a lado. Esa constancia matemática implicaba que se podía usar para registrar un intervalo de tiempo regular. Sin embargo, Galileo no logró construir un aparato que funcionara.

En 1601 el misionero jesuita Matteo Ricci le presentó al emperador de la dinastía Ming Wanli un reloj que sonaba a la hora y cuarto y a la hora y media. Desde entonces todos los emperadores sintieron fascinación por los relojes. Durante el reinado del empe-

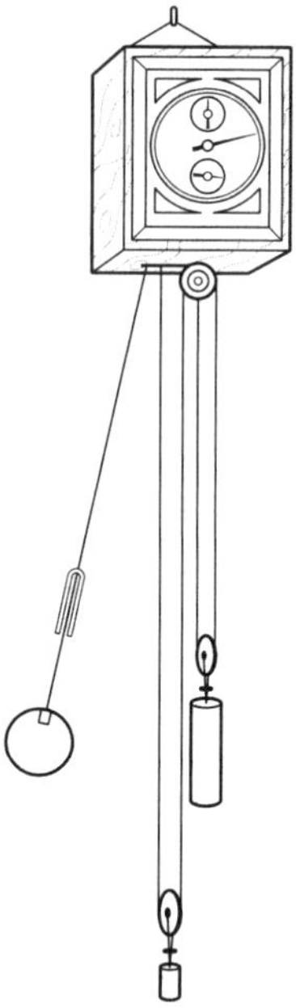

Huygens y Coster crearon el primer reloj de péndulo.

rador Kangxi, entre 1661 y 1722, llegaron más de cuatro mil relojes a la Ciudad Prohibida, procedentes de París y Londres. La fabricación de relojes prosperó en China con la dinastía Qing. Cada pieza era cara, así que los relojes eran un símbolo de categoría, y se decoraban con obras de arte.

El volante regulador se creó más o menos a la vez que los relojes de péndulo, lo que dio lugar a que en Europa la clase acomodada llevara reloj de bolsillo. Inventados en Alemania en 1510, los volantes reguladores giraban adelante y atrás de una manera predecible matemáticamente, parecida a los péndulos, así que también se podían utilizar para mecanismos de reloj. Los relojes de péndulo no funcionaban en el mar por el movimiento del agua, pero estos sí.

El término *reloj de bolsillo* lo acuñó Carlos II de Inglaterra en el siglo XVII, y con él nació la tendencia «de alta moda» de llevarlo entre los caballeros ingleses. Los relojes de bolsillo eran un regalo fantástico, y, cuando la moda se extendió por Norteamérica, las esferas de los relojes se volvieron más elaboradas, a menudo con diamantes y joyas incrustadas, que desde luego solo podía permitirse una élite. Los relojes de pulsera utilizaban la misma tecnología y los llevaban sobre todo mujeres. La producción en masa hizo que los relojes se abarataran, y la cronometría se entrelazó con la vida diaria.

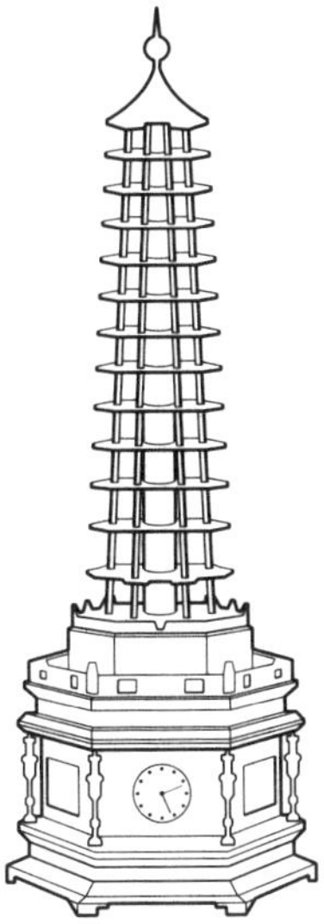

En la corte imperial Qing se introdujeron modelos del siglo XVIII de relojes pagoda. Los relojes hacían sonar música y los niveles de la pagoda se movían periódicamente.

A medida que la cronometría se extendía a la vida cotidiana, empezaron a surgir problemas. En Inglaterra, por ejemplo, los servicios de traslado llevaban a personas y correo por todo el país ciñéndose a un horario estricto. Sin embargo, como el tiempo seguía basado en los movimientos del sol, la puntualidad era difícil. Los conductores debían ajustar su reloj al llegar a cada ciudad, que tenían husos horarios distintos, en ocasiones aun estando a solo minutos de distancia. Además, el auge de los viajes ferroviarios del siglo XIX multiplicó el problema a gran escala. Eso llevó a la idea de que todas las empresas ferroviarias siguieran la hora de Londres, conocida como la hora de Greenwich. Algunas ciudades seguían su propia hora, pero al final, a mediados del siglo XIX, el observatorio de Greenwich empezó a enviar la hora oficial mediante líneas de telégrafo colocadas junto a las vías para que las estaciones ajustaran los relojes cada día. Otros países, como Estados Unidos, crearon sistemas parecidos. La Batalla de los Relojes también llegaría a su fin en la India. El claustro de la Universidad de Mumbai votó mantener «la hora de Bombay», pero cuando la India se independizó del Reino Unido en 1947, se acordó una hora universal en todo el país.

El Conejo Blanco con un reloj de bolsillo. Esta ilustración se incluye en *Las aventuras de Alicia en el País de las Maravillas*, de Lewis Carroll, publicada en 1865.

Sobre el tiempo

A medida que el mundo se fue adaptando al cálculo del tiempo a escala global, empezó a cambiar el concepto del tiempo. A principios del siglo XX, Albert Einstein demostró en su teoría de la relatividad especial que el tiempo es relativo: no es una constante universal, cambia según la posición y las circunstancias.

La teoría de Einstein describe que, si en una nave espacial hay dos relojes, uno en reposo y el otro en rápido movimiento, este último marcará más despacio para un observador que esté inmóvil. También demostró que se produciría el mismo efecto si el reloj en movimiento estuviera quieto pero más cerca de un objeto con mucha masa. Esta dilatación del tiempo no era fácil de percibir, pero con nuestra creciente capacidad de medir el tiempo con precisión la vemos en acción y también nos adaptamos a ella todos los días. Los sistemas modernos de navegación como BeiDou, Galileo y GPS* utilizan satélites que orbitan la Tierra a una velocidad de unos 14.000 kilómetros por hora. Es fundamental medir el tiempo para dar unos datos de ubicación exactos, así que los satélites llevan incorporados relojes de una precisión extrema. Aun así, experimentan dilatación del tiempo. Eso significa que los relojes del GPS, por ejemplo, si no se ajustaran tendrían un desfase de unos 38 microsegundos, o 0,000038 segundos, al final de cada día terrestre, lo que equivaldría a una desviación de unos 10 kilómetros de las posiciones que determinan.

Aunque la dilatación del tiempo es un concepto difícil de asimilar, descubrir que el tiempo es relativo ofrece cierto consuelo: a fin de cuentas, durante la mayor parte de la historia hemos pensado en el tiempo como algo relativo, utilizando la variable cantidad de sol al día como base de los relojes.

En la actualidad los relojes atómicos son los dispositivos más

* Los sistemas de navegación por satélite de China, la Unión Europea y Estados Unidos respectivamente.

precisos para calcular el tiempo, con un margen de error de apenas un segundo por cada cien millones de años. Utilizan el ritmo de los átomos para determinar la hora: un segundo se define como el tiempo que tarda un átomo de cesio en oscilar 9.192.631.770 veces. No obstante, nuestro empeño en lograr una cronometría mejor y más fiable oculta una cuestión fundamental. Sí, es importante saber la hora, pero ¿y si la cuestión más importante es qué es el tiempo?

Otra de las teorías de Einstein, la teoría de la relatividad general, plantea la idea de que el tiempo es tan físico como el espacio. Esta amalgama de espacio y tiempo, conocida como espacio-tiempo, debería considerarse un espacio cuatridimensional coherente. La gravedad puede deformar este espacio y así producir la dilatación del tiempo. La idea del espacio-tiempo ha ayudado a describir el universo con logros increíbles, pero tiene una consecuencia extraña: las ecuaciones implican que no existe una dirección implícita. Eso significa que el tiempo puede correr hacia delante y hacia atrás, al margen de cómo lo vivimos nosotros.

Una de las claves del rompecabezas puede residir en las reglas que rigen el calor. La segunda ley de la termodinámica es una de las pocas leyes de la física que incluyen cierta forma de direccionalidad; afirma que la entropía, a veces considerada desorden, siempre aumenta. En otras palabras, si dejas algo el tiempo suficiente, siempre se acaba desordenando. Eso podría explicar por qué el tiempo siempre fluye hacia delante (o por lo menos eso nos parece); de nuevo, puede que no sea así. La gravedad es la única fuerza que no ha descrito la física cuántica. Dado que el tiempo y la gravedad mantienen un vínculo intrínseco, significa que existe un cisma entre nuestro concepto de la gravedad y del tiempo, por una parte, y nuestra idea del mundo cuántico por otra. Se están llevando a cabo numerosos esfuerzos por conciliar esas diferencias utilizando las matemáticas para crear una teoría cuántica de la gravedad. Si se demuestra una, casi con toda certeza tendremos que reconsiderar lo que creemos que es el tiempo.

Los replanteamientos esenciales ocurren muy de vez en cuando, y cuando se producen pueden ser tan revolucionarios que resultan difíciles de entender de verdad. El hallazgo de que la Tierra era redonda debió de ser uno de esos momentos en que de pronto el mismo suelo que pisaba la gente parecía distinto. Serían comprensibles ciertas dudas para aceptar el orden mundial redondo. Sin embargo, al final la vieja ortodoxia se sustituye por la nueva, y lo que antes parecía impenetrable se vuelve intuitivo. Poca gente hoy en día cree que la Tierra es plana; resulta natural pensar que el planeta es redondo. Las matemáticas también han pasado por momentos trascendentales. El descubrimiento del cero es uno de ellos. En breve abordaremos el origen del cero, pero primero necesitamos a un experto moderno en lo que parece natural matemáticamente a los seres humanos y lo que no. Para ello, vamos a recurrir a un niño de cuatro años.

CAPÍTULO 5

Sobre la(s) procedencia(s) del cero

Un día de principios de la década de 2010, un niño de cuatro años entró en un cuartito donde había una pantalla de ordenador de diecisiete pulgadas y se sentó delante. En la pantalla había dos cuadrados: cada uno contenía cero, uno, dos, cuatro u ocho puntos. El niño, como algunos más que habían estado en la misma situación, solo tenía que cumplir una tarea: seleccionar la caja con menos puntos.

Los psicólogos Elizabeth Brannon y Dustin Merritt habían diseñado este sencillo experimento para demostrar lo bien que entendían los números las criaturas de cuatro años. Fue sumamente revelador. Cuando los niños tenían que comparar cajas que contenían un punto o más, lo hacían bien las tres cuartas partes de las veces. Sin embargo, en cuanto se añadía la opción de cero puntos, la tasa de éxito caía por debajo del cincuenta por ciento: la cantidad que cabría esperar que acertaran solo por casualidad.[1]

Era evidente que el cero tenía algo que no permitía a los niños entenderlo igual que los demás números. Tal vez nos ofrece una pista de por qué la humanidad tardó también en comprender el cero.

El cero da la sensación de ser primitivo, como si hubiera existido desde los albores del tiempo, como si fuera tecnología de la Edad de Piedra, y el resto de los números, de la Revolución posindustrial. Hemos acabado pensando en él como base numérica: ¿cómo construir una «casa de números» sin empezar por el cero? Sin embargo, este punto de vista no podría estar más lejos de la verdad. Aparte de que al parecer lo entendemos a una edad más madura, el cero es un número que llega mucho después que los otros en la historia humana. Aun así, los matemáticos tardaron siglos en entenderlo realmente como un número por derecho propio y no solo una notación oportuna. Este avance fue un hecho crucial en la historia de las matemáticas, pero también confuso, con muchas posibilidades e interpretaciones distintas.

Pese a que probablemente fueron los mayas los que inventaron un símbolo para el cero, fue durante la llamada Edad de Oro de la India, entre los siglos IV y VI, cuando se apreció su verdadera importancia. En esa época, los matemáticos dieron un salto hasta alcanzar nuevas y emocionantes alturas. Aún no existía un sistema numérico realmente adecuado, así que los matemáticos a menudo alteraban los números que utilizaban y jugaban con ellos, y mientras lo hacían también inventaban otros. Bien es cierto que nada tiene una historia parecida a la de la nada.

La Edad de Oro de la India

La Edad de Oro de la India empezó con Chandra Gupta I, que controlaba una enorme extensión de territorio en la zona del norte del subcontinente indio. No se sabe con exactitud cómo logró dominar tanta tierra, pero tal vez ayudara su matrimonio con la princesa Kumaradevi, del clan Lichchhavi, que podría haber controlado el norte de Bihar y Nepal. Su hijo y sus posteriores herederos continuaron expandiendo el imperio con diversas invasiones y batallas, en las que se llegó a eliminar nada más y nada menos que a veintiún gobernantes de la región.

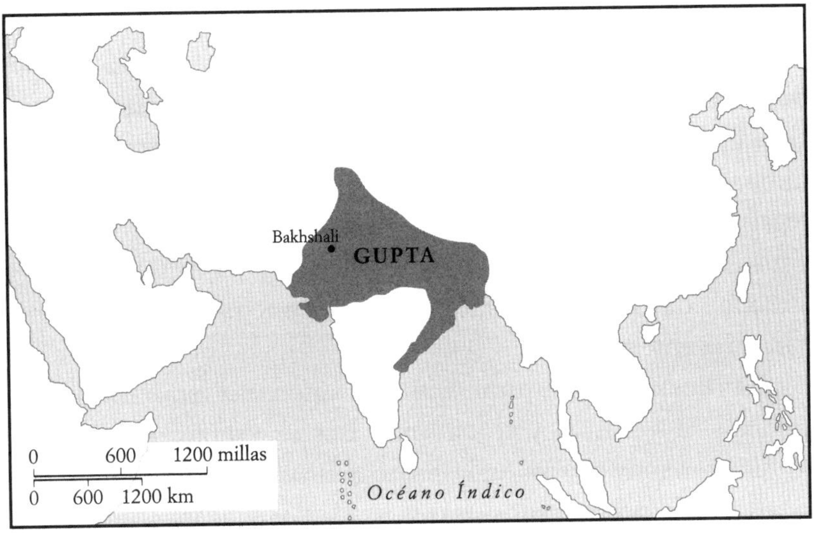

Mapa del Imperio gupta hacia el 450 d. C.

En el Imperio gupta se tenía un gran aprecio a las matemáticas. Los eruditos difundían su saber entre los más jóvenes con cánticos y recitando textos. Tal como lo expresaba un antiguo verso: «Igual que hay crestas en las cabezas de los pavos reales, o piedras preciosas en las cabezas de las serpientes, las matemáticas se sitúan en lo alto de todas las ramas del conocimiento».[2]

Aunque había existido un intercambio intelectual entre la India, Egipto, Babilonia y China, fue en esa época cuando las matemáticas y la astronomía indias empezaron a prosperar solas. En el Imperio gupta la astronomía guardaba un íntimo vínculo con el folclore. Los astrónomos hacían mediciones empíricas para determinar la duración de los meses lunares y el movimiento de las estrellas, pero se apoyaban en la mitología. Por ejemplo, se creía que los eclipses los provocaban demonios que tapaban la cara de la Luna y el Sol.

Han sobrevivido pocos detalles sobre el papel intelectual de las mujeres en esa época. Algunos himnos eran obra de poetisas, y en textos indios de la Antigüedad aparecen autoras, como por ejemplo Indrani y Sachi. Algunas mujeres de clase alta recibían formación y gozaban de la libertad de seguir estudiando, aunque no se las consideraba iguales que los hombres ni tenían permiso para hacer carrera. Fuera de las clases altas, las mujeres solían limitarse a las funciones de esposa y madre, tenían pocos derechos legales y de propiedad. Pese a todo, como podían participar en rituales religiosos y ceremonias públicas, las mujeres gupta sí disfrutaban de un mayor grado de libertad que bajo el gobierno de dinastías anteriores.

La dinastía gupta promovió activamente el hinduismo, pero toleraba el budismo y el jainismo. Los sacerdotes del segundo grupo eran muy activos en las matemáticas de la época.

A partir de los siglos III o IV a. C., los jainistas produjeron textos donde se mostraba una especial estima hacia *sankhyana*, la ciencia de los números. Ha perdurado un texto jainista, el *Tiloyapannatti* de Yativṛṣabha, dedicado a entender el universo. No sabemos casi nada de la vida de Yativṛṣabha, pero en su obra se mencionan algunos de sus maestros y obras anteriores sobre matemáticas, lo que indica que los matemáticos jainistas trasmitían sus conocimientos mediante clases particulares. En el *Tiloyapannatti* se comentan varias maneras de medir el tiempo y la distancia; las ideas que contiene se basan en una creencia de la época según la cual existían dos soles, dos lunas y dos conjuntos de estrellas.

Para los jainistas, no había ni un principio ni un fin del universo: el espacio y el tiempo eran eternos y continuos, el universo siempre había existido y siempre existiría. Por eso acabaron un poco obsesionados con las matemáticas de los grandes números. Tenían un período, el *shirsa prahelika*, que equivalía a $756 \times 10^{11} \times 8.400.000^{28}$, un número de 208 dígitos. Otros números enormes importantes eran el *rajju*, que indicaba la distancia que recorría un dios en seis meses (cerca de un millón de kilómetros) y el *palya*, el tiempo que se tardaría en vaciar una embarcación llena de lana quitando una hebra cada siglo. Esta fascinación por los grandes números hizo que los matemáticos jainistas pensaran más allá de lo gigantesco. Empezaron a recabar ideas sobre el infinito que, si bien eran imprecisas desde el punto de vista matemático, iban *rajju* más allá de cualquier otra cosa en el mundo en ese momento o durante siglos después.

Los jainistas dividían los números en tres categorías: los enumerables, los innumerables y el infinito. Los números enumerables eran todos desde el dos al «número más alto». En realidad, no tenían un número más alto, pero usaban su concepto de números enormes para hacerse una idea. Por ejemplo, se imaginaban llenar abrevaderos del tamaño de la Tierra de semillas de mostaza y contarlas, para luego afirmar que aun así no se llegaba al número enumerable más alto. Los innumerables eran mayores que los enumerables, pero no infinitos. Los matemáticos jainistas dividían el infinito en cinco grupos: infinito en una dirección; infinito en dos direcciones; infinito en un área; infinito en todas partes e infinito a perpetuidad. Para el jainismo era importante entender el universo y modelarlo.

Por lo que sabemos, los jainistas fueron el primer pueblo que cuestionó la idea de que solo existe un tamaño de infinito. Esta idea no volvería a arraigar hasta finales del siglo XIX, cuando el lógico alemán Georg Cantor trabajó en la naturaleza del infinito, e incluso entonces muchos matemáticos tardaron en asimilar los hallazgos de Cantor; en la actualidad siguen abiertas preguntas sobre el tamaño exacto de distintos infinitos.

El infinito no es el único ámbito en el que los jainistas hacían gala de una especial destreza. También estudiaron con detenimiento las reglas relacionadas con las distintas maneras de combinar objetos o cosas. Por ejemplo, resolvieron que los seis sabores (amargo, ácido, salado, astringente, dulce y picante) se pueden combinar de sesenta y tres maneras diferentes. Exploraron ideas parecidas en poesía y elaboraron fórmulas para generar distintas combinaciones de sonidos breves y largos para crear metros distintos.

Este estudio de las permutaciones y las combinaciones llevó a descubrir un triángulo de gran importancia matemática que describieron como «una montaña con pico». Lo llamaron Meru Prastara. Muchas culturas descubrieron este triángulo, muy valioso en la teoría de la probabilidad. Hoy en día se lo suele llamar el triángulo de Pascal en honor del matemático francés del siglo XVII Blaise Pascal.

1					
1	1				
1	2	1			
1	3	3	1		
1	4	6	4	1	
1	5	10	10	5	1

	1	2	3	4	5	6	7	8	9	10
1	1	1	1	1	1	1	1	1	1	1
2	1	2	3	4	5	6	7	8	9	
3	1	3	6	10	15	21	28	36		
4	1	4	10	20	35	56	8			
5	1	4	15	35	70	126				
6	1	6	21	46	126					
7	1	7	28	84						
8	1	8	36							
9	1	9								
10	1									

Meru Prastara (*izquierda*) y el triángulo de Pascal tal como lo dibujó Blaise Pascal en 1665 (*derecha*). El texto original del Meru Prastara solo contenía palabras y no incluía este cuadro; se añadió una ilustración en el siglo X.

Los jainistas también fueron defensores tempranos de la exponenciación y sus consecuencias, por ejemplo, «la primera raíz cuadrada multiplicada por la segunda raíz cuadrada es el cubo de la segunda raíz cuadrada». O, en la escritura moderna, $a^{\frac{1}{2}} \times a^{\frac{1}{4}} = (a^{\frac{1}{4}})^3$. El matemático, físico y astrónomo escocés John Napier y el matemático suizo y fabricante de relojes e instrumentos de astronomía Joost Bürgi redescubrieron por separado estas ideas a principios del siglo XVII.

¿Por qué no nos caemos de la Tierra?

Uno de los matemáticos más famosos de la dinastía gupta fue Aryabhata I, que vivió entre los años 476 y 550 d. C. Su legado ejerció una gran influencia: muchos matemáticos copiaron, comentaron y distribuyeron su obra por toda la India y más allá.

Aryabhata trabajó en un complejo de investigación budista llamado Nalanda, en Bihar, en la parte oriental del Imperio gupta. El complejo era un centro de estudios avanzados, parecido a una universidad moderna. Estaba formado por monasterios, templos y un observatorio donde se estudiaban diversas asignaturas, también matemáticas y astronomía. Hasta entonces la principal forma de enseñanza en la India había sido las parejas de maestro y discípulo, así que la enseñanza universitaria era una novedad. Alumnos e investigadores de Nalanda recopilaron, leyeron y anotaron las obras académicas existentes, incluidas las creadas por los matemáticos jainistas.

Es probable que Aryabhata redactara durante su estancia en Nalanda el *Aryabhatiya*, un tratado de astronomía, cosmología y matemáticas formado por unos ciento veinte versos en sánscrito. En él no descartaba la idea de que los demonios provocaran los fenómenos astronómicos, sino que los introdujo en su investigación. Cuando estudiaba las órbitas lunar y solar, utilizaba sus hallazgos para explicar los movimientos de los demonios implicados en los eclipses y pulía el folclore correspondiente.

El mayor logro de Aryabhata fue sintetizar e interpretar gran parte del saber matemático anterior a él. *Aryabhatiya* empieza apuntando que la multiplicación por diez asciende un número «al siguiente lugar superior». Es obvio que Aryabhata se encaminaba hacia el sistema decimal, aunque en su obra no se reconocía del todo. Luego recogió su trabajo en busca de las raíces al cuadrado y al cubo, escrito en verso. Aunque sus métodos estaban incompletos, sentaron las bases de los matemáticos posteriores.

Se suele considerar que Aryabhata es el padre del álgebra. En el *Aryabhatiya* escribió que «si la diferencia entre las cantidades conocidas de dos personas se divide entre la diferencia entre las cantidades desconocidas, el resultado será el valor de la cantidad desconocida»[3]. Era una afirmación vaga, sin duda, pero era una prueba de los inicios del álgebra. Tal como lo expresaba un comentario posterior, podría aplicarse a cuestiones como la siguiente: hay dos granjeros, uno con cien rupias y seis vacas, el otro con sesenta rupias y ocho vacas. Si sus posesiones valen lo mismo, ¿cuánto vale una vaca?*

También se lo considera el padre del álgebra por el uso de ecuaciones de segundo grado. Dio con soluciones a ecuaciones del tipo $x - y = m$ y $xy = n$, donde la tarea es despejar x e y, o ecuaciones del tipo $ax^2 + bx + c = 0$, donde la tarea es despejar x. Fue capaz de resolverlas con ejemplos concretos.

Como los matemáticos de Egipto y China, Aryabhata también aproximó π. Descubrió que era 3,14159265, correcto hasta ocho decimales, aunque no está claro cómo llegó hasta ahí, porque sus métodos no figuran en el libro. Con π confeccionó una tabla de senos para investigar las características de los círculos. Hacía falta medir el área y la circunferencia de los círculos para los cálculos astronómicos.

También afirmó que el movimiento de las estrellas en el cielo derivaba de la rotación de la Tierra sobre su eje. Calculó que la Tierra gira 1.582.237.500 veces por ciclo *yuga*, un período hindú de 4.320.000 años. Eso daba un período de rotación de la Tierra de 23 horas, 56 minutos y 4,1 segundos. Se trata de un resultado asombroso que ahora sabemos que es cierto, aunque no fue el primero en sugerir que la Tierra rota así. Heráclides, contemporáneo de Aristóteles, ya lo había insinuado, pero llevaba siglos olvidado e ignorado. Tras su muerte, Aryabhata corrió la misma suerte, y muchos comentarios de su libro omitieron esta aseveración concreta. Hoy nos puede parecer extraño, pero sin abundan-

* Una vaca vale veinte rupias.

tes pruebas concretas es lógico que a los astrónomos de la época les costara creer que fuera la Tierra y no el cielo el que girara. Si de verdad la Tierra daba vueltas, ¿por qué no se caían?*

Los astrónomos del siglo XIV y XV de la India Paraméshvara y Nilakantha Somayaji respaldaron esta visión del sistema solar, igual que un poco más tarde Nicolás Copérnico y Galileo Galilei en Europa. Aun así, hasta 1851, cuando el físico Léon Foucault demostró los efectos de la rotación de la Tierra con un péndulo, la idea no se consolidó.

Aryabhata también inventó, o por lo menos lo usó, un sistema numérico completamente nuevo. Los numerales evolucionaban a menudo, con más de un sistema de numeración en juego. Mucha gente utilizaba los números *brahmi*, de índole gráfica, como los glifos que usaban los mayas. Este sistema tenía símbolos para los números del 1 al 9, y también para el 20, 30, 40, etc. Así, el cero no tenía ninguna función: en vez de escribir el número 20 como dos decenas y cero unidades, se usaba el símbolo individual de veinte.

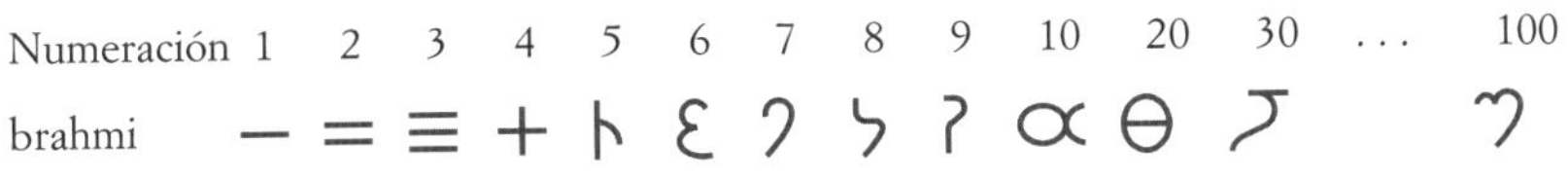

Numeración brahmi

En el siglo IV apareció la numeración gupta. Era más en cursiva y simétrica, de manera que los escribas las podían anotar más rápido, y en gran medida se basaba en la numeración brahmi, aunque no la sustituía del todo.

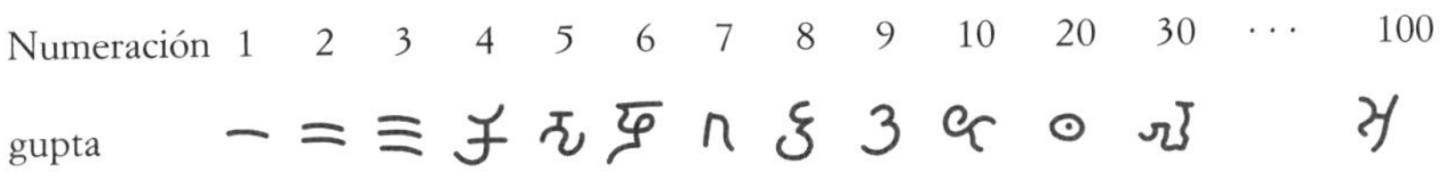

Numeración gupta

* ¡Gracias, gravedad!

La numeración gupta facilitaba la velocidad, pero seguía siendo engorrosa para escribir grandes números en cálculos matemáticos y astronómicos (aunque eso no impidió que los matemáticos jainistas exploraran los grandes números usando la notación brahmi). Así que Aryabhata se inventó su propio sistema, en el que utilizaba el alfabeto sánscrito. Asignó cada una de las treinta y tres consonantes del alfabeto sánscrito a un número concreto: del 1 al 25, y 30, 40, 50, 60, 70, 80, 90 y 100. Luego usaba las vocales para expresar potencias de 10, como 10.000. Eso le permitía especificar grandes números, por ejemplo, el número 1.582.237.500 se podía escribir con la palabra *niśibunlikhshri*. Así, aunque no se usa de forma explícita en su obra, queda implícito que Aryabhata conocía el cero. Su sistema de numeración parece apoyarse en cómo encaja el cero, y algunos cálculos del *Aryabhatiya* son imposibles sin él.

Aryabhata murió en el año 550 d. C., el mismo en que se hundió el Imperio gupta ante la invasión de una tribu nómada, los hunos. El imperio se desintegró en reinos regionales y algunos de los centros de aprendizaje se desmantelaron. Sin embargo, aunque los nuevos reyes regionales no eran budistas, algunos se convirtieron en patrones de instituciones educativas budistas como Nalanda, así como también de observatorios y astrónomos asociados tras la caída de los gupta.

El número con un agujero

Probablemente el matemático más importante de este período es Brahmagupta, que vivió en el siglo VII en Bhinmal, en la parte occidental de la India. Su padre, Jishnugupta, era astrónomo y matemático, por lo que Brahmagupta tuvo acceso al trabajo de Aryabhata. A los treinta años escribió un texto que aunaba con ambición el saber de la época con su propia obra. El libro se titulaba *Brahmasphutasiddhanta*, cuya traducción es «Doctrina de

Brahma expuesta correctamente».* No cabe duda de que la sección con mayor repercusión fue la que trataba del cero.

El cero existía desde tiempo antes de Brahmagupta; el primer ejemplo conocido es de la civilización maya, de entre los años 300 y 200 a. C., con el uso de un símbolo que parecía una concha como marcador de posición, una de las funciones más sencillas del cero. El cero como marcador es un cambio muy útil en la manera de pensar los números que seguimos utilizando hoy en día.

Recordemos que, cuando escribimos el número 201, la idea implícita que subyace es que el número más a la derecha representa una unidad; luego, hacia la izquierda, hay cero decenas y dos centenas. Sin un cero como marcador, no habría manera de distinguir entre 21, 201, 2001, etc.

Comparémoslo con los números romanos, que no usan marcadores así. Para escribir el número 201, un romano escribiría CCI, donde C corresponde a 100 y I a 1. No hay símbolo para el cero, puesto que las «decenas» simplemente no aparecen en este número. Está bien en algunas situaciones, pero resulta problemático si quieres hacer un cálculo sencillo como una suma. Es fácil sumar 99 y 201: primero sumas las unidades, luego las decenas y después las centenas. Pero si intentas sumar XCIX y CCI, te preguntarás cómo consiguieron los romanos tantos logros.

El sistema numérico maya era distinto, las posiciones eran de suma importancia y era vigesimal en lugar de contar en unidades, decenas, centenas, etc. Hacia los años 400-300 a. C., los babilonios también tenían un símbolo para el cero. Al principio, parecían dos puntos, pero al final evolucionó hacia el símbolo cuneiforme inclinado que aparece a continuación.

* Ay, la confianza de la juventud.

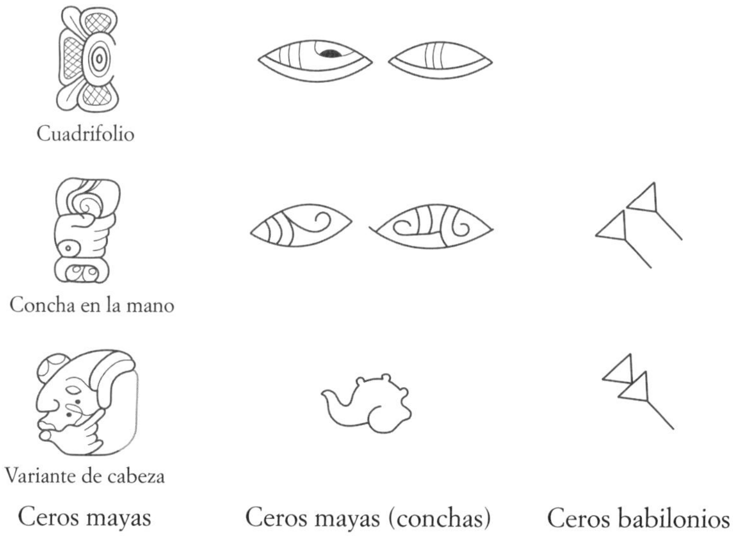

Ceros mayas. Había muchas variaciones en los patrones de la concha. Había otros ceros procedentes de Babilonia, Egipto y Grecia.

Durante la era gupta, en algún momento los matemáticos indios empezaron a usar un punto para indicar el cero. Brahmagupta sin duda lo usaba, así que sus orígenes se remontan a los siglos VI y VII. También existe un misterioso documento, conocido como el manuscrito de Bakhshali, que podría incluir un cero mucho más antiguo, según a quién se consulte.

El manuscrito de Bakhshali es lo que queda de setenta folios de corteza de abedul con escritos sobre aritmética, álgebra elemental y geometría. Descubierto por un granjero en Bakhshali (ahora Pakistán) en 1881, está escrito en una mezcla de sánscrito y dialecto local, y el autor es desconocido. Originalmente el manuscrito de Bakhshali se iba a enviar al Museo de Lahore, pero bajo el dominio británico se trasladó a la Biblioteca Bodleiana de Oxford, y ahí sigue desde entonces.

Hace unos años, la Biblioteca Bodleiana decidió utilizar la datación por carbono en el manuscrito y se descubrió que los tres folios que quedan proceden de tres períodos distintos, hacia el año 300,

700 y 900 d. C.[4] Hay quien defiende que eso significa que los matemáticos indios tenían un cero en el año 300, mientras que otros sostienen que se escribió después del 900 d. C. La tinta en sí no se ha analizado, así que no hay manera de saber quién lleva razón.

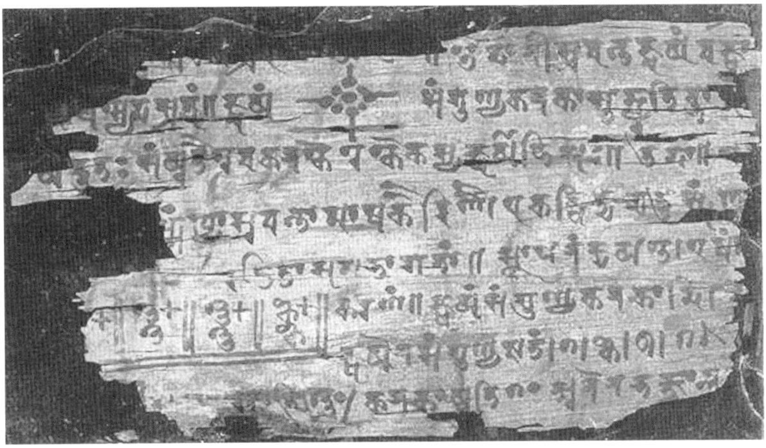

Manuscrito de Bakhshali: aparecen varios puntos, el de la línea inferior funciona como marcador.

Otra complicación añadida del cero indio es que aparecieron en otros sitios y en la misma época símbolos numéricos parecidos a los de Brahmagupta y los del manuscrito de Bakhshali. En Camboya hay un cero de punto en una piedra del templo en ruinas de Sambor, junto al río Mekong, del año 638. En lo que ahora es Indonesia hay ceros de esos tiempos. El cero real en forma de círculo más antiguo conocido en la India es uno inscrito en un templo hindú de Gwalior, construido hacia el año 875.

Cero jemer del año 683 d. C.

Cero en forma de círculo encontrado en la isla de Banka, cerca de Sumatra. El número es el 608, pensado para registrar un año en la era saka, que ahora se designaría como el 686 d. C.

Tanto el subcontinente indio como China ejercían una gran influencia en la región de Sumatra, incluidos los imperios srivijaya y jemer. El islam llegó ahí desde Oriente Medio, y las prácticas budistas fueron llevadas desde China de la mano de monjes. Así, tal vez el cero se importara a las islas, pero también es posible que los escribas locales crearan un cero por su cuenta y el símbolo viajara en dirección contraria.

Cero de Gailor en la segunda línea. Alrededor del año 875 d. C.

Así, la historia exacta de cómo nació el símbolo moderno del cero es más bien confusa. Sin embargo, a nuestro entender, fuera de la India ninguno de esos ceros pasó de ser un marcador. La primera prueba concreta de un cambio la aporta Brahmagupta, y fue todo un hito. El cero como marcador es una innovación práctica, pero el cero como auténtico cero supone un salto conceptual. En *Doctrina de Brahma expuesta correctamente*, Brahmagupta presenta un uso del cero en cálculos aritméticos, convirtiéndolo en un número completo que se puede sumar, restar, multiplicar y dividir. Escribió: «Cuando se suma o se resta el cero a un número, este no cambia; y un número multiplicado por cero da cero». Según la formulación matemática moderna, $x + 0 = x$, $x — 0 = x$ y $x \times 0 = 0$.

A continuación, pasaba a explicar estas reglas en términos de fortunas (números positivos) y deudas (números negativos):

> Una deuda menos cero da una deuda.
> Una fortuna menos cero es una fortuna.
> El producto de cero multiplicado por una deuda o por una fortuna es cero.

También abordaba la multiplicación por cero (que da cero), pero luego sacaba esta conclusión para la división: cero dividido entre cero es cero.

En este aspecto Brahmagupta se equivocaba, pero el mundo tendría que esperar hasta el auge del cálculo, casi un milenio después, para saberlo.

El paso de considerar el cero solo como marcador a convertirlo en un número real es de suma importancia. Sin él, no sería posible gran parte de las matemáticas modernas ni de nuestro concepto del mundo. La sociedad moderna se basa en la tecnología digital, respaldada por las matemáticas binarias, las del 0 y el 1. Todos los píxeles de nuestras pantallas, todos los cálculos que hacen los ordenadores o todos los datos que almacenan se basan en el impresionante poder del 0 y el 1. En el ámbito electrónico, se reduce a si algo está encendido o apagado, pero para comprender cómo funciona hay que interpretar el 0 como un auténtico cero, no como un simple marcador. Tiene que ser un cero que se pueda manipular y usar en cálculos.

Entonces, la pregunta es: ¿por qué, si el concepto de cero existe en tantas civilizaciones, solo en la India siguió evolucionando? Puede que la cuestión esté más relacionada con la filosofía que con las matemáticas. Mientras que algunas culturas manifiestan miedo o desagrado ante la idea de la nada, muchos indios la aceptan. La palabra sánscrita *śūnya*, que aparece en la literatura de los primeros años de la dinastía gupta, significa «vacío» o «nulo» y procede del budismo. Las palabras correspondientes a «atmósfera» (*ākāsa*) y «cielo» (*kha*) se usaban para indicar el cero. Aryabhata, por ejemplo, usaba la palabra *kha* para la posición vacía en su sistema numérico. Otros llamaban al cero *nirguna Brahman*, que significa «la verdad sin atributos». En todos esos términos subyacía la visión de que la nada era importante, de que el infinito del mundo surge del vacío. Tal vez resida allí la motivación para matemáticos como Brahmagupta para integrar el concepto de forma profunda, como nunca antes.

De cero a héroe

La expansión mundial del cero no fue inmediata. Los comerciantes de habla árabe que viajaban por África, Asia y Europa adoptaron la idea, junto con una versión actualizada de los números gupta, gracias a un libro titulado *Sobre el arte hindú del cálculo*, obra del polímata del siglo IX Muhammad ibn Musa al-Juarismi, que incluía el cero. Al-Juarismi enseguida vio la utilidad de un sistema numérico con un auténtico cero, pero en otros lugares se fue cociendo a fuego lento.

Una de las primeras vías por las que el cero llegó a Europa fue a través del matemático italiano Leonardo Fibonacci. Descubrió el número a finales del siglo XII en el puerto de Bugía, en Argelia, ayudando a su padre, representante de comerciantes italianos. Probablemente supo del cero por los comerciantes de habla árabe y estudiando el libro de al-Juarismi. Cuando regresó a Europa, Fibonacci publicó su propia obra, *El libro del cálculo*, en la que describe este sistema de numeración indo-arábigo, incluido el cero, y cómo usarlo en cálculo. Tradujo la palabra árabe para *vacío* del libro de al-Juarismi, *sifr*, por el vocablo latino *zephyrum*, que los italianos de Venecia transformaron en *zero*.

Pese a que Fibonacci dominaba las matemáticas que utilizaban los comerciantes árabes, usaba el cero solo como marcador para contar en el sistema decimal de su libro, así que no era un cero auténtico. Su obra tampoco hizo que se adoptara el cero a gran escala. Muchos intelectuales europeos tenían prejuicios respecto a los eruditos musulmanes, así que desdeñaban las matemáticas árabes. De hecho, el cero se prohibió por completo en Florencia, igual que otros números indo-arábigos, bajo el dudoso pretexto de que eran más fáciles de alterar con fines fraudulentos. Por supuesto, finalmente Europa se tomó los números indo-arábigos en serio. Ya no se podía pasar por alto su utilidad en comparación con los números romanos, aunque eso no ocurrió hasta el Renacimiento, en el siglo XVI.

En Asia oriental estaban en contacto con el cero de los números indo-arábigos gracias a los comerciantes árabes y los misioneros cristianos, pero el sistema de varillas era tan útil que era difícil de reemplazar y siguió predominando hasta aproximadamente el siglo XIX. El cambio a los números indo-arábigos llegó, en gran medida, para facilitar el comercio internacional y la comunicación.

En otras partes del mundo abundaban tradiciones matemáticas igual de consolidadas. En el África subsahariana, por ejemplo, la madrasa de Sankore, en el Tombuctú del Imperio de Mali, era uno de los principales centros de aprendizaje. El rey maliense de principios del siglo XIV Mansa Musa, conocido como una de las personas más ricas de la historia, invertía en libros llevados por comerciantes árabes a la ciudad y contrataba a académicos de Sankore para que los estudiaran. A Tombuctú llegaban infinidad de libros, pero al principio no se estudiaba matemáticas. Los sistemas basados en el 2 y en el 20 eran dominantes en el continente africano, así que la base de 10 no resultaba muy atractiva.[5] Sin embargo, eso no significa que las matemáticas no evolucionaran en la región. Aparte de los principales centros de aprendizaje, los comerciantes locales contaban con varios métodos innovadores para hacer cálculos mentales rápidos con grandes números: el *susu* en Ghana, las tontinas en Senegal y Benín y el *esusu* en Nigeria.

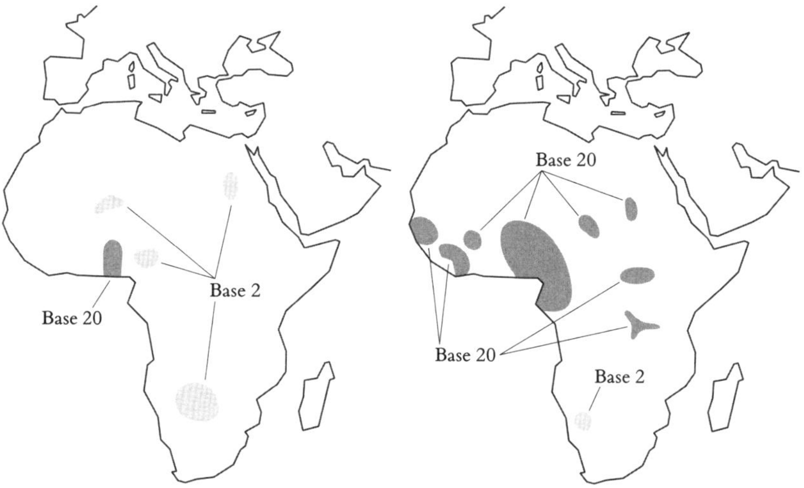

Algunos de los sistemas numéricos que se han usado en África.

En Mesoamérica, el Imperio inca, que ganó relevancia en el siglo XIII, tenía su propio sistema único de registrar números utilizando un dispositivo llamado *quipu*. Los *quipus* estaban hechos con cuerdas de alpaca y lana de llama o algodón, en las que se realizaban nudos para las cifras del censo y la asignación de impuestos, así como nombres, historias e ideas. Usaban un sistema basado en el 10 y los nudos hacían las veces de cuentas de un ábaco, y en esencia eran hojas de cálculo de cuerdas. Los incas siguieron utilizando los *quipus* hasta 1583, cuando los invasores españoles los prohibieron creyendo que los datos que recogían correspondían a ofrendas a dioses paganos.

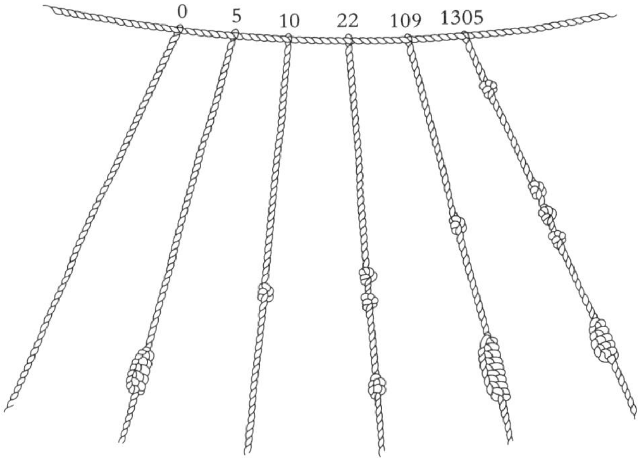

Un ejemplo de *quipu*.

El primer pueblo de fuera de la India que apreció el trabajo de Brahmagupta sobre el cero vivía en la península arábiga. Allí, en el siglo VIII, cobraría importancia un centro de aprendizaje bastante distinto de cualquier otro, y de ahí surgirían algunos de los conceptos más importantes de las matemáticas.

CAPÍTULO 6

La Casa de la Sabiduría

En el siglo VIII se estaba gestando algo especial en Bagdad. Brotaban palacios junto a la orilla del río Tigris. La cultura y la ciencia estaban en auge y se intuían los principios de un colectivo intelectual cuya influencia se propagaría por todo el mundo.

Hasta ese momento, Bagdad era poco más que un conjunto de pueblos pequeños, pero los nuevos gobernantes, el califato abasí, tenían grandes planes para el Imperio islámico y querían que Bagdad fuera su capital. Aquello suponía un desaire para Damasco, que llevaba décadas siendo la principal ciudad de la región.

Todo empezó con la revolución abasí, un alzamiento contra el califato omeya, que en su momento álgido había gobernado desde el actual Portugal hasta Kirguistán y Pakistán. Sin embargo, puede que siempre hubiera estado condenado al fracaso. Gobernaba sobre una población numerosa y diversa, que incluía a cristianos, judíos y musulmanes, así que era un imperio dirigido por califas árabes con ciudadanos que en gran parte no eran árabes. Esto en sí no tendría que haber causado la caída del califato: el problema es que los no árabes eran tratados como ciudadanos inferiores. A determinadas ciudades amuralladas solo podía acceder la clase árabe dominante, y los que no eran árabes tenían prohibido ocupar puestos del gobierno. Así se creó un profundo resentimiento y hostilidad entre la población que en última instancia desembocó en revolución.

La familia abasí encabezaba la revolución. También eran árabes, pero afirmaban ser descendientes directos del tío del profeta Mahoma y buscaron el apoyo de los pueblos no árabes, en particular en Persia. A medida que se extendía el descontento, revueltas dispersas se fusionaron bajo el estandarte de una bandera negra, símbolo de protesta contra la tiranía del régimen. En Jorasán, una provincia militar del Irán oriental, Abu al-Abbas as-Saffah encabezó un golpe que derrocó a la dinastía omeya, gracias en parte al apoyo de la población local, y se erigió en el primer califa de la dinastía abasí, hacia el año 750.

As-Saffah murió de viruela tras unos pocos años en el cargo, y su hermanastro al-Mansur lo sucedió e inició el proceso de traslado de la capital de Damasco a Bagdad. Eso aplacó las reivindicaciones de los persas, que habían ayudado a derrocar el régimen anterior para reducir la influencia árabe en el Imperio islámico. También creó un próspero centro cosmopolita y comercial. En última instancia Bagdad se convertiría en la mayor ciudad del mundo de la época, con más de un millón de habitantes.

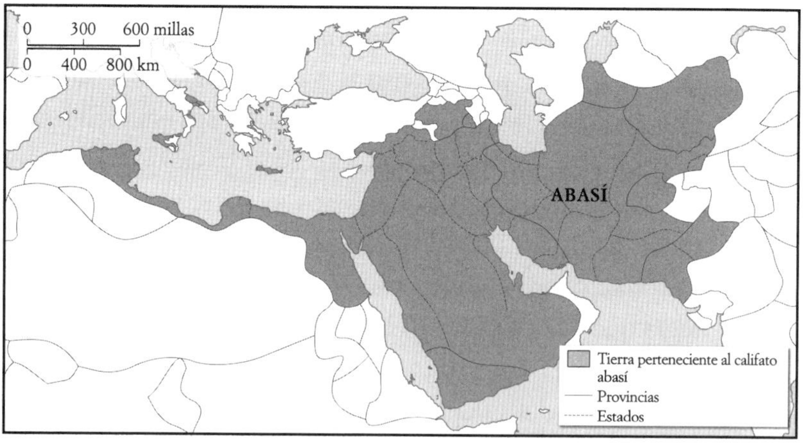

El califato abasí en el año 849.

Con esa sociedad más inclusiva llegaron una avidez y un deseo de dedicarse al conocimiento por sí mismo. Así nació una potencia intelectual en la que se pensaron y proliferaron algunos de los conceptos matemáticos más importantes de la historia.

CÁLCULOS PARA EL CALIFA

En un intento de consolidar su influencia en la región, al-Mansur se embarcó en la misión científica y cultural de traducir cientos de libros al árabe, la lengua oficial del califato abasí. Se habían creado textos importantes sobre filosofía, astronomía y astrología en griego, sirio, sánscrito y persa pahlavi. Al unificarlos todos en árabe, al-Mansur creía que también podía unificar los territorios gobernados por su dinastía. El conocimiento y el poder iban de la mano.

En parte, el impulso de al-Mansur de estas traducciones se debía a intereses personales. Estaba obsesionado con la astrología y pagó numerosas traducciones de mitos antiguos de Persia, aunque la postura del islam no era nada favorable respecto a este tema. Estos mitos antiguos persas se asentaban en un terreno pantanoso desde el punto de vista científico, pese a incluir muchas matemáticas y astronomía, y eso ayudó a impulsar un movimiento más extenso hacia la traducción científica y una sed de libros e ideas nuevos. Hacia el año 770, la corte abasí descubrió las obras de Aryabhata y Brahmagupta y las tradujo de inmediato al persa y al árabe. De Grecia se importaron y tradujeron las obras matemáticas de Arquímedes, Apolonio, Diofanto, Euclides y Ptolomeo. Al-Mansur financió esas traducciones, y la reciente creación de las fábricas de papel ayudó a producirlas.

La primera se construyó en Samarcanda (ahora Uzbekistán), en la Ruta de la Seda, entre la China Tang y el oeste, después de que los abasíes derrotaran al ejército chino y se hicieran con el control del territorio en el año 751. En China ya había fábricas de papel cuyos procesos conocían algunos prisioneros de los abasíes. Juntos construyeron la nueva fábrica de papel de Samarcanda y utilizaban materia prima producida en la zona, como cultivos de lino y cáñamo. Más adelante construyeron también fábricas de papel en Bagdad. De pronto, era mucho más fácil producir libros. Antes de que llegaran las fábricas se guardaban registros en materiales perecederos como hojas de plantas y cintas de bambú; ahora, con un material más barato y recio, los escribas se pusieron manos a la obra. Más libros implicaba más estudiosos, ya que los ejemplares circulaban hasta lugares remotos. La edad del papiro y el pergamino había llegado a su fin. El papel había llegado para quedarse.

Los sucesivos califas siguieron coleccionando libros y creando bibliotecas impresionantes, pero el bisnieto de al-Mansur, al-Mamún, avanzó aún más. Al-Mamún estaba a cargo del ahora enorme ejército abasí, y lo condujo hasta Constantinopla para expandir el territorio de la dinastía. Su padre, al-Rashid, había entablado relaciones diplomáticas con emperadores chinos y europeos, y aumentó los lazos comerciales entre las regiones. El pueblo abasí se especializó en producir seda y cristal de roca. Existía tal demanda en Europa que el emperador de los romanos, Carlomagno, se vio obligado a compensar a al-Mamún por el déficit comercial global.

A medida que el islam se fue extendiendo con la dinastía abasí, se redujo la tensión entre pueblos de distintas creencias. Los académicos cristianos y judíos podían interactuar con mayor libertad, ya que el primer islam estaba abierto a otras fes. Expertos traductores cristianos y judíos viajaron a Bagdad desde dentro y fuera de las fronteras abasíes, a sabiendas de que el califa les pagaría y ayudaría. Al-Mamún pronto se labró la reputación de califa cultivado que fomentaba el pensamiento original y el libre debate. Inició el ambicioso proyecto de reunir todos los libros del mundo bajo un mismo techo. El lugar acabaría conociéndose como la Casa de la Sabiduría, que congregaba y contrataba a las mentes más brillantes dentro de la dinastía abasí y de otros sitios.

La Casa de la Sabiduría albergaba una magnífica biblioteca, casi con toda certeza el almacén de libros más grande del mundo del momento. Pero era más que una biblioteca, pues los estudiosos participaban en los procesos de recopilación, catalogación, traducción, copia, estudio y escritura. Gracias a las generosas becas de al-Mamún, los eruditos podían dedicarse exclusivamente a la búsqueda del conocimiento. Traducían obras sobre matemáticas, filosofía, medicina, astronomía y óptica (el estudio de la luz) al árabe y las compartían entre ellos y con todo el imperio.

Uno de los mayores desafíos era comprender esta amplia masa de saber y darle coherencia. En los libros, las mediciones estaban por todas partes: expresadas en unidades distintas y a menudo con incongruencias. La Casa de la Sabiduría se convirtió en un gran templo del saber del mundo, sometido a un minucioso escrutinio con el fin de averiguar qué era cierto y qué no. Cuando resultaba necesario, los estudiosos hacían sus observaciones, por ejemplo, en el rastreo de los movimientos de las estrellas.

Libros y eruditos en la biblioteca abasí.
Ilustración de Yahyá al-Wasiti, año 1237.

Álgebra, algoritmo, al-Juarismi

De todos los estudiosos que estuvieron en la Casa de la Sabiduría, Muhammad ibn Musa al-Juarismi (780-850) fue tal vez quien ejerció mayor influencia en el mundo. A decir verdad, sin él tanto las matemáticas como la informática serían muy distintas hoy en día.

Muchos de los detalles biográficos sobre su vida se han perdido o son contradictorios. Probablemente nació en el seno de una familia persa de la región de Corasmia (su apellido significa literalmente «los nativos de Corasmia»), situada en la frontera del actual Turkmenistán con Uzbekistán, por entonces parte del Imperio abasí. El nombre también aporta indicios de que podría haber practicado una de las religiones más antiguas del mundo, el zoroastrismo. Sin embargo, en el prefacio de uno de sus libros se insinúa que era musulmán ortodoxo.

Al-Juarismi trabajaba para el califa al-Mamún en la Casa de la Sabiduría. Al principio se ganó la reputación de geógrafo competente. Preparó un mapa con centenares de ciudades y sus coordenadas, conocido comúnmente como *Imagen de la Tierra*, en el año 833. Probablemente viajó a muchas ciudades y llevó a cabo su propia investigación, pero la lista original de latitudes y longitudes la extrajo de la *Geografía* de Ptolomeo, del siglo II. Al-Juarismi trasladó las coordenadas de más de 2.400 ciudades, montañas, ríos y líneas costeras a su mapa, cuya extensión superaba la del mapa de Ptolomeo, abarcando desde el océano Atlántico hasta el Índico. Lamentablemente, no se ha preservado. Con todo, donde de verdad destacó al-Juarismi fue en matemáticas.

Su texto sobre aritmética, *Sobre el arte hindú del cálculo*, continuaba el trabajo de Brahmagupta, utilizando y traduciendo su sistema decimal al árabe. A través de la traducción, los números brahmi se convirtieron en un nuevo conjunto de símbolos muy relacionados con el alfabeto árabe. Al-Juarismi apreciaba la visión del cero de Brahmagupta y la facilidad de uso de su sistema decimal. Pese a que el texto original de al-Juarismi se ha perdido, fue el que se difundió por el mundo y nos proporcionó el sistema de numeración que usamos hoy en día.

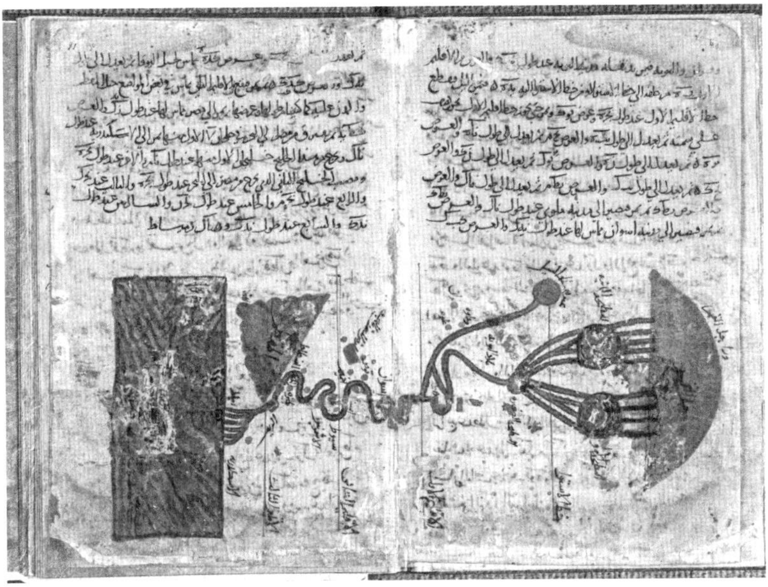

Uno de los mapas de papel más antiguos que han perdurado. Copia de la *Imagen de la Tierra* de al-Juarismi hecha alrededor del año 1036, donde se muestra parte del Nilo.

El texto viajó primero por al-Ándalus, la región de dominio musulmán de la península ibérica. Debido a su proximidad con Europa, hacía tiempo que las obras procedentes de Grecia estaban en la zona, y también empezaron a llegar los manuscritos de la Casa de la Sabiduría. Toledo se acabaría convirtiendo en uno de los mayores centros de aprendizaje y traducción de Europa. Las matemáticas árabes se tradujeron al español antiguo, al hebreo, al latín y al judeoespañol.

La traducción de la obra de al-Juarismi al latín derivó en varias maneras de escribir los números indo-arábigos, pero fue el estilo que acabó predominando en la región del oeste mediterráneo y que evolucionaría hasta los números que conocemos.

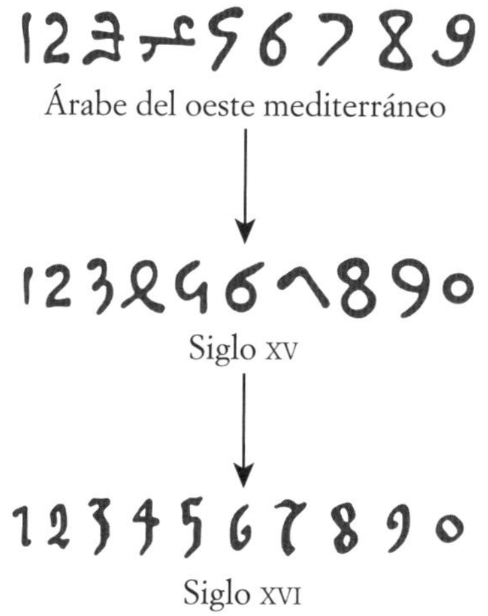

Los números indo-arábigos cambiaron con el tiempo hasta convertirse en los números actuales.

Pese a esa difusión final por el mundo entero, la mayoría de los matemáticos de la Casa de la Sabiduría no usaban decimales. Muchos estudiosos preferían el sistema sexagesimal (basado en el 60) de los babilonios, sobre todo para la astronomía, ya que trabajar con los 360 grados de una órbita circular era especialmente fácil. El cálculo con este sistema se conocía como la aritmética del astrónomo.

Cabría pensar que introducir en el mundo el sistema numérico decimal ya es suficiente para una sola persona, pero es solo uno de los muchos logros de al-Juarismi. Su *Compendio de cálculo por compleción y comparación* acabó siendo el principal texto matemático de enseñanza en todo Oriente Medio y en Europa, y además introdujo dos nuevos conceptos de vital importancia para la ciencia en general: el álgebra y los algoritmos.

La palabra *álgebra* procede del término *al-jabr* del título original. Ahora *álgebra* define la rama de las matemáticas que estudia los valores desconocidos, pero el término árabe aludía a una técnica concreta llamada *compleción*, que se usaba para reorganizar ecuaciones con el fin de ayudar a resolverlas.

En todo el libro, al-Juarismi se centra en solucionar problemas prácticos de la vida, como aquellos vinculados a herencias, particiones de tierras, pleitos, comercio y excavación de canales. Una de las ideas matemáticas clave que desarrolló fue un método para resolver ecuaciones de segundo grado y lineales. En escritura moderna, son ecuaciones en las que aparecen varias x en el caso de las lineales y varias x^2 en el caso de las de segundo grado. (La ecuación $2x = 4$ es lineal; $3x^2 + 2x = 1$ es de segundo grado).

Para resolver estos problemas al-Juarismi los reducía primero a una de las seis formas siguientes:

Cuadrado igual a raíces ($ax^2 = bx$)
Cuadrado igual a número ($ax^2 = c$)
Raíces igual a número ($bx = c$)
Cuadrados y raíces igual a número ($ax^2 + bx = c$)
Cuadrados y número igual a raíces ($ax^2 + c = bx$)
Raíces y número igual a cuadrados ($bx + c = ax^2$)

... donde a, b y c son enteros positivos.

Ante cualquier ecuación lineal o de segundo grado, él empleaba las técnicas de *al-jabr* (compleción) y *al-muqabla* (recomposición) para reducirlas a una de estas seis formas. Con *al-jabr* se podían eliminar las cantidades negativas añadiendo una misma cantidad a cada lado. Por ejemplo, $3x^2 = 40x — x^2$ se podía reescribir como $3x^2 + x^2 = 40x - x^2 + x^2$, lo que se reduce *a* $4x^2 = 40x$, la primera de las seis formas. *Al-muqabla* se podía usar para colocar las cantidades del mismo tipo en el mismo lado de la ecuación. Por ejemplo, $3x^2 + 20 = 40x + 5$ se podía reescribir como $3x^2 + 15 = 40x$ (la quinta forma).

Al-Juarismi no habría usado esta notación, por supuesto (el símbolo x aún no se usaba para las incógnitas, y tampoco se empleaba el signo de igual): lo escribía todo en palabras.

A partir de esas seis fórmulas, al-Juarismi ofrecía procedimientos para resolver las ecuaciones y averiguar las cantidades desconocidas. Otros matemáticos, como Euclides, Diofanto, Aryabhata y Brahmagupta, ya habían trabajado problemas en los que aparecían incógnitas, pero el libro de al-Juarismi indicaba cómo resolverlos de forma sistemática. Este procedimiento fue todo un hito y constituye el origen de nuestro concepto de algoritmo. Aunque no definió qué eran los algoritmos, estas sencillas instrucciones paso a paso hicieron que la obra fuera objeto de una gran atención, pues se leyó, estudió y se siguió traduciendo en toda Europa. El término procedía del latín *algorismus*, derivado de al-Juarismi, y el griego *arithmos*, que significa «número».

¿Qué es un algoritmo?

La idea de al-Juarismi ha acabado siendo fundamental para la sociedad moderna. No hay día sin un titular que incluya la palabra *algoritmo*, señal de hasta qué punto los algoritmos predominan en nuestra vida diaria. Todo, desde las lavadoras hasta el motor de recomendaciones de tu tienda en línea favorita, utiliza un algoritmo. Están tan extendidos que vale la pena invertir un tiempo en comprender qué son exactamente.

La idea es bastante sencilla. Un algoritmo no es más que una lista de instrucciones que se pueden utilizar para resolver un problema o realizar una tarea. Una receta, por ejemplo, es un tipo de algoritmo. Sabiendo los ingredientes, cualquiera debería entender cómo combinarlos para elaborar el plato. Un algoritmo sencillo para una tostada con mantequilla se parecería a esto:

> Pon una rebanada de pan en la tostadora.
> Espera dos minutos.
> Retira el pan de la tostadora.
> Pon la mantequilla en el pan.

La mayoría de los humanos podría seguir estas instrucciones sin problema, pero la clave de un algoritmo es que las instrucciones no pueden ser ambiguas. Un robot podría destrozar esta receta, y aun así justificar que ha seguido las instrucciones al pie de la letra. Vuelve a leer la receta: cabe imaginar que un robot acabaría con una rebanada de pan sin tostar y una barra de mantequilla encima, porque en la receta no se dice explícitamente que hay que encender la tostadora ni qué significa «poner la mantequilla en el pan».

Para escribir un buen algoritmo hace falta precisión. A continuación, veamos el ejemplo de uno mejor, extraído de *Elementos* de Euclides. No ofrecía la fórmula general tal como la expresamos a continuación, pero solucionó muchas de las partes importantes en las que se basa el algoritmo.

La idea del «algoritmo de Euclides» es encontrar el máximo común divisor (MCD) de dos números, es decir, el mayor número entero por el que se pueden dividir exactamente los dos. Por ejemplo, el MCD de 9 y 6 es 3, porque tanto 9 como 6 se pueden dividir entre 3 y no hay un número mayor que lo haga. Estos cálculos resultan útiles para resolver, por ejemplo, la suma de dos fracciones. Sin embargo, calcular el MCD puede ser complicado. Ahí es donde entra el algoritmo de Euclides.

Supongamos que tenemos dos números, A y B, donde A es mayor que B. Escribiremos su MCD como MCD (A, B). Este es el algoritmo:

1. Si $A = 0$, entonces $MCD\ (A,\ B) = B$.
2. Si $B = 0$, entonces $MCD\ (A,\ B) = A$.
3. Si no encaja ninguno de los anteriores, se divide A entre B y se calcula el resto. Escribiremos el número de veces que B se divide entre A como Q y el resto como R, de manera que se obtiene $A = Q \times B + R$.
4. Despeja $MCD\ (B,\ R)$.

Puede parecer un poco complicado, así que vamos a trabajarlo usando el 9 y el 6.

En primer lugar, veamos la condición 1. Es evidente que $A = 0$ no es cierto, así que podemos seguir con el paso 2. Está claro que $B = 0$ tampoco es cierto, así que vamos directos al paso 3. Para el paso 3, si dividimos 9 entre 6 y calculamos la diferencia nos da $9 = 1 \times 6 + 3$. Ahora según el paso 4 debemos calcular *MCD* (6, 3).

Queda claro que aún no estamos en territorio de los pasos 1 y 2, así que dividimos de nuevo 6 entre 3 para obtener $6 = 2 \times 3 + 0$. Entonces el paso 4 nos indica que debemos averiguar el *MCD* (3, 0).

Así, volvemos a la parte superior de la lista una vez más, pero ahora vemos que sí es válido el paso 2. En otras palabras, *MCD* (3, 0) = 3.

Es genial, ¿no?

Por supuesto, en este caso ya sabíamos la respuesta y era fácil resolverlo a ojo. Sin embargo, con números de centenares de cifras habría sido dificilísimo, aunque, hoy en día, podríamos haber programado un ordenador para que siguiera el algoritmo de Euclides y calculara la respuesta en nuestro lugar.

Ahí reside la belleza del planteamiento que se le ocurrió a al-Juarismi en la Casa de la Sabiduría. Al desglosar un problema en pasos sencillos, el enfoque algorítmico permite que cualquiera o cualquier dispositivo resuelva problemas muy complicados, además de los fáciles. Cuando le pedimos al teléfono que nos indique la mejor ruta desde Bruselas hasta Bangkok utilizando transporte público, pero no determinadas líneas de metro, se aplican los mismos principios, como en muchas otras situaciones en las que no tenemos que preocuparnos porque un algoritmo se encarga de ellas.

La revolución celestial

La Casa de la Sabiduría también revolucionó la manera de intercambiar ideas matemáticas. Al examinar libros extranjeros, traducirlos y ahondar en su contenido, la Casa renovó la forma en que las ideas se desplazaban entre países y supuso el fin de las matemáticas tradicionales antiguas para inaugurar una era. Este cambio hizo que la gente empezara a ver el saber matemático como algo que se podía compartir entre culturas. Tal como escribió el polímata del siglo IX Abu Yusuf Ya'qub ibn Ishaq al-Kindi: «No debería avergonzarnos reconocer la verdad y asimilarla, cualquiera que sea el rincón desde el que nos llegue, aunque proceda de generaciones anteriores y extranjeros».[1]

Intentar corregir los resultados de obras anteriores se convirtió en gran medida en el *ethos* de la Casa de la Sabiduría. En las traducciones de textos sobre astronomía, los datos sobre las posiciones del Sol, la Luna y los planetas variaban mucho. El califa al-Mamún invirtió más recursos en construir observatorios para que sus astrónomos pudieran hacer sus propias observaciones. El libro que le despertaba especial interés era el *Almagesto* de Ptolomeo. Exponía la visión del sistema solar que prevalecía en la época, con la Tierra en el centro y los demás cuerpos planetarios orbitando alrededor. El sistema de Ptolomeo bebía de la idea de que el universo debía ser matemáticamente perfecto de alguna manera, y los astrónomos griegos veían las esferas condicionados por eso. Así, la mayoría creía que la Luna orbitaba en la esfera más cercana a la Tierra. Mercurio, Venus y el Sol orbitaban en esferas mayores, seguidos por Marte, Júpiter y Saturno en otras mayores aún.

Por desgracia, esta visión perfecta del sistema solar no se correspondía con la realidad. Los astrónomos comprobaron que los movimientos de muchos de los cuerpos celestes no encajaban con los que se predecían solo con esferas, así que Ptolomeo tuvo que hacer varias modificaciones, como órbitas circulares secundarias dentro de las esferas conocidas como epiciclos. Pese a que la Tierra estaba en el medio, muchas de las órbitas tenían el centro en otros puntos. El resultado fue una impresionante aproximación a los datos que habían reunido, aunque se basara en explicaciones erróneas.

Los eruditos árabes identificaron los problemas e intentaron solucionarlos siguiendo este modelo. Los hermanos Banu Musa, tres coetáneos de al-Juarismi, dudaban de la duración del año solar tal como lo calculaba Ptolomeo y decidieron investigar por su cuenta partiendo de sus conocimientos de la astronomía griega. Al-Sabi Thabit ibn Qurra al-Harrani, que trabajaba con los hermanos, logró el gran avance al calcular que el Sol tardaba en orbitar alrededor de la Tierra 365 días, 6 horas, 9 minutos y 12 segundos. Pese a que, obviamente, el Sol no orbita alrededor de la Tierra, el cálculo de la duración de un año solo se equivocaba en dos segundos.

Este cuestionamiento constante de los postulados de Ptolomeo no condujo a los académicos árabes al modelo correcto de sistema solar, pero sí abrió el debate sobre la antigua visión. Hicieron falta muchos años y la caída de la dinastía abasí para revisarla, pues el enfoque religioso de la Tierra y los cielos desempeñaba un papel importante para mantenerla.

Prender fuego a la casa

La dinastía abasí no podía ser eterna. Creció hasta tal punto que los que ejercían el poder subestimaron los fundamentos multiétnicos y multirreligiosos sobre los que se había creado. Los grupos no árabes volvían a estar aislados en la región. Surgieron nuevos imperios desde dentro que fracturaron el califato abasí.

En el año 946, Bagdad se convirtió en campo de batalla de dos fuerzas invasoras: el emirato búyida de Iraq y el emirato hamdánida de Mosul. Tras varios meses de lucha, los búyidas tomaron Bagdad y sumieron la ciudad en el caos. Después de un siglo de inestabilidad, el califa abasí Abu Mansur al-Fadl ibn Ahmad al-Mustazhir consiguió recuperar Bagdad, en el siglo XII, pero la dinastía abasí jamás volvería a prosperar como antes en su auge intelectual.

El tiro de gracia llegó cuando el Imperio mongol conquistó Bagdad en el año 1258. Las fuerzas invasoras prendieron fuego a la Casa de la Sabiduría, tiraron libros al río y mataron a muchos eruditos. El último califa abasí fue ejecutado y así se puso fin a la dinastía. Sin embargo, eso no significa que se perdiera todo el saber que había acumulado. Los estudiosos se fueron de Bagdad y crearon nuevos centros de aprendizaje en Diyarbakir (en la actual Turquía), Isfahán, Damasco y El Cairo. A la mayor parte de las ciudades importantes como estas ya se habían enviado numerosos ejemplares de los libros editados en la Casa de la Sabiduría.

Pese a la trágica pérdida de la Casa, durante el gobierno mongol siguió proliferando el conocimiento. Nasir al-Din al-Tusi, polímata persa del siglo XIII, convenció al nieto del Gengis Kan, Hulagu Kan, para que construyera un observatorio en Maragha, en el actual Irán. Al-Tusi cuestionó los modelos de Ptolomeo del universo y, basándose en los trabajos que habían sobrevivido en Bagdad, usó el observatorio para sondear los datos astronómicos. El observatorio de Maragha se construyó en el año 1259 y se convirtió en lugar de reunión de una nueva generación de astrónomos, matemáticos, ingenieros y bibliotecarios.

Fue allí donde a al-Tusi se le ocurrió una idea fundamental conocida ahora como el acople Tusi, un nuevo método matemático para describir el movimiento de los cuerpos celestes como círculos que ruedan dentro de círculos más grandes. Resulta que las trayectorias que se marcan con una línea unida al centro de un círculo se parecen mucho a las trayectorias de las órbitas circulares secundarias y los epiciclos de la Luna, el Sol y otros cuerpos celestes. ¿Tal vez esta base matemática se acercaba mucho más a la realidad?

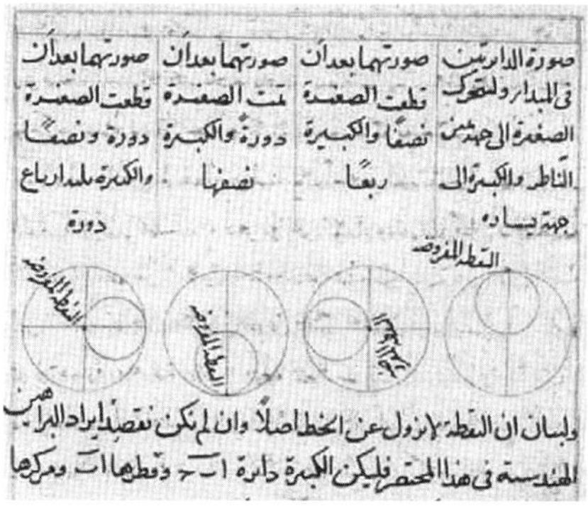

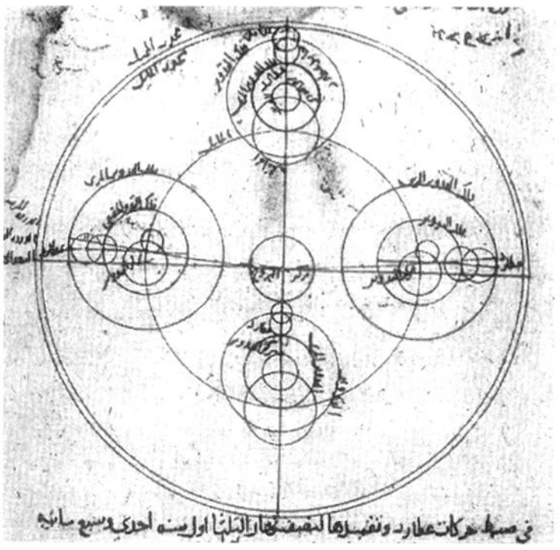

Dibujo de al-Tusi de acoples Tusi (*izquierda*). Esbozo de Ibn al-Shatir de un nuevo modelo (*derecha*), que centraba la Tierra, pero dibujaba numerosos epiciclos. Aquí también se incorporaba la idea de los acoples Tusi.

Si bien al-Tusi creó el germen de la idea, fue un matemático y astrónomo residente en Damasco, Ibn al-Shatir, quien de verdad la exprimió al máximo en el siglo XIV. Al-Shatir valoraba los datos empíricos por encima de todo, y logró usar los acoples Tusi para construir un modelo de sistema solar que se acercaba más a las observaciones que ningún modelo anterior. No llegó a poner el Sol en el centro, pero, desde un punto de vista matemático, superó todos los obstáculos para hacerlo posible. Esta misma estructura matemática constituiría la base del trabajo del astrónomo polaco Nicolás Copérnico cien años después, cuando dio el salto conceptual, que parecía imposible, de colocar el Sol en el centro, en el momento álgido del Renacimiento europeo, cuando los saltos en apariencia imposibles causaban furor.

CAPÍTULO 7

El sueño imposible

Hay pocas ambiciones más elevadas que el deseo de volar. Cuando uno ve un pájaro que salta al aire, bate las alas y se aleja volando, no es de extrañar que tantos *Homo sapiens* hayan soñado con hacer lo mismo. Leonardo da Vinci no fue una excepción. Desde muy joven le fascinaba la idea de volar. De niño dibujaba esbozos de alas de pájaro y estudiaba cómo se controlaban en el aire. Con los años, esa afición derivó en una absoluta obsesión. Bosquejó nuevos diseños de máquinas que a su juicio ayudarían a la humanidad a volar.

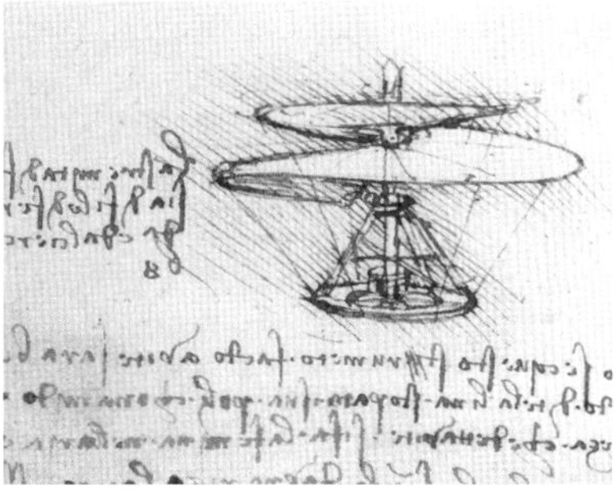

Esbozos del cuaderno de Leonardo. Estudios de aves (*izquierda*) y una rueda que gira para elevar el objeto suspendido debajo. *Un tornillo aéreo* (*c.* 1489).

Sus ideas eran muy avanzadas para la época. La tecnología necesaria para crear máquinas voladoras distaba mucho de estar lista. Pasarían trescientos años antes de que el globo aerostático permitiera al ser humano disfrutar de un primer vuelo y como mínimo otros cien para que despegaran los aviones.

Sin embargo, tal vez las osadas ambiciones de Leonardo fueran un síntoma de su época. En la Europa renacentista del siglo XV abundaban las ideas atrevidas, muchas de ellas redescubiertas de los textos griegos clásicos durante actividades académicas en Italia. *Elementos* de Euclides se tradujo y tuvo una difusión más amplia, lo que consolidó su posición de manual básico de

Primera demostración pública de un globo aerostático en Annonay, Francia, en 1783.

geometría. Las obras de Papo y Apolonio también se redescubrieron, comentaron, copiaron y enmendaron. De manera parecida a lo que había ocurrido con la Casa de la Sabiduría, las ideas antiguas se respetaban, pero también se cuestionaban y se corregían. En esa época fue cuando Copérnico demostró que los planetas giraban alrededor del Sol y no de la Tierra, invirtiendo la visión de Ptolomeo de mil años antes, según la cual todo gira a nuestro alrededor.

El detonante de esta explosión de ideas fue la caída de Constantinopla en 1453. Cuando el Imperio otomano conquistó la ciudad, muchos eruditos huyeron llevándose sus libros griegos y latinos. La familia Médici los animó a reinstalarse en Florencia, donde financió el estudio de un amplio espectro de temas, entre ellos poesía, gramática, retórica y filosofía.

El Renacimiento fue sin duda un momento prodigioso: algunos historiadores lo consideraron el inicio de la «Revolución Científica». Sin embargo, hoy en día la idea de una revolución científica es objeto de examen. Como hemos visto, la ciencia ya llevaba siglos avanzando a buen ritmo en todo el mundo. Muchas ideas que aparecen en la «Revolución Científica» ya se habían explorado en otro sitio o eran la culminación de pasos progresivos que habían hecho otros. Así, no parece adecuado llamarlo *revolución* o anteponerle *la* como si fuera la única. Aun así, las matemáticas creadas en el Renacimiento y en torno a ese período eran distintas de las anteriores. Los matemáticos adoptaron el hábito de escribirse cartas sobre los problemas de la época. Eso facilitaba que diversas mentes abordaran los problemas matemáticos, y que lo imposible empezara a parecer menos imposible.

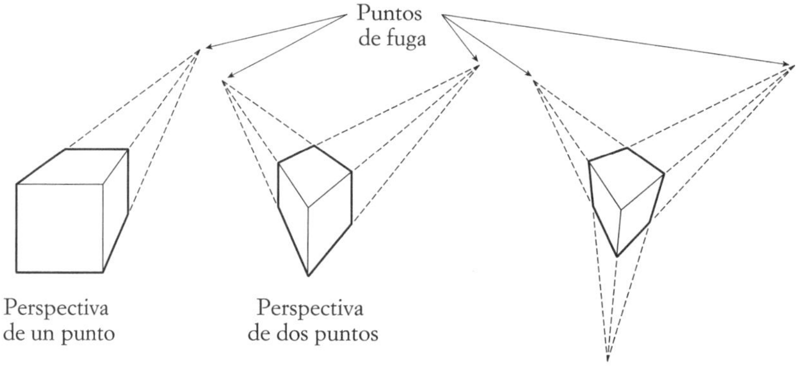

La última cena de Leonardo con las líneas auxiliares que indican el punto de fuga. Es el punto de partida de la geometría proyectiva, con la que los matemáticos empezaron a examinar figuras geométricas bajo la proyección desde un punto.

La ambición de un jugador

La mayoría de la gente consideraba que era imposible predecir el futuro. Entonces llegó Antoine Gombaud. Nacido en 1607, Gombaud era un jugador de dados, escritor y filósofo. No era noble y le desagradaba el poder hereditario, pero cuando participaba en debates intelectuales utilizaba el pseudónimo noble Chevalier de Méré. Era asesor de Luis XIV y se reunía con regularidad con miembros de la más alta sociedad, incluidos intelectuales como Françoise d'Aubigné (también conocida como marquesa de Maintenon), que acabaría siendo asesora y esposa secreta de Luis XIV. Gombaud creía que las cuestiones de actualidad debían resolverse mediante un debate racional entre individuos racionales. En los salones, sus amigos y él comentaban asuntos importantes, o por lo menos importantes para él.

Uno, conocido como el problema de la partida interrumpida, empezó a obsesionarlo. Es más o menos así: supongamos que estás jugando con un amigo a un juego sencillo de veinte rondas, y los dos tenéis las mismas opciones de ganar en cada ronda. Un ejemplo sería tirar un dado: si sale un número par, ganas; si sale un número impar, gana tu amigo. La pregunta de Gombaud es: ¿quién debería ganar si el juego se interrumpía?

Una opción sería simplemente dividir el bote según el número de rondas ganadas hasta entonces. Por ejemplo, si el resultado fuera 7 a 5, el ganador se llevaría $\frac{7}{12}$ del bote y el otro, $\frac{5}{12}$. Sin embargo, parece injusto porque aún cabría la posibilidad de que ganara la otra persona si continuara la partida.

¿Y si el juego paraba cuando el resultado era de 1 a 0? Darle todo el dinero al que lleva ventaja resultaba injusto después de una sola ronda. Retomar el juego más tarde no sería una opción para esos intrépidos jugadores de dados. Querían un ganador inmediato, así que necesitaban una forma de predecir la probabilidad de distintos resultados futuros. Mucha gente creía que era imposible predecir resultados o hechos futuros, o que solo Dios podía hacerlo. Gombaud, en cambio, no se conformaba con dejar el resultado del juego a los designios divinos, así que pidió ayuda a los mejores matemáticos franceses de la época.

En 1654 Blaise Pascal tenía treinta y un años y ya era un intelectual de renombre en Francia. Cuando era adolescente había

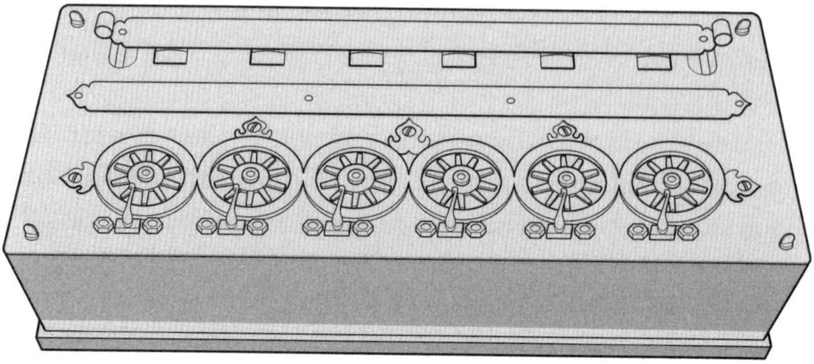

La Pascalina, versión de 1652. Pascal creó la primera versión en 1642 y mejoró el diseño varias veces.

inventado una calculadora mecánica de escritorio que llamó Pascalina para ayudar a su padre en su trabajo de supervisor fiscal. La Pascalina utilizaba numerosos engranajes para sumar y restar dos números mecánicamente a gran velocidad. Causó sensación de inmediato: fue la primera calculadora de uso común.

Cuando se le acercó Gombaud, Pascal se encontraba en el punto álgido de su capacidad intelectual y estaba centrado en las matemáticas. Acababa de escribir un tratado sobre geometría que incluía su planteamiento de la geometría proyectiva, un tema directamente relacionado con el desarrollo de la perspectiva por parte de los artistas del Renacimiento en ese momento.

Pascal sopesó el problema de la partida interrumpida y llegó a una posible solución en la primavera de 1654. Para entenderlo, imaginemos dos jugadores, Adil y Bao, a los que les quedan dos rondas en una partida de once rondas. La puntuación es de 4 a 5, así que Adil necesita ganar dos veces más para salir triunfante, y Bao, una. Eso significa que los posibles resultados de la partida son:

Adil gana, Adil gana → Adil se lleva el bote
Adil gana, Bao gana → Bao se lleva el bote
Bao gana, Adil gana → Bao se lleva el bote
Bao gana, Bao gana → Bao se lleva el bote

En tres de los cuatro casos, Bao gana, así que Pascal proponía que en esta situación debería llevarse tres cuartas partes del dinero, y Adil el resto.

Al deducir los posibles resultados de cualquier situación, en cierto modo Pascal podía predecir el futuro. Sin embargo, cuando el matemático y miembro fundador de la Academia de Ciencias francesa Gilles Personne de Roberval vio el cálculo, no le convenció. Pensó que debería haber un solo caso en que Bao ganara primero, porque ahí ya terminaría la partida. A su juicio, solo había tres resultados:

Adil gana, Adil gana → Adil se lleva el bote
Adil gana, Bao gana → Bao se lleva el bote
Bao gana y se acaba la partida → Bao se lleva el bote

Según el cálculo de Roberval, Bao debería llevarse dos tercios del dinero. Abatido, Pascal escribió a su amigo Pierre de Fermat, abogado y matemático residente en Toulouse mucho mayor que él. Fermat le aseguró a Pascal que su método era el correcto. La probabilidad de que cualquier jugador gane una ronda es de $\frac{1}{2}$. En el ejemplo anterior, tiene que pasar dos veces seguidas para que Adil gane en general; en otras palabras, hay una probabilidad de $\frac{1}{2} \times \frac{1}{2} = \frac{1}{4}$ de que gane Adil. Solo hay dos jugadores, así que según Roverbal eso significaría que las opciones de ganar de Bao deberían ser $\frac{3}{4}$ en vez de $\frac{2}{3}$.

Puede que en gran parte parezcan matemáticas sencillas escolares, pero estos cálculos fueron de los primeros en poner cifras concretas a las probabilidades de que algo pasara en el futuro.

Algunos matemáticos italianos ya habían abordado las probabilidades; el más destacado fue Gerolamo Cardano, que escribió una guía práctica para jugadores y era de hecho un jugador compulsivo. Su *Libro sobre los juegos de azar*, de alrededor de 1564, aunque no se publicó hasta un siglo después, estudiaba las probabilidades que implicaban diversos juegos de dados, así como algunos métodos ingeniosos para hacer trampa. Planteó algunas de las ideas básicas de la probabilidad, pero no fue mucho más allá. En cambio, Gombaud, Fermat, Roberval y Pascal, sí. Empezaron a estudiar situaciones más generales, como por ejemplo cuando participaban más jugadores, y reflexionaron sobre qué reglas se cumplían.

Este giro en la mentalidad generó toda una rama de las matemáticas cuyo objetivo es valorar las probabilidades de lo que está por venir, y que en la actualidad se usa en todo, desde la previsión de beneficios empresariales hasta los riesgos de que se propague una enfermedad nueva: la teoría de la probabilidad.

Algo sobre lo que escribir

La historia también ilustra una de las principales vías por las que progresaron las matemáticas en el siglo XVII: por correo. Una persona abordaba un problema, apuntaba sus reflexiones y se las enviaba a otra. Entonces intervenía otra y aportaba una perspectiva o un planteamiento distintos. Cada carta hacía avanzar un poco el proceso hasta que se daba con una solución. Las misivas no eran secretas. Contenían comentarios académicos pensados para ser leídos y compartidos por otras personas. Entre finales del siglo XVII y principios del XVIII, las comunidades intelectuales de Europa y las Américas prosperaron creando ricas redes intelectuales. Más tarde ese movimiento se bautizó como la República de las Letras.

Europa empezó a crear sociedades cultas gracias al patrocinio real. La Royal Society de Londres, fundada en 1663, reunía a destacados intelectuales con el fin de que llevaran a cabo experimentos para ayudar a generar y difundir el saber. La Academia de Ciencias francesa se inauguró en París en 1666. Sus miembros se reunían dos veces a la semana y publicaban obras eruditas sobre matemáticas, física, química y biología. La Academia se ganó una reputación como autoridad. También surgieron sociedades cultas en otras ciudades importantes de Europa, como Berlín, Bolonia y Roma.

Miembros de la Academia de Ciencias francesa saludando a Luis XIV en 1667, obra del pintor de la corte Henri Testelin. En el fondo se ve el nuevo observatorio de París.

Estas sociedades cambiaron la manera de hacer matemáticas. El intercambio epistolar seguía, pero ahora las academias estampaban un sello de aprobación en las demostraciones y los teoremas más recientes. En una forma temprana de revisión entre pares, los académicos comentaban y en ocasiones rechazaban los hallazgos antes de que se publicaran los resultados. Fue el principio de la profesionalización de las matemáticas y de la ciencia, aunque solo para la mitad de la población.

Normalmente, para pertenecer a una de esas sociedades había que ser elegido por algún miembro de ella. Aunque no se prohibía explícitamente la entrada a las mujeres, en la práctica fue lo que ocurrió durante siglos. En la Royal Society de Londres la primera mujer, la cristalógrafa Kathleen Lonsdale, entró en 1947. La Academia de Ciencias francesa no admitió a una mujer, la matemática Yvonne Choquet-Bruhat, hasta 1979.

Sin embargo, a mediados del siglo XVII el auge de los salones facilitó la participación de las mujeres en el mundo de las matemáticas. Los salones eran reuniones de intelectuales que solían celebrarse en un domicilio. Giraban en torno a temas de interés concretos, con el fin de aumentar el conocimiento sobre el tema a través de la conversación y de un intercambio de ideas sin trabas. Las mujeres a menudo eran a la vez anfitrionas y participantes de esos actos. La idea surgió en Italia, pero hizo especial fortuna en París, donde las mujeres acaudaladas mostraban sus colecciones de curiosidades, como libros, relojes e instrumentos científicos raros. Contar con un gabinete de historia natural estaba muy en boga. Entre la aristocracia, era un lugar donde hombres y mujeres hablaban como iguales relativos y ofrecía a las mujeres la oportunidad de ahondar en sus intereses académicos y participar en debates científicos. Una dinámica parecida se generaba en las cortes renacentistas. Allí se mezclaban hombres y mujeres de la realeza, que si era posible ocupaban asientos alternos, aunque ellos solían ser mayoría.

En comparación con nuestros estándares parecen pasos diminutos para las mujeres, pero como resultado nació una nueva generación de aristócratas bien formadas y capaces de participar en debates científicos. Esa participación contribuiría a desmontar la idea generalizada en la época de que las mujeres simplemente eran incapaces de entender las matemáticas. Durante esos primeros años, la influencia de esas mujeres fue enorme a la hora de reconocer y facilitar algunos de los descubrimientos matemáticos más importantes de la época.

Exiliados pero no excluidos

La princesa Isabel de Bohemia nació en 1618, el año en que estalló la guerra de los Treinta Años. Había empezado como una revuelta, cuando los protestantes de la Austria de los Habsburgo expulsaron al rey católico y el padre de Isabel, Federico V, fue elegido para gobernar el reino de Bohemia. Junto con la madre de Isabel, Isabel Estuardo, hija de Jacobo I de Inglaterra (Jacobo VI de Escocia), Federico se mudó a Praga en agosto de 1620. Debía ser el inicio de una nueva era de estabilidad política que uniría el protestantismo inglés y el continental.

Al principio, el reinado de Federico recibió el apoyo de los nobles, pero formaron una nueva alianza cuando descubrieron que Jacobo I de Inglaterra, contrario a que su yerno aceptara la corona de Bohemia, no iba a apoyarlo. Sabedores de que Jacobo no iba a proporcionarles ayuda ni recursos, las alianzas de Federico se disolvieron y este perdió el trono poco más de un año después, por lo que su breve reinado le valió el sobrenombre de «Rey de Invierno».

Se vio obligado a huir, e Isabel tuvo que esconderse. Cuando finalmente Federico se instaló en La Haya (por entonces bajo dominio español), logró reunir al resto de su familia en la recién creada «corte del exilio». La política se sumió en el caos, y la región, en la guerra. Al principio solo se vio afectado el sur de Alemania, pero el conflicto derivó en una guerra total entre Dinamarca y Suecia, que al final se extendió al norte de Alemania. Pronto se sumaron los Países Bajos y Francia cuando se desmoronó la hegemonía de los Habsburgo.

Pese al tumultuoso trasfondo, Isabel, como miembro de la realeza, quedó protegida y recibió una buena formación de sus tutores personales. Sus hermanos la llamaban «La Grecque» por su dominio del griego. Sus conocimientos de filosofía eran extraordinarios, y también estudió pintura, música, baile, latín, francés, inglés y alemán, así como matemáticas, que aprendió con Jan Stampioen, tutor del príncipe Guillermo de Orange, y el polímata Christiaan Huygens. Isabel tenía una curiosidad infinita, tanto que incluso aprendió sola a diseccionar animales pequeños.

La Haya era un buen sitio para tener sed de conocimiento. Allí se congregaban los mejores intelectuales de Europa, y a los dieciséis años Isabel empezó a organizar debates en la corte del exilio. Allí conoció a René Descartes.

Descartes nació en la Francia central en 1596, y durante la edad adulta viajó y se relacionó con las cortes reales y los militares, pues deseaba «mezclarse con personas de diversos temperamentos y rangos, acumular experiencias distintas, ponerme a prueba en las situaciones que la fortuna me ofrecía». Así lo expresó en *Discurso del método*, el tratado filosófico y autobiográfico publicado en 1637 que contiene su frase más célebre: «*Je pense, donc je suis*» («Pienso, luego existo»). Aunque mucha gente lo desconozca, Descartes modeló de tal manera las matemáticas actuales que sin su trabajo resultarían irreconocibles.

Según la leyenda, Descartes estaba tumbado boca arriba, observando una mosca que se movía por el mosaico del techo, mientras sopesaba un complicado problemilla de geometría que se remonta a la Antigua Grecia. El problema consiste en encontrar un conjunto de puntos que cumplan algunas condiciones sencillas: teniendo dos líneas, L_1 y L_2, dos ángulos, $\Theta 1$ y $\Theta 2$, y una proporción, R, encuentra todos los puntos, P, para que $\frac{d_1}{d_2} = R$, donde d_1 y d_2 son líneas que se unen según el siguiente dibujo.

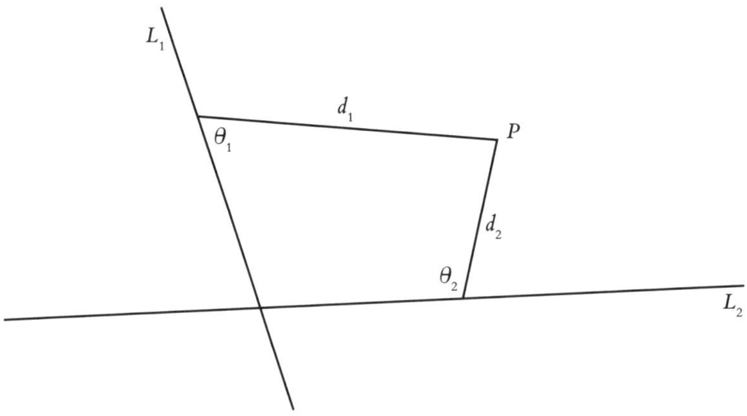

Este diagrama forzó a Descartes a pensar en la mejor forma de expresar el problema. Podía dibujarlo, sí, pero ¿había otra manera? Mientras reflexionaba, la mosca voló de una tesela a otra. Pasados unos instantes, hizo lo mismo. Descartes vio que podía determinar la posición de la mosca pensando en el mosaico del techo como si fuera una cuadrícula. Si fijaba en cero la tesela inicial, la mosca se había desplazado *a* teselas en horizontal y *b* teselas en vertical.

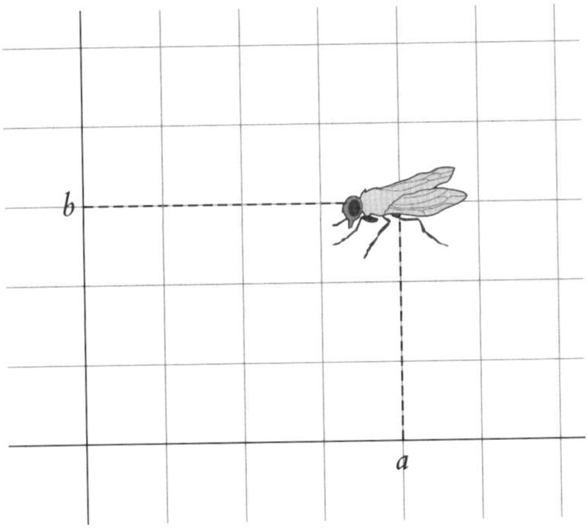

Cabe destacar que probablemente la anécdota es apócrifa, pero aun así demuestra que algo tan complicado como los movimientos de una mosca se puede traducir en matemáticas. De algún modo Descartes se dio cuenta de que si pensaba en el espacio como una cuadrícula podía describir posiciones geométricas y formas en un sentido algebraico.

Estas «coordenadas cartesianas» supusieron un enorme avance en matemáticas. El sistema tendía un puente entre el álgebra y la geometría que permitía expresar los problemas de un ámbito en el otro, de manera que se contaba con el doble de herramientas para intentar resolverlos. Pensemos por ejemplo en los círculos.

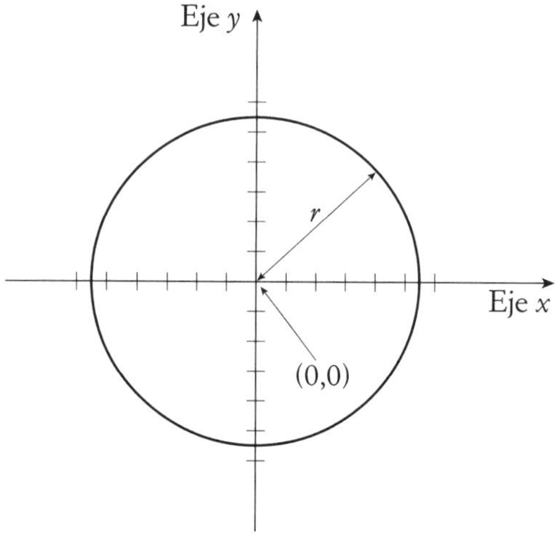

Un círculo se representa con la ecuación $x^2 + y^2 = r^2$, donde r es el radio.

Las matemáticas permitían dibujarlos, pero el sistema de Descartes permitiría también describirlos usando el álgebra. De pronto, se podían emplear técnicas algebraicas para resolver cuestiones de geometría.

Al final, la innovación de Descartes se convertiría en algo tan común en matemáticas que cuesta imaginarlas sin ella, pero en aquella época poca gente lograba entenderla. Según Voltaire, solo había dos hombres aparte de Descartes que comprendieran ese trabajo: Frans van Schooten, en Holanda, y Pierre de Fermat, en Francia. Tal vez llevara razón si se refería a los hombres, pero Isabel de Bohemia sin duda también lo entendía.

A esas alturas, en 1642, Descartes tenía cuarenta y tantos años y se había mudado a La Haya, donde residía Isabel. Se conocieron en la corte del exilio e iniciaron una correspondencia. Una de las misivas demuestra que cultivaban sólidas discusiones sobre filosofía. Isabel quería saber por qué Descartes separaba la «mente» humana del «cuerpo». Le escribió para preguntárselo, «por favor, dígame cómo el alma de un ser humano (dado que es una sustancia del pensamiento) puede determinar las ganas del cuerpo de llevar a cabo acciones voluntarias».[1] Descartes no le dio una respuesta clara, así que siguieron escribiéndose y comentando las nociones de mente y cuerpo.

También hablaban de matemáticas, y Descartes le envió un problema especialmente difícil de solucionar, conocido como el problema de Apolonio, que según él revelaría las carencias de Jan Stampioen como tutor. Los dos tenían una disputa porque Stampioen había publicado un libro de álgebra y a Descartes le parecía que invadía su terreno. Según él, «se sentía mal» por enviar ese problema a Isabel porque «no veía cómo ni siquiera un ángel [...] podría resolverlo sin un milagro».[2] La condescendencia de Descartes estaba fuera de lugar. Además de resolverlo, Isabel utilizó dos técnicas distintas para dar con la solución.

El problema de Apolonio no era distinto del que Descartes se había planteado con las líneas, pero en lugar de rectas implicaba círculos. El objetivo era, teniendo tres círculos, encontrar un cuarto cuya circunferencia toque las circunferencias de los otros tres círculos.

Una solución al problema de Apolonio. Tres círculos son negros; un cuarto, que toca los tres círculos, se dibuja en una línea continua.

En la primera solución, Isabel usó una regla y un compás. Habían sido los instrumentos comunes de los matemáticos durante miles de años y, con varios trucos ingeniosos, logró dibujar un círculo que tocaba los otros tres, tal y como se muestra en la imagen anterior. Sin embargo, el método era algo arbitrario. ¿Había uno mejor?

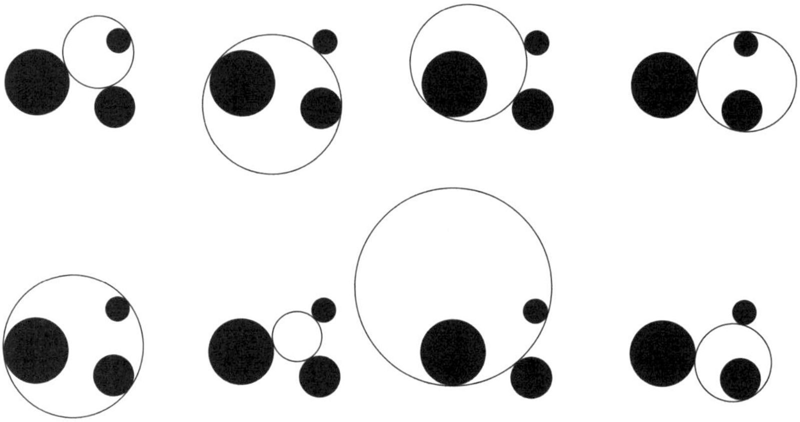

Hay varias soluciones para el problema de Apolonio.

Isabel recurrió a una técnica recién salida de la prensa matemática: el sistema de coordenadas del propio Descartes. Recordemos que un círculo de radio r corresponde a la ecuación $x^2 + y^2 = r^2$. Para abordar el problema de Apolonio, Isabel resolvió que el centro (x, y) del círculo nuevo y su radio r están relacionados con los centros y los radios de los tres círculos iniciales de la manera siguiente:

$$(x - x_1)^2 + (y - y_1)^2 = (r + r_1)^2$$
$$(x - x_2)^2 + (y - y_2)^2 = (r + r_2)^2$$
$$(x - x_3)^2 + (y - y_2)^2 = (r + r_3)^2$$

donde r_1, r_2, y r_3 indican los radios de los tres círculos iniciales con sus centros correspondientes, siendo las coordenadas (x_1, y_1), (x_2, y_2) y (x_3, y_3) respectivamente, y r, x e y describen de forma parecida el cuarto círculo.

De hecho, cada uno de los símbolos de suma de la derecha también pueden ser de resta. Isabel y Descartes no se dedicaron a los segundos, pero si se tienen en cuenta esas posibilidades, el resultado son ocho lotes de tres ecuaciones, y todos se pueden resolver usando el álgebra para determinar los valores de r, x e y. En otras palabras, el problema geométrico se convirtió en algebraico y reveló todas las soluciones, no solo una.

Resulta evidente que Isabel era una matemática extraordinaria. Descartes continuó su trabajo, publicó *Principios de la filosofía* (1644), en el que comenta las leyes de la física, y se lo dedicó a ella: «Eres la única persona que he encontrado hasta ahora que ha entendido bien todas mis obras publicadas con anterioridad».

Isabel continuó fascinada con las matemáticas y la ciencia el resto de su vida, conversaba y debatía con regularidad con los intelectuales de la época que forzaban los límites. Coetáneas como la intelectual holandesa Anna Maria van Schurman, la novelista francesa Marie de Gournay y la científica irlandesa Katherine Jones (también conocida como Lady Ranelagh) formaban parte de su pujante red intelectual. Hacia el final de sus días, Isabel se mudó a una abadía de Alemania y conversaba con sus amistades esencialmente por carta. No obstante, murió rodeada de muchos de sus amigos eruditos.

CAPÍTULO 8

Los (primeros) pioneros del cálculo

Era el espectáculo del siglo. Corría el año 1715 y una disputa, que llevaba décadas gestándose, estaba por fin llegando a un punto crítico. Lo que había empezado como una batalla sobre matemáticas había engullido a la política y la religión. Ambos bandos sabían que había legados en juego y que el resultado resonaría durante generaciones.

En el centro de la controversia se encontraban dos científicos que el tiempo ha encumbrado como dos de los mejores matemáticos: Isaac Newton y Gottfried Wilhelm Leibniz. Eran prolíficos y no se exagera al afirmar que sus duraderas aportaciones cambiaron el mundo. Sin embargo, en el momento de la disputa aún no tenían asegurado su sitio en la historia. Para los matemáticos y científicos de entonces, la «prioridad» sobre las ideas y los teoremas lo era todo. En la actualidad, se suele aceptar que quien publica primero en una revista académica tiene prioridad, pero a principios del siglo XVIII las revistas estaban en pañales, así que aún no existía una forma aceptada de determinar quién llegaba primero. Esta pugna en particular giraba en torno a quién había inventado el cálculo.

En el siglo XVIII todavía se estaban estudiando las consecuencias del cálculo, que probablemente es la herramienta matemática más relevante de la que disponemos hoy. Gracias a ella podemos estudiar cómo cambian las cosas con el tiempo. Si suena vago y poco concreto, es porque lo es, y ese es su punto fuerte. Desde un punto de vista científico, en muchas situaciones lo más importante es estudiar cómo cambian las cosas, y eso le confiere un poder extraordinario al cálculo. Todo, desde los motores de los cohetes hasta cómo fluye la sangre por nuestras venas, se puede estudiar empleando sus técnicas. Sin ellas, nuestra comprensión del universo sería una fracción minúscula de lo que es hoy.

Y así estalló la batalla por el cálculo. Por una parte, estaba Newton, el preferido de las matemáticas inglesas. Por otra, Leibniz, un polímata alemán que trabajaba de abogado y diplomático y que tenía estrechos vínculos con la Casa de Hannover. La disputa era una cuestión de orgullo nacional, una guerra que ninguno de los bandos se planteaba perder. Aunque uno de los dos se llevaría la victoria oficial, lo cierto es que tanto a Newton como a Leibniz les podrían haber arrebatado el puesto en el último momento no por solo unos años, sino por siglos de diferencia.

El ganador en potencia es un matemático del siglo XIV llamado Madhava. Dirigía una escuela increíble en Kerala, en el sur de la India, que se convirtió en un crisol de matemáticos. Todavía estamos descubriendo el alcance exacto de los conocimientos de Madhava y su escuela en la India, pero lo que sabemos hasta ahora basta para revisar nuestro concepto de uno de los avances más trascendentales de la historia de las matemáticas.

Una escuela en Kerala, la India

Kerala es un estado bendecido con una tierra fértil. Se encuentra en la costa sudoeste de la India, frente al mar Arábigo, que durante siglos fue una importante vía para el comercio. A Kerala se la denomina también el Jardín de las Especias de la India, y llevaba como mínimo cinco mil años exportando especias a otras regiones. En el

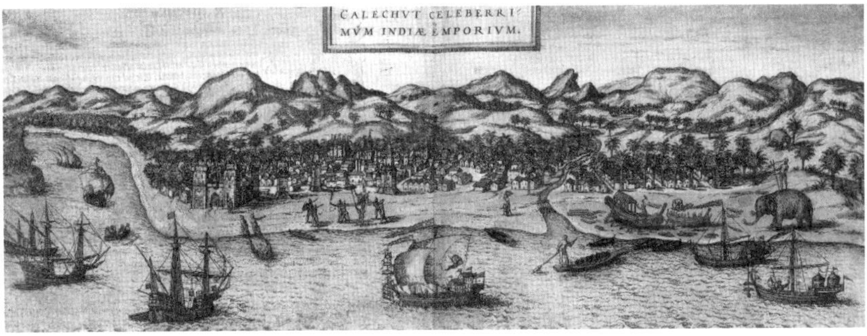

Vista de Calicut, una de las ciudades costeras de Kerala, en 1572. Del atlas *Ciudades del mundo*, de Georg Braun y Frans Hogenberg.

siglo XIV, Kerala estaba formado en su mayoría por pequeñas comunidades agrícolas junto a la costa. Si la cosecha era buena, la vida era buena, pero la zona era propensa a erráticos monzones que podían causar estragos en los cultivos. El hecho de que los monzones fueran en apariencia aleatorios dificultaba aún más los preparativos para el clima extremo. Los habitantes de Kerala necesitaban un calendario preciso que los ayudara a predecir los cambios de estación y climáticos, y para ello recurrieron a las matemáticas.

Recurrieron a manuales de matemáticas en sánscrito llevados a la región desde otras partes de la India. Pese a que muchos se daban por satisfechos con escribir comentarios y reinterpretaciones de esas obras, el ambiente intelectual en Kerala era más osado. Se incorporaron ideas nuevas en el saber colectivo, gracias en parte a que la región estaba lejos del norte, donde reinaba un clima político tumultuoso. Los académicos se esmeraban en presentar sus hallazgos en las lenguas locales, como el malabar. Mientras que en otras zonas de la India los conocimientos matemáticos y astronómicos quedaban reservados a las clases altas que conocían el sánscrito, en Kerala resultaban más accesibles gracias a una escuela de Cochín, uno de los cuatro mayores principados de Kerala, que despuntó entre los siglos XIV y XVI.

Por lo que sabemos, la escuela de astronomía y matemáticas de Kerala no tenía un edificio central, pero sí había un observatorio a pequeña escala que se usaba para recabar datos astronómicos. Aun así, a lo largo de muchos años los maestros avanzaron en el conocimiento y las ideas matemáticos, que luego trasmitían a sus discípulos. Estos acababan siendo maestros, y cada generación era responsable de trasmitir el saber a la siguiente para mantenerlo con vida, una tradición conocida como *guru-shishya*, literalmente «maestro-discípulo».

En la escuela, los maestros difundían gran parte del saber en forma de versos y frases para que fueran fáciles de memorizar. Sin embargo, aunque resultara sencillo recordar los pasajes, interpretarlos no lo era tanto. A continuación, ofrecemos un cántico que se usaba para hallar la circunferencia de un círculo.

> Multiplica el diámetro [del círculo] por 4 y divídelo entre 1. Luego aplícales por separado, con signos negativos y positivos alternativamente, el producto del diámetro y 4 dividido entre los números impares 3, 5, etc. El resultado es la circunferencia precisa; es extremadamente precisa si la división se hace muchas veces.[1]

El original está en sánscrito y es rítmico, pero en la traducción queda claro lo sofisticadas que eran las matemáticas resultantes. En la notación actual, formularíamos así la ecuación que describe el cántico, donde la circunferencia se escribe *C* y el diámetro *d*.

$$C = \frac{4d}{1} - \frac{4d}{3} + \frac{4d}{5} - \frac{4d}{7} + \frac{4d}{9} \cdots$$

Es extraordinario ver cómo los versos resultan en una ecuación con una cantidad infinita de términos, o una serie infinita. Cuantos más términos se computen, más se acerca la serie al valor exacto de la circunferencia. El verso también era un paso para obtener el valor de π, que se puede ver con un leve retoque.

$$\frac{C}{4d} = 1 - \frac{1}{3} + \frac{1}{5} - \frac{1}{7} + \frac{1}{9} \cdots$$

Y π es, por definición, la circunferencia dividida por su diámetro.

$$\frac{\pi}{4} = 1 - \frac{1}{3} + \frac{1}{5} - \frac{1}{7} + \frac{1}{9} \cdots$$

Con el mismo método, los matemáticos de Kerala se especializaron en diversas disciplinas, incluidas la geometría y la trigonometría, que usaban para determinar las posiciones de los planetas y cuándo se producirían los eclipses.

La mayoría de los matemáticos de Kerala procedían de la casta superior, la de los brahmanes, que incluye a los sacerdotes y a los maestros, y en su mayoría eran los hijos menores de su familia. Los brahmanes eran los mayores terratenientes y, en la élite de la que procedían los matemáticos, la de los nambudiri, por lo general eran los primogénitos los que heredaban la riqueza. Cuando se casaban, se esperaba de ellos que cuidaran de las propiedades de la familia y los asuntos de la comunidad, y que apoyaran a sus hermanos. A los hermanos menores no se les otorgaba la misma posición social ni el mismo poder, así que hacerse estudioso era una buena manera de establecerse. Sin embargo, las hermanas rara vez optaban por el mismo camino. En los inicios de la historia de la India, las mujeres de las clases altas gozaban de un nivel de formación parecido al de los hombres, y había mujeres intelectuales. Sin embargo, hacia el siglo XIV, los roles de género más conservadores se habían impuesto y la vida de la mayoría de las mujeres se veía reducida a las tareas del hogar.

La escuela de Kerala ofrecía una formación básica a los que podían permitírselo y atraía a matemáticos de gran talento de toda la India. Cobraba cuotas para financiarse y ayudar a los académicos residentes. La mayoría de los alumnos recibía clases de profesores no especializados, pero algunos de los más dotados pasaban a ser miembros de la escuela, lo que significa que aprendían directamente de los matemáticos de Kerala y se sumaban al linaje *guru-shishya*.

En la escuela se usaban hojas de palma para anotar su trabajo porque no había acceso inmediato al papel. Los calendarios en los que se indicaban las fechas de la cosecha, los festivales locales y el año nuevo a menudo se hacían así y se distribuían entre los habitantes de Kerala. La astrología, una práctica muy extendida en toda la India, ofrecía momentos propicios para ciertos rituales y observaciones. Y eso también se basaba en calendarios precisos. Sin embargo, no estaban hechos para durar siglos, así que por desgracia muchos desaparecieron hace tiempo, junto con otros documentos de la escuela de Kerala. Solo han sobrevivido fragmentos.

No sabemos con exactitud cómo nació la escuela. Una de las leyendas cuenta que se fundó mil años antes de su momento álgido del siglo XIV. Los primeros documentos de los que disponemos se refieren a un personaje del siglo IV llamado Vararuci, que inventó rimas relacionadas con el ciclo de la Luna. Esos *chandravākyas* (literalmente, «frases de la Luna») eran mnemotecnias para recordar cómo determinar la posición de la Luna en un momento dado del año. Sin embargo, pasaría un milenio antes de que, con la llegada de un influyente matemático llamado Madhava, la escuela empezara a agitar las aguas realmente.

Para cuando nació Madhava, hacia 1340, en el pueblo de Sangamagrama, en el centro de Kerala, en la India ya se había avanzado mucho en las matemáticas y en su comprensión, en parte gracias al legendario trabajo de Brahmagupta, amante del cero auténtico. Madhava era brahmán y pasó toda la vida en la finca familiar. Su posición social y su riqueza le dejaban mucho tiempo para dedicarse a sus grandes pasiones, la astronomía y las matemáticas. Hizo observaciones y cálculos de la posición exacta de la Luna y empezó a trasmitir nuevos conocimientos sobre cálculos matemáticos a sus discípulos.

Gran parte de lo que sabemos de él lo debemos a la tradición *guru-shishya*; sus trabajos quedaron recogidos en forma de libro más adelante gracias, por ejemplo, a su alumno Vatasseri Paraméshvara, que en el siglo XV recopiló un manual de las enseñanzas heredadas a través de la escuela. Se convirtió en una referencia para el cultivo eficiente de campos de arroz y la agricultura de secano. El tratado de Vatasseri también incluía las reglas aritméticas básicas, como por ejemplo las formas en que interactúan las sumas y las multiplicaciones, así como los eclipses del Sol y la Luna y un cálculo de las coordenadas de Kerala.

Otros dos libros, *Compilación del sistema astronómico* y *Razones en la astronomía matemática*, de Nilakantha y Jyesthadeva respectivamente, reunían abundantes resultados importantes que habían pasado de maestro a discípulo. *Razones en la astronomía matemática* es especialmente extraordinario porque contiene pruebas de los teoremas que presenta. Las obras astronómicas también muestran similitudes con la obra del astrónomo danés Tycho Brahe, que vivió un siglo después y del que hablaremos en el capítulo 9.

Entonces, ¿qué hay de la reivindicación del cálculo? Para ello, volvamos a la serie infinita para calcular $\frac{\pi}{4}$ que hemos visto antes.

$$\frac{C}{4d} = \frac{\pi}{4} = 1 - \frac{1}{3} + \frac{1}{5} - \frac{1}{7} + \frac{1}{9} \cdots$$

Ahora se la conoce como una serie de Madhava y es solo una de tantas que la escuela de Kerala conocía y entendía, lo que sugiere que no era fruto del azar, sino que habían elaborado una teoría subyacente. De hecho, las pruebas que contenían *Compilación del sistema astronómico* y *Razones en la astronomía matemática* lo confirmaban. ¿Y qué hacía falta para deducir esas fórmulas? Cálculo.

O por lo menos cálculo básico. Las derivadas utilizan herramientas intrínsecas del cálculo, como los sumatorios, la tasa de variación y el cálculo de límites, herramientas que Newton y Leibniz descubrirían siglos después.

¿Qué es el cálculo?

Mucha gente teme al cálculo. Esas fórmulas extrañas con apenas sentido evidente hacen que cualquiera se inquiete o se desanime del todo con las matemáticas. Es comprensible, y al mismo tiempo una caricatura. Pese a que los detalles del cálculo pueden resultar un poco complicados, conceptualmente es fácil de entender, además de poseer una elegancia extrema, incluso belleza. Hay algo mágico en ver la exactitud con la que se enlaza el cálculo.

En esencia, el cálculo es solo una consecuencia de la idea de que es mejor dividir los grandes problemas en otros más pequeños. Para verlo en acción, empecemos por un pastel. El nuestro es un cilindro perfecto (porque lo hizo Kate y no Timothy) con un radio r.

Más allá del sabor (¡delicioso!), una pregunta evidente es: ¿cuánto pastel hay en nuestro pastel? Inspirados por la idea de que es mejor dividir los grandes problemas en varios problemas pequeños, vamos a cortarlo. Si ahora lo montamos de una forma distinta, veremos que desde arriba parece un paralelogramo, pero con las partes superior e inferior curvas.

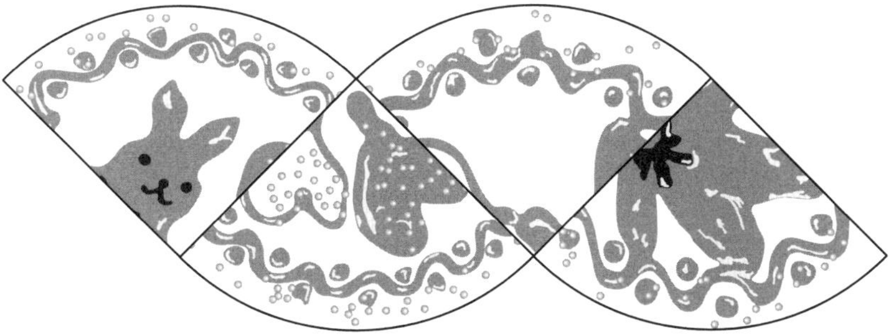

Bueno, se parece ligeramente a un paralelogramo. Pero, si cortamos el pastel en trozos más pequeños, empieza a parecerse más.

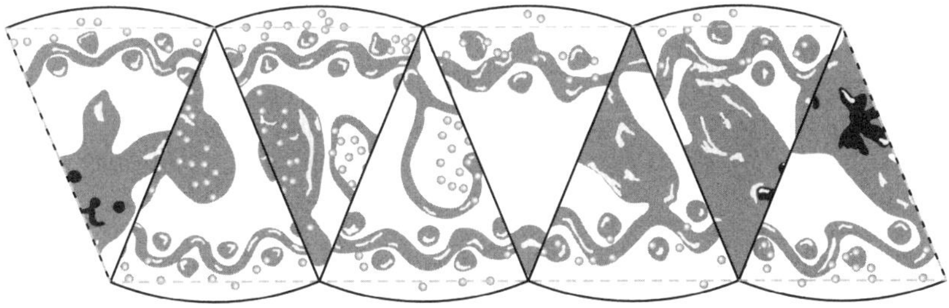

El salto del cálculo fue seguir cortando ese pastel en pedazos cada vez más pequeños. A medida que disminuye el tamaño de los trozos, las curvas de la parte inferior y de la superior se vuelven menos pronunciadas, lo que significa que, si pudiéramos cortarlo hasta el infinito, acabaríamos con un auténtico paralelogramo.

Por supuesto, en la vida real no es posible cortar un pastel hasta el infinito, pero sí en un sentido matemático, así que podemos concluir que el área de la parte superior del pastel es igual al área de este paralelogramo.* Y, por suerte para nosotros, el área

* Manejar el infinito es delicado. Aquí funciona bien, pero hay numerosos ejemplos en los que no. Así que, en vez de «imaginar» lo que ocurre, hay una teoría rigurosa que lo respalda todo para asegurarse de que las cosas no salgan mal. Sería excesivo adentrarnos en ello, pero la rama se llama análisis matemático, por si te interesa leer más.

de un paralelogramo es fácil de calcular: es solo la anchura multiplicada por la altura.

La altura de este paralelogramo es el radio del pastel menos un poco: la diferencia entre una línea recta vertical que llega a la línea de puntos o a la curva. Llamemos a esa diferencia *dr*.

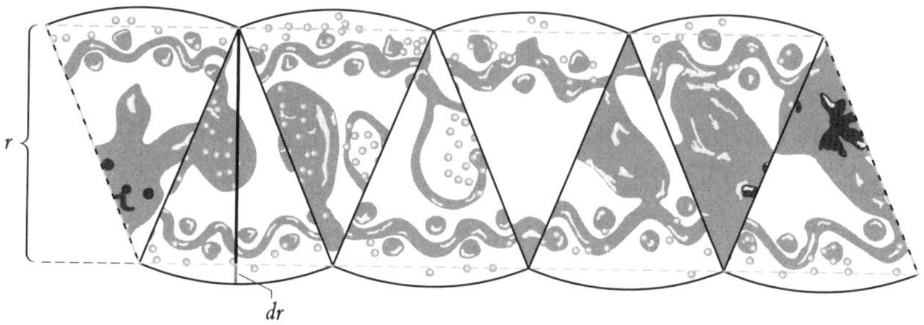

Medir *dr* sería un poco incordio, pero por suerte no nos preocupa mucho. Es evidente que se trata de un número pequeño, pero cuanto más pequeños son los trozos, más se reduce *dr*. A medida que nos acercamos al infinito, *dr* se acerca a cero. Eso significa que podemos tratar la altura del paralelogramo como si fuera igual a *r*.

Además, la anchura del paralelogramo es la mitad de la circunferencia del pastel. Si miras solo la parte superior, por ejemplo, verás que esta la forman los extremos de dos mitades de un trozo. Como la circunferencia de un círculo se expresa con $2\pi r$ y nuestra anchura o base corresponde a la mitad de eso, la base es πr. Por tanto, si multiplicamos la base por la altura, el área de nuestro paralelogramo es de πr^2.

Por supuesto, esta es la fórmula del área del círculo, como cabría esperar. Sin embargo, la forma en que aparece en este proceso es muy notable. En vez de regurgitarla, hemos derivado el área de un círculo usando los principios del cálculo… y de la confitería.

Ahora solo queda multiplicarlo por la altura del pastel, *h*, para obtener la fórmula del volumen de nuestro pastel, $\pi r^2 h$. Así, además de saber un poco de cálculo, sabemos cuánto pastel hay en nuestro pastel.

Pero podemos llevarlo más lejos. A medida que los trozos que usábamos para aproximar el tamaño del pastel se hacían más pequeños, nos acercábamos más al tamaño exacto del pastel: ahí reside la genialidad del cálculo. La idea de imaginar qué ocurriría al acercarnos al infinito se conoce en matemáticas como *cálculo de límites*, y como resultado nació una técnica llamada *integración*, extremadamente práctica para hallar las áreas de los gráficos.

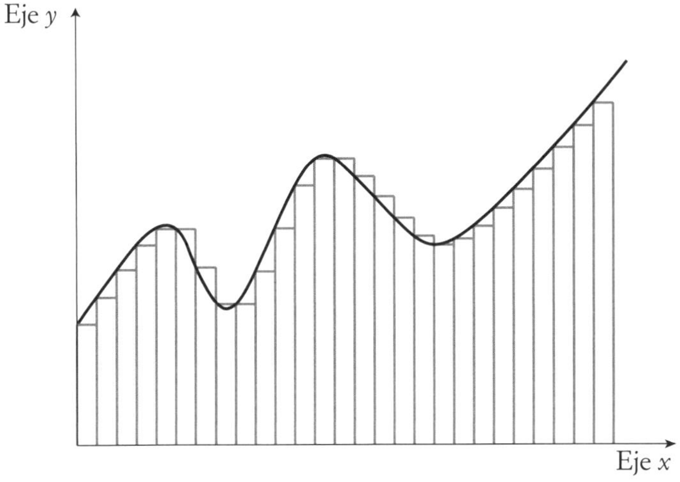

Utilizando el mismo planteamiento, el área inferior de un gráfico como el de la ilustración se puede aproximar recurriendo a figuras sencillas como los rectángulos: cuantos más rectángulos tengas, más te acercas al área exacta. Por lo general, los matemáticos escriben las bases de los rectángulos pequeños como dx y, si llamamos a la curva que se muestra $f(x)$, la integral se escribe $\int f(x)dx$.

Tal vez estos símbolos te resulten familiares, pero en cualquier caso no revisten especial importancia para comprender conceptualmente este proceso. Para ello, solo hay que entender que, para calcular el área de un gráfico, hay una técnica de cálculo llamada *integración* que utiliza una cantidad infinita de aproximaciones, y que calcular el área que encierra un gráfico suele resultar muy útil.

En el cálculo hay otra idea fundamental que aún no hemos tratado. Hay límites, integración y, por último, diferenciación. Esta es una especie de proceso inverso de la integración (la relación entre ambas se conoce como el *teorema fundamental del cálculo*) y utiliza los límites para averiguar la pendiente de una curva.

Para verlo en acción, viajemos en un tren bala japonés. Este tipo de trenes viajan a velocidades de hasta 320 km/h. Cuanto antes lleguen a su destino, más contentos estarán los pasajeros. Sin embargo, estos pueden ser exigentes. Si el tren alcanzara la velocidad máxima demasiado rápido, todo el mundo (y el carrito de las bebidas) saldría disparado hacia atrás y acabaría apretujado (y empapado). Así, la compañía ferroviaria debe asegurarse de que la velocidad del tren no cambie demasiado rápido. Pero ¿cómo puede medirlo con precisión?

Este es un gráfico de una opción para que el tren se mueva rápido. Acelerar rápido al principio y luego avanzar despacio hacia la máxima velocidad.

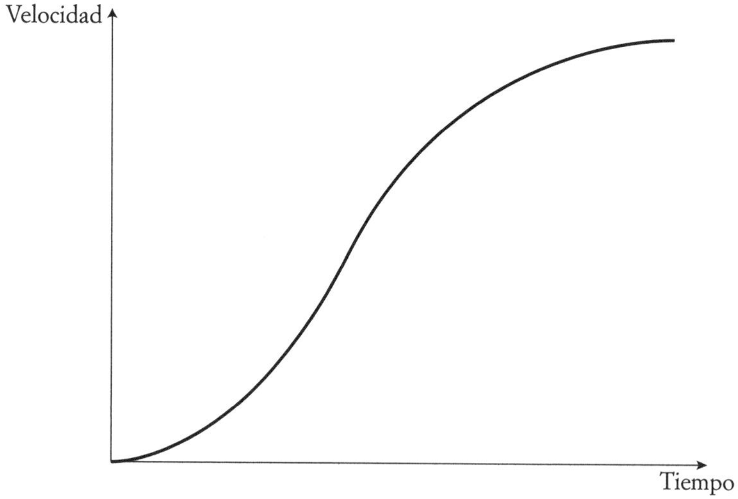

Para medir la aceleración del tren en cualquier punto, la empresa ferroviaria necesita saber cuán rápido cambia la velocidad del tren, lo que se refleja en la curva del gráfico. Sin embargo, es complicado medir la pendiente de gráficos ondulados, así que una forma de aproximación es trazar una línea recta entre dos puntos y medir esa pendiente.

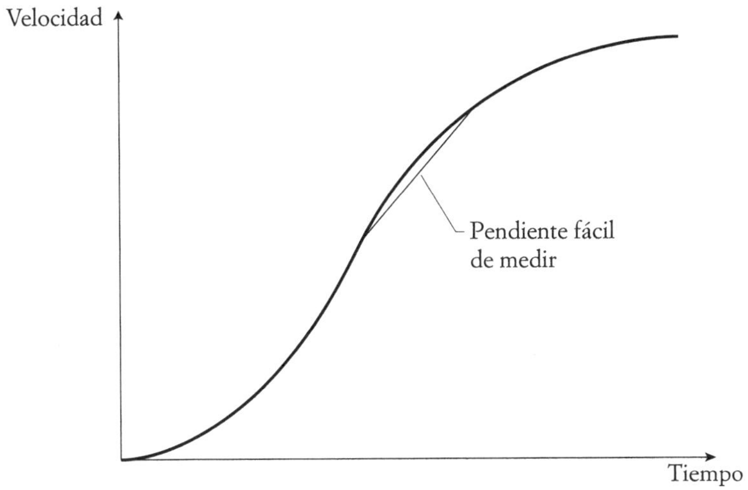

Ahora tenemos una aproximación, pero cuanto más pequeño es el hueco entre los dos puntos que escogemos, más nos acercamos a la pendiente exacta en el punto que nos interesa (y, por tanto, la aceleración en ese momento). Si lo hacemos hasta el infinito, es decir, encontramos el límite, obtenemos el valor exacto de esta tasa de variación, que a menudo se escribe $\frac{dv}{dt}$ para señalar el cambio de velocidad sobre el cambio en el tiempo.

Newton intenta publicar un libro

Todo esto nos lleva de vuelta a Newton y a Leibniz. En 1665, Isaac Newton estaba a punto de hacer un gran descubrimiento. Aún tenía veintipocos años y acababa de licenciarse en el Trinity College de Cambridge, donde había estudiado una mezcla de asignaturas, entre ellas filosofía, matemáticas y astronomía. Estaba listo para dedicarse a la investigación en Cambridge, pero una plaga asoló Inglaterra y el país sufrió la peor epidemia desde la peste negra de 1348. Solo en Londres se perdió casi una cuarta parte de la población. Así que la universidad quedó clausurada.

Newton regresó a su pueblo natal de Woolsthorpe en Lincolnshire, en las Midlands del Este, donde le quedaba poca familia. Su padre había fallecido tres meses antes de que naciera él, y su madre lo abandonó cuando solo tenía tres años por la insistencia de su segundo marido. Lo dejó a cargo de su abuela, algo que Newton nunca dejó de reprocharle a su madre. Aunque su abuela era lo bastante rica para ayudarlo a pagarse los estudios, no le ofreció ni un penique. En cambio, antes de conseguir una beca, tuvo que hacer de *sizar*, esto es, ganarse la manutención sirviendo a alumnos más ricos de la universidad. Así, cuando volvió a Lincolnshire, Newton estaba solo y se alojó en casa del señor Clark, el farmacéutico del pueblo.

Desde el punto de vista matemático, se encontraba en la flor de la vida. Más adelante escribió que durante esa temporada en Lincolnshire estuvo más centrado que nunca.

Empezó estudiando a los respetados gigantes europeos de las matemáticas del siglo XVII, como Frans van Schooten, René Descartes y Pierre de Fermat, entre otros. Gracias a sus libros conoció las bases de las matemáticas renacentistas y el sistema de coordenadas de Descartes. También aprendió maneras de calcular las tangentes, que eran cruciales para los cálculos porque representaban la tasa de variación de una curva. A juzgar por sus notas, Newton invertía mucho tiempo en pensar en lo abstracto, pero tal vez también tenía en mente los problemas de la física que sabemos que le interesaban, por ejemplo, cómo cae una manzana de un árbol* o cómo orbita un planeta el Sol. Ambos tienen relación

* Y, por lo que sabemos, en realidad nunca le cayó una en la cabeza.

con la tasa de variación, y en esa época no había matemáticas que abordaran estas situaciones adecuadamente.

En Europa algunos matemáticos ya habían hallado formas de determinar las tangentes, pero sus métodos no eran muy sólidos y funcionaban únicamente en determinadas circunstancias. Al comprender cuándo funcionaban esos métodos y cuándo no, Newton creó su propio método, que era general. No funcionaba solo para algunas curvas, como los métodos de sus predecesores, sino para cualquier curva. A esas alturas Newton ya sabía que una tangente y el área que queda debajo de una curva son opuestas. Así, al progresar con las tangentes también avanzaba en el proceso de determinar el área de una curva, otra parte fundamental del cálculo.

Retratos de la Royal Society de Newton (*izquierda*) y Leibniz (*derecha*).

Recopiló esas ideas en dos libros. Como muchos autores en ciernes, al principio no tuvo mucha suerte en su búsqueda de editor. El gran incendio de Londres de 1666 devastó a los editores, que ya no podían permitirse publicar libros de matemáticas, que eran vistos, absurdamente, como «de venta lenta».* Sin embargo, mientras los manuscritos de Newton yacían inactivos e inéditos, otra persona se dedicaba a descubrir novedades sobre las tangentes y las áreas de debajo de un gráfico por su cuenta.

Leibniz crea una máquina de matemáticas

Gottfried Wilhelm Leibniz fue un niño precoz. En 1661, a los catorce años, ya estudiaba Filosofía en la Universidad de Leipzig. Pese a que puede parecer una edad muy temprana, no era algo tan inusual en la época. Lo que sí es sorprendente, teniendo en cuenta el lugar que él ocupa en la historia, es que su universidad flaqueaba en matemáticas. En su curso había mucho material sobre retórica, latín, griego y hebreo, pero tuvo que aprender matemáticas por su cuenta.

Leibniz terminó la carrera en dos años, estudió Derecho y se doctoró en 1667. Una vez licenciado, inició la carrera jurídica y vivió en varios lugares de Alemania, entre ellos Maguncia, donde se decantó por la diplomacia y fue secretario del político Johann Christian von Boineburg. Después se lanzó de cabeza a la carrera diplomática, que culminó con un plan audaz a finales de 1671.

Tras enterarse de las intenciones del ambicioso Luis XIV de Francia de invadir los Países Bajos, decidió intentar convencerlo de que invadiera Egipto en su lugar. Esperaba ayudar así a proteger Alemania de una potencial guerra o invasión. Leibniz viajó a París para establecer contacto con el gobierno francés como representante de su propio gobernador. Con el estallido de la guerra franco-holandesa en 1672, la oportunidad de acercarse al gobierno en París se demoró, y Leibniz aprovechó para estudiar matemáticas y física con el polímata holandés Christiaan Huygens. No había tenido mucha fortuna con su plan de distracción

* ¡Suerte que las cosas han cambiado!

(Luis XIV había invadido los Países Bajos y no Egipto); ahora Leibniz estaba cautivado por las matemáticas.

Viajó a Londres por asuntos diplomáticos en 1673 y de paso se puso en contacto con matemáticos de la Royal Society para presumir de un invento que había terminado poco antes y que ayuda a explicar las motivaciones matemáticas de Leibniz. El invento era la primera calculadora que podía realizar las cuatro operaciones aritméticas: suma, resta, multiplicación y división. Conocida como la rueda o cilindro de Leibniz, era un artilugio basado en una serie de engranajes y esferas que, una vez configurados, podían hacer operaciones aritméticas. Pese a que el diseño era bueno, construirlo escapaba con creces a las posibilidades de la época, así que las máquinas no eran de fiar. Aun así, el mecanismo central se usó en las máquinas de cálculo durante siglos. La Royal Society quedó impresionada y lo admitió como miembro en 1673.

Leibniz pasó a la geometría. Se centró en mejorar los métodos para calcular el área de debajo de una curva. Igual que Newton, Leibniz descubrió que las fórmulas existentes funcionaban solo en algunos casos y elaboró una teoría más general del cálculo. Aunque era un enfoque opuesto al de Newton, era igual de eficaz: al progresar en el cálculo del área de debajo de una curva, Leibniz avanzaba en el proceso de encontrar tangentes.

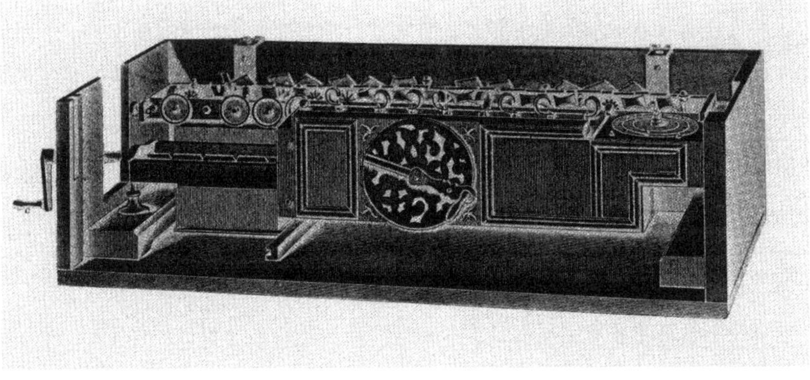

Rueda de Leibniz.

Su motivación no tenía tanto que ver con la física como con mecanizar las reglas de la lógica. Igual que con su rueda, Leibniz aspiraba a crear máquinas que pudieran hacer todo tipo de cálculos. Eso lo llevó a describir una especie de aritmética relacionada con sus métodos para hallar el área debajo de una curva y las tangentes. Dio con varias reglas para la diferenciación y la integración, y en el proceso simplificó la notación de una forma que no se ha llegado a mejorar desde entonces. En el transcurso de tan solo unas semanas, acuñó los símbolos y las convenciones que seguimos usando en la actualidad, siglos después. ¿El gran símbolo en forma de S que indica una integración? Obra de Leibniz. Newton y él habían llegado en esencia a la misma idea matemática, pero la presentaban de formas distintas.

El viejo sarcasmo inglés

A Newton y a Leibniz no los unía precisamente una relación de amistad. A principios del siglo XVIII habían intercambiado varias cartas, pero en la mayoría Leibniz había tratado de impresionar a Newton, y este le había respondido con indiferencia, burla o pura hostilidad.

En una ocasión, Leibniz envió a Newton algunos resultados sobre la serie del infinito (como las que conocía la escuela de Kerala). Leibniz esperaba elogios, pero lo que recibió a cambio solo puede describirse como viejo sarcasmo inglés: «Ya conocía tres métodos para llegar a una serie de ese tipo, así que tenía escasas expectativas de que me comunicaran uno nuevo».[2] En otras palabras, aparte de conocer ya los cálculos que le había enviado, Newton sabía tres maneras más de llegar a la misma conclusión. Leibniz llegaba tarde a la fiesta.

Y Newton seguía con el sarcasmo: lejos de finalizar la carta enviándole a Leibniz alguna pista sobre la teoría subyacente, escribió: «De hecho, las bases de estas operaciones son bastante evidentes; sin embargo, como no puedo proceder con la explicación ahora mismo, he preferido ocultarla así: "6accdae13eff7i3l-9n4o4qrr4s8t12vx"».[3] Era una burla. La extraña concatenación de letras y números era un mensaje cifrado del teorema fundamental del cálculo en latín.

Llegados a este punto, parece que ni Newton ni Leibniz sabían hasta dónde había desarrollado el otro su versión del cálculo. Eso cambió cuando en 1686 Leibniz publicó un artículo en el que esbozaba sus ideas en la revista científica *Acta Eruditorum*. Aunque no está claro si Newton lo leyó, sin duda otros matemáticos lo hicieron y acusaron públicamente de juego sucio a Leibniz, afirmando que le había robado las ideas a Newton. El marqués de l'Hôpital dijo que, si bien prefería la notación de Leibniz, Newton debía llevarse todo el mérito del trabajo. Otro matemático, Nicolas Fatio de Duillier, insinuó que Leibniz había cometido plagio y declaró que «Newton fue el primero y el más veterano inventor del cálculo, con muchos años de diferencia».

Leibniz no se quedó callado. En ese momento era el primer presidente de la Academia de las Ciencias de Berlín y un intelectual famoso. Cuando recibió un ejemplar de una de las últimas obras de Newton, *Óptica*, publicó una reseña anónima en la que escribió que Newton había hecho un «uso elegante» de las ideas de Leibniz. Un amigo, el matemático suizo Johann Bernoulli, salió al rescate y atacó a Newton diciendo que no había aplicado las técnicas del cálculo en su libro anterior, *Principios*, y por tanto no había sido el primero. Entonces entró en la refriega John Keill, un matemático de la Royal Society. Defendió el trabajo de Newton y dijo que «más adelante el señor Leibniz publicó la misma aritmética [...] en *Acta Eruditorum* cambiando el nombre y los símbolos».[4] Como Leibniz era miembro de la Royal Society y Keill también, Leibniz pidió a la Royal Society que lo obligara a retractarse.

Se formó un comité para decidir de una vez por todas quién tenía razón al reivindicar la autoría del cálculo. Por desgracia para Leibniz, Newton contaba con una ventaja inherente: era el presidente de la Royal Society. En marzo de 1712, Newton entregó al comité documentos que según él demostraban que había sido el primero. Luego preparó un informe en nombre del comité para darle mayor difusión. Como cabía esperar, concluía: «El señor Newton fue el primer inventor».[5]

Con todo, la disputa no acabó ahí. El asunto pasó de las matemáticas a la política cuando Carolina, princesa de Gales, se sumó a la trifulca.

Originaria de Alemania, Carolina quedó huérfana de adolescente y se crio en Hannover, al cuidado de Sofía Carlota, reina de Prusia. Leibniz había sido tutor personal de esta, que trasmitió sus enseñanzas a Carolina. Posteriormente Leibniz y ella trabaron amistad. Cuando murió Sofía Carlota, Carolina se convirtió en patrocinadora de Leibniz. Su amistad intelectual fue en aumento y prosiguió hasta que Carolina y su marido, Jorge Augusto, se mudaron a Londres tras la muerte de la reina Ana en 1714 para que Jorge se convirtiera en rey de Gran Bretaña (como Jorge I).

Ahora que Carolina estaba en Londres, intelectuales destacados procuraron distanciarla de Leibniz y la instaron a apoyar a Newton. El influyente filósofo y clérigo Samuel Clarke se reunió con Carolina para explicarle en persona el trabajo de los matemáticos británicos, y se llevó a Newton con él.[6]

La controversia entre Newton y Leibniz se fue agriando, avivada por sus ideas contrapuestas sobre la religión: Leibniz creía en la reunificación de las iglesias protestantes y Newton, no. En una carta a Carolina, Leibniz atribuye la decadencia religiosa que veía en Inglaterra a Newton y sus seguidores. Ella enseñó la carta a varias personas, entre ellas Samuel Clarke, y fue recibida como un grave insulto.

Carolina no tomó partido. Discutía a menudo con Clarke, incluso con Newton, mientras seguía intercambiando opiniones con Leibniz por carta. No es que deseara declarar la victoria de Leibniz: solo ejercía de árbitro y moderadora, buscando un punto de encuentro para poner paz. En abril de 1716 escribió: «Me des-

Carolina, princesa de Gales. Obra de Godfrey Kneller, 1716.

espera que personas con semejantes conocimientos como usted y Newton no se entiendan. El beneficio para la sociedad sería inmenso si lo consiguiéramos».[7] Lamentablemente, nunca se logró una reconciliación. Tanto Newton como Leibniz siguieron sosteniendo hasta su muerte que habían sido los primeros.

El veredicto

Hoy en día existe un amplio consenso en que Leibniz y Newton desarrollaron el cálculo por separado basándose en trabajos previos. La historia se ha centrado en sus versiones y presenta una batalla épica entre dos genios en la que se denunciaba plagio indiscriminadamente. Pero no es cierto que los orígenes del cálculo estuvieran en Leibniz o Newton, porque no cabe duda: ninguno de los dos fue el primero. Sin embargo, tampoco podemos atribuir todo el mérito a la escuela de Kerala.

El cálculo es una caja de herramientas amplia y variada y, como tal, sus orígenes son amplios y variados. Una célebre frase del propio Newton decía: «Si he visto más allá, ha sido poniéndome sobre los hombros de gigantes».[8] Los gigantes eran los matemáticos y profesores que lo habían precedido y habían trasmitido su trabajo a generaciones posteriores. Es así en cualquier avance matemático. El progreso en la materia es un camino largo y sinuoso hacia la verdad, y deberíamos ser conscientes de ello y valorar las aportaciones de los que dieron pasos por el camino, no solo de los que protagonizaron el final.

A principios del siglo XIX, cuando el funcionario Charles Whish sacó a la luz en Occidente el trabajo de la escuela de Kerala, fue recibido con escepticismo. Lo había descubierto él cuando trabajaba en Madrás. Una de sus aficiones era coleccionar manuscritos en hoja de palma* y, como lingüista, leía el sánscrito y el malabar. En un artículo de 1834 comparó el saber colectivo de los matemáticos indios hasta ese momento, de la escuela de Kerala y otros lugares, con los de los matemáticos europeos. Que nosotros sepamos, fue el primero en hacerlo, y lo que es más, concluyó que las matemáticas indias estaban más avanzadas. Sin embargo, aquello suponía un gran desafío a la visión eurocéntrica del desarrollo científico y a los prejuicios respecto a la India, en pleno apogeo del imperialismo europeo, y pocos estaban dispuestos a fijarse en las pruebas.

Más recientemente, el matemático George Gheverghese Joseph, nacido en Kerala, hizo saltar la alarma. Destaca que la historia de las matemáticas se centra demasiado a menudo en Europa, y hace hincapié en los riesgos de insistir en que las matemáticas europeas eran las más avanzadas del mundo. En *A Passage to In-*

* De ellos, actualmente 195 se encuentran en la Royal Asiatic Society de Gran Bretaña e Irlanda.

finity («Un camino hacia el infinito», 2009) sostiene que hubo una ruta del conocimiento que iba de la India a Occidente. Así, en lugar de crear el cálculo en Europa de forma aislada e independiente, Leibniz y Newton podrían haber recibido la influencia de la escuela de Kerala. La afirmación no cuenta con el pleno respaldo de las pruebas y aún se sigue investigando, pero su idea de que las matemáticas tienen numerosos orígenes ha allanado el camino para que los historiadores profundicen en las raíces no occidentales de las matemáticas.

Aún estamos muy lejos de entender exactamente quién sabía qué y cuándo, pero no debería sorprendernos que se reescribiera nuestra visión de la historia de las matemáticas. Durante mucho tiempo los académicos occidentales han mantenido la miope postura eurocéntrica de que fuera de Occidente no había interés en la ciencia, las matemáticas o el mundo. Tampoco nos debería parecer un desafío desagradable: la idea de que una escuela de la India podría haberles pasado el testigo a Newton y a Leibniz resulta emocionante. Además, encajaría muy bien con el bello y caótico proceso que hace que las matemáticas avancen. Aunque se suele decir que las matemáticas están formadas por secuencias claras y lógicas de ideas, demostraciones y teoremas, su historia rara vez es lineal.

CAPÍTULO 9

Newtonianismo para señoritas

A finales del siglo XVI, Marte estaba dando problemas. Desde la isla sueca de Hven, que por aquel entonces pertenecía a Dinamarca, los astrónomos Sophia y Tycho Brahe habían hecho miles de mediciones de cuerpos celestes con un increíble nivel de detalle. Tycho había recibido el importante respaldo del rey Federico II de Dinamarca y Noruega, y se considera que había creado el mejor observatorio del mundo. Intentaba confirmar qué modelo de sistema solar era correcto: el de Ptolomeo, que situaba la Tierra en el centro, o el de Copérnico, con el Sol como eje. Sophia era una de las colegas de más confianza de Tycho.

Ninguna de las dos visiones ofrecía una explicación adecuada para Marte. Se comprobó que las predicciones sobre dónde debería estar el planeta a lo largo del año se equivocaban en varios grados. Los Brahe concedían mucha importancia a la precisión: no podía ser un error humano, ¿verdad? Al final Tycho se rindió y pasó el problema de Marte a uno de sus ayudantes, un joven Johannes Kepler.

Kepler era diligente y preciso, pero también tenía más ganas de cuestionar premisas fundamentales que su mentor. Tanto Ptolomeo como Copérnico habían insistido en que las órbitas de los

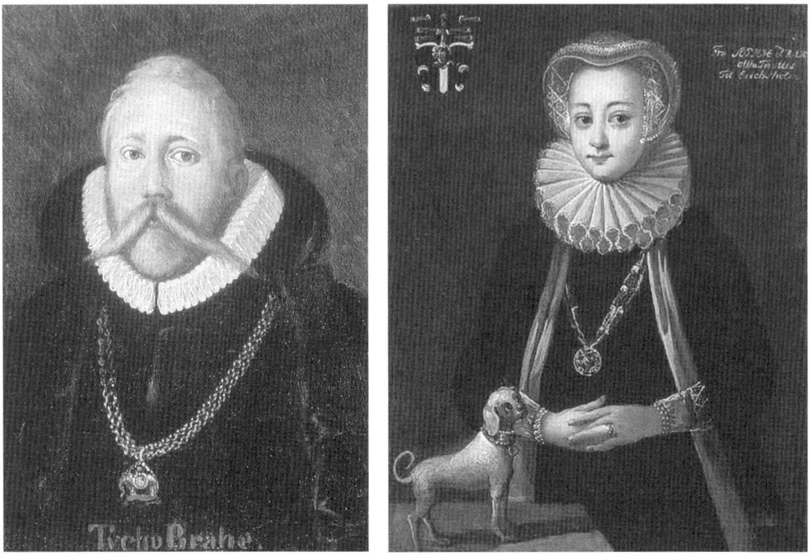

Tycho Brahe y Sophia Brahe. La pareja tenía ocho hermanos más y se llevaban unos diez años. Sophia enviudó con un hijo y estudió horticultura, química y astronomía. Recibió clases de Tycho y también compró libros de astronomía escritos en latín, que ella tradujo al alemán.

cuerpos celestes se formaban a partir de círculos perfectos, pero Kepler se preguntaba si era cierto. Revisó las observaciones y, con gran sorpresa, al cambiar a órbitas elípticas (de hecho, eran círculos aplanados) se reducía el error en un factor de diez. La idea de las órbitas elípticas la había propuesto por primera vez en el siglo IX el astrónomo de la corte Thábit ibn Qurra en la Casa de la Sabiduría, aunque todavía no gozaba de una amplia aceptación.

Hasta ese momento, predominaba la idea de que los círculos de algún modo eran una forma divina. Ahora bien, las órbitas elípticas encajaban con las observaciones de Kepler. Para averiguar por qué, el mundo necesitaba el cálculo.

Parte de la motivación original de Newton para crear su sistema de cálculo era entender mejor el universo. Antes que él, muchos consideraron razonable describir de un modo distinto cada forma de movimiento. ¿Por qué las leyes que describen cómo se mueven los planetas deberían ser las mismas para explicar cómo cae una manzana del árbol? Sin embargo, Newton no opinaba lo mismo. «En la medida de lo posible, debemos asignar las mismas causas a los mismos efectos naturales», escribió en su obra magna, *Principios*.[1] En otras palabras: el movimiento es movimiento, pase lo que pase.

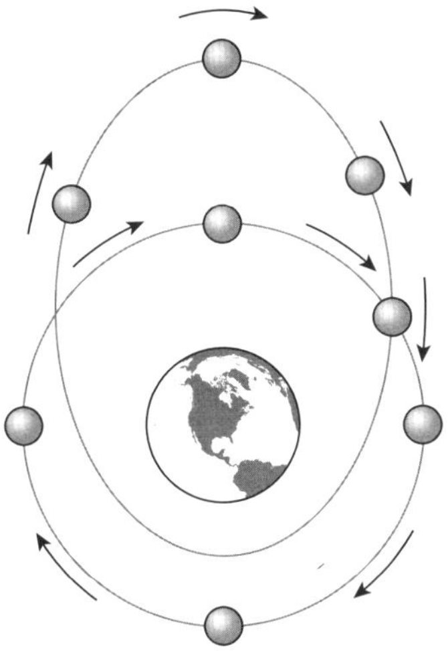

Órbitas circulares y elípticas.

Este principio lo llevó a descubrir las leyes del movimiento, que constituyen la base de la mecánica newtoniana. Describen los principios fundamentales que, según Newton, sigue todo movimiento. A partir de ahí, logró derivar la ley de la gravitación universal, que era en esencia una ecuación que explica cómo se comportan los objetos bajo la influencia de la gravedad. Esta ecuación demostraba con rotundidad que Kepler llevaba razón: los planetas siguen órbitas elípticas porque cumplen las leyes del movimiento.

La mecánica newtoniana era una teoría matemática sumamente potente que impulsaría la física durante años. Sin embargo, se suele tardar en anular un consenso. Convencer a los demás de la utilidad del newtonianismo requeriría décadas y una insólita cantidad de personajes.

NEWTONIANISMO 101

Antes de emprender el viaje que realizó el newtonianismo, vamos a hacer un recordatorio rápido de lo que implica. Las leyes del movimiento de Newton, según las expresa la NASA,[2] son las siguientes:

> PRIMERA LEY. Un objeto en reposo permanece en reposo, y un objeto en movimiento permanece en movimiento a una velocidad constante en línea recta a menos que una fuerza desestabilizadora actúe sobre él.
>
> SEGUNDA LEY. La aceleración de un objeto depende de la masa del objeto y la cantidad de fuerza aplicada.
>
> TERCERA LEY. Siempre que un objeto ejerce una fuerza sobre otro objeto, el segundo objeto ejerce una igual y contraria sobre el primero.

En esencia, la primera ley de Newton dice que siempre es necesaria una fuerza para mover un objeto estático o para cambiar la manera de moverse de un objeto en movimiento. Queda bastante claro, pero tal vez te preguntes por qué no implica que, si haces rodar una pelota por el suelo, siga rodando para siempre. No siempre es fácil localizar las fuerzas. En este caso, las fuerzas de fricción y de resistencia del aire frenarían una pelota que rodara sobre la Tierra. Pero si hicieras rodar una pelota en el espacio, seguiría en movimiento eternamente.*

La segunda ley se suele escribir con la famosa ecuación $F = ma$,

* O hasta que otra fuerza, como la gravedad, le afectara.

según la cual la fuerza necesaria para mover un objeto es igual a su masa multiplicada por la aceleración que quieras ejercer. Ahí es donde entra el cálculo. La aceleración es una medida de la tasa de variación, así que la ecuación también se puede escribir

$$F = m\frac{dv}{dt}$$

Si tuvieras que dibujar un gráfico de la velocidad contra el tiempo, $\frac{dv}{dt}$ te da la tangente en cualquier punto determinado.

La tercera ley la conocerás bien si alguna vez has chocado con una pared. Sin duda, ejerces fuerza sobre la pared, pero duele como si fuera la pared quien ejerciera fuerza sobre ti.*

Newton aplicó estas leyes para ver qué pasaba en el caso de la gravedad y los cuerpos celestes, tomando otra observación que hizo Kepler y combinándola con su segunda ley. La observación de Kepler abordaba la relación entre el tamaño de una órbita y el tiempo que tarda en completar el círculo. Concretamente, el cuadrado del tamaño es proporcional al cubo del tiempo. Utilizando esa idea, la segunda ley del movimiento y cierta manipulación de las ecuaciones, Newton derivó la ley de la gravitación universal, escrita como

$$F = G\frac{m_1 m_2}{r^2}$$

Así se obtiene la fuerza entre dos objetos con masa m_1 y m_2 separados por una distancia *r*. La letra *G* es la constante gravitacional universal, un valor fijo relacionado con la fuerza de la gravedad en nuestro universo.

A partir de esta y otras ecuaciones, Newton dedujo con mayor precisión que nunca cómo funcionan las órbitas. Cuando un objeto en órbita se aleja, la fuerza que produce la gravedad disminuye de

* No recomendamos probarlo. Si no has pasado por la experiencia, confía en nosotros.

manera exponencial. Si se dobla la distancia, la fuerza gravitacional se divide en cuatro; si se triplica, se reduce por un factor de nueve, y así sucesivamente. Eso significa que los planetas que orbitan el Sol se van alejando paulatinamente antes de volver en dirección contraria cuando la gravedad es más débil. En casos muy raros, si la velocidad es justo la adecuada, puede provocar una órbita circular (la órbita de Venus, por ejemplo, es casi circular), pero por lo demás las órbitas son elipses, y Marte, el planeta del problema original de Tycho y Sophia Brahe, es uno de los ejemplos más impactantes.

Terraplanistas

La mecánica newtoniana se comprendió rápido en Inglaterra. Un influyente grupo de la Iglesia anglicana consideró que las ideas de Newton encajaban con su doctrina de que el universo se regía por leyes «divinas». Compañeros de la Royal Society de Londres también respaldaron el trabajo de Newton, y cuando pasó a ser presidente de la Royal Society, en 1703, ello le permitió difundir aún más su trabajo.

Sin embargo, la teoría de Newton no recibió aplausos universales. El matemático suizo Johann Bernoulli la rechazó de plano porque, según él, la idea de una fuerza que pudiera actuar en el espacio vacío resultaba «ininteligible». En Francia, muchos preferían la visión del sistema solar que defendía Descartes: que la Tierra, la Luna, los planetas y las estrellas estaban inmersos en un líquido invisible, el éter. Los cartesianos creían que Dios había colocado el éter en los albores de los tiempos. Los seguidores de Descartes creían que la razón era fundamental para el conocimiento, mientras que los seguidores de Newton tenían en mayor estima el empirismo y las matemáticas.

Con la ruptura de la alianza anglo-francesa en 1731 se avivaron las tensiones en ambos lados del Canal, y también el debate científico. Pensemos en la afirmación de Newton de que la Tierra era plana. Bueno, no plana del todo, pero sí un poco plana por arriba y por abajo. Trabajando sus ideas sobre el movimiento y la gravedad, Newton había llegado a la conclusión de que la Tierra no podía ser una esfera perfecta: el giro sobre su propio eje haría que los ecuadores sufrieran una fuerza hacia fuera mayor que en los polos, por lo que la Tierra se ensancharía por ahí. Newton creía que por eso la Tierra sería un esferoide oblato en lugar de una esfera.

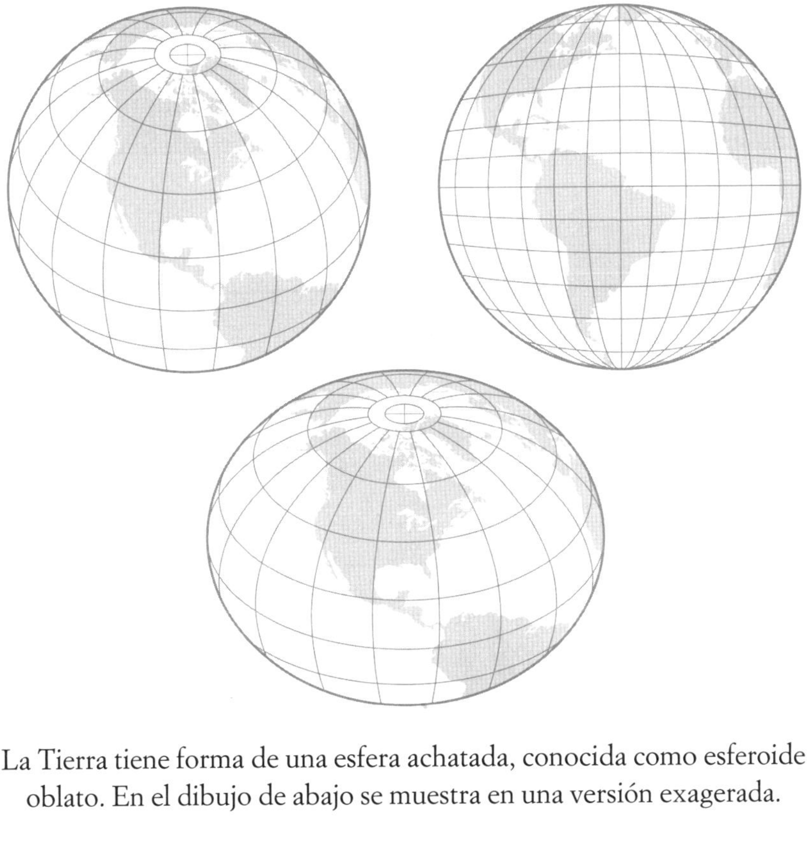

La Tierra tiene forma de una esfera achatada, conocida como esferoide oblato. En el dibujo de abajo se muestra en una versión exagerada.

Para averiguar quién estaba en lo cierto, si Newton o Descartes, la Academia de Ciencias francesa decidió enviar una misión al ecuador y otra al Polo Norte. Fue la primera colaboración global entre varias ciudades para demostrar una idea científica con experimentos.

Las expediciones contaban con dos métodos para determinar la forma de la Tierra. En primer lugar, medían la velocidad de un reloj de péndulo en las distintas ubicaciones. A mayor gravedad, más rápido se movería el reloj. En segundo lugar, comprobaban las estrellas. Al medir las mismas estrellas en cada ubicación, los equipos podrían deducir si los ángulos desde los que las veían confirmaban si la Tierra era una esfera perfecta.

Aun así, implementar correctamente estos métodos no resultó nada fácil. El director del grupo del Polo Norte era un prestigioso matemático francés, Pierre Louis Moreau de Maupertuis. Había estudiado durante unos meses en Londres y era un newtoniano con ganas de demostrar los efectos de la gravedad. Sin embargo,

Dibujo del telescopio personalizado de George Graham. De *Degré du Méridien entre Paris et Amiens* («Grado del meridiano entre París y Amiens»), de Pierre Louis Moreau de Maupertuis, publicado en 1740.

como no era astrónomo de formación, le pidió al astrónomo sueco Anders Celsius que lo acompañara junto con su equipo. Antes de partir, compraron varios instrumentos astronómicos en Londres, entre ellos un telescopio personalizado obra del hábil inventor George Graham.

Su expedición a Laponia, cerca del Polo Norte, planteó dificultades. Tuvieron que hacer mediciones desde la superficie helada del golfo de Botnia, el brazo más septentrional del mar Báltico, y la falta de mapas precisos los ponía en aprietos constantemente. Sus instrumentos nuevos eran engorrosos, así que el equipo decidió quedarse en Tornio, en el norte de Finlandia. Construyeron un pequeño observatorio, hicieron mediciones y se alojaron en casas ofrecidas por los lugareños. Tras un invierno duro, terminaron las mediciones en un año.

Pese a que la expedición fue difícil, no fue nada comparada con la que llevaron a cabo sus homólogos en el ecuador. En 1735, los astrónomos franceses Pierre Bouguer, Charles Marie de La Condamine y Louis Godin partieron de Francia con sus ayudantes (algunos de ellos eran esclavos) y dos guardiamarinas españoles. El grupo navegó hasta la costa del Caribe, viajó por tierra por Panamá y se trasladó en otro barco a la costa peruana del Pacífico hasta llegar a Nueva Granada, entonces territorio español.

Era un equipo reducido, pero los tres científicos tenían grandes egos y no se llevaban bien; se separaron antes de llegar a su destino final, Quito, en el actual Ecuador. El jefe del equipo, Godin, se llevó la mayor parte del dinero y del equipo, y dejó que Bouguer y La Condamine hicieran el viaje solos. Tras navegar por la costa peruana, donde registraron un equinoccio solar y un eclipse lunar, Bouguer y La Condamine siguieron caminos distintos hasta Quito. Bouguer se dirigió a la montaña, cruzando a pie los volcanes andinos, y La Condamine fue directo a través de la jungla tropical.

Cuando los miembros del grupo se reunieron por fin en Quito, empezaron a hacer mediciones, pero no era fácil trabajar a gran altitud. El clima era duro y tuvieron que parar y esperar meses hasta tener una visión clara de puntos de referencia distantes. Los osos salvajes y las serpientes venenosas planteaban dificultades y algunos miembros del equipo estuvieron a punto de morir más de una vez. Varios contrajeron la malaria y uno de ellos falleció. Otro perdió la vida en una pelea callejera.

El proyecto de tres años pasó a ser de nueve y al final se retiraron en la primavera de 1743. Bouguer y La Condamine regresaron a Francia por separado, pagándose el viaje con el resto del dinero que les había procurado la Academia de Ciencias, y no

Ilustración de *Observaciones astronómicas y físicas*, libro publicado en 1748 donde se exponían los resultados de la expedición a Quito. El globo es claramente oblato, con los polos aplanados. Los guardiamarinas españoles que acompañaron al grupo, Antonio de Ulloa y Jorge Juan y Santacilia, publicaron los resultados de la expedición en 1748 en Madrid antes de que los exploradores franceses publicaran los suyos en Francia.

dejaron fondos suficientes para los demás miembros del equipo. Abandonaron a sus adjuntos y a sus ayudantes. Los oficiales españoles volvieron gracias a la financiación de las autoridades españolas locales, pero otros murieron en Sudamérica y algunos pasaron hasta quince años en el Amazonas intentando reunir dinero para volver a casa.

Al final, los datos de Sudamérica y Laponia lograron llegar a la Academia de Ciencias de Francia y demostraron que Newton estaba en lo cierto: la Tierra es un esferoide oblato.

Para muchos detractores, aquello ayudó a decantar la balanza, probó la eficacia de la mecánica newtoniana para hacer predicciones y sirvió de catalizador de la difusión de sus ideas por todo el continente.

¿Cómo se dice newtonianismo en francés?

Una partidaria de la teoría de Newton de particular importancia fue Émilie du Châtelet. Como muchas nobles del siglo XVIII, Du Châtelet se había formado con tutores privados. Sus padres querían libertad intelectual para sus hijos y la habían animado a expresar su opinión respecto a una gran variedad de temas en casa y durante las reuniones de salón semanales que organizaban. Su padre era el jefe de protocolo de Luis XIV en el palacio de Versalles, por lo que la familia contaba con una posición suficiente para llevar esa vida acomodada

Cuando tenía unos veinte años, Émilie recibió clases de Pierre Louis Moreau de Maupertuis, que encabezaría la expedición a Laponia y defendía la teoría de Newton. Le enseñó álgebra y la versión de Newton del cálculo, lo que alimentó aún más su pasión por los debates intelectuales de salón.

Matemáticos como Maupertuis solían reunirse en la biblioteca del rey o en el Café Gradot de París, pero a Du Châtelet no le estaba permitido acompañarlos por ser mujer. Reacia a tolerar que la excluyeran, en una ocasión acudió a un encuentro vestida de hombre y la dejaron pasar sin problema.

Retrato de Émilie du Châtelet.

En esa época reapareció en su vida una cara conocida. Había conocido al prolífico escritor y filósofo Voltaire* en el salón de su padre cuando era más joven, pero, debido a sus vehementes críticas al gobierno francés, tuvieron que apartarlo: dos veces lo condenaron a ir a la cárcel y una lo enviaron a Inglaterra. En 1733 regresó del exilio y volvieron a encontrarse.

Pese a que Du Châtelet estaba casada, Voltaire y ella se retiraron a la finca de su marido en el nordeste de Francia y allí vivieron en pareja de 1735 a 1739. Entre las familias aristocráticas de esos

* Su nombre real era François-Marie Arouet, pero se lo conoce por su pseudónimo.

tiempos el matrimonio se consideraba una mera formalidad y un deber, así que las aventuras eran bastante comunes y a menudo se toleraban. Voltaire se deshacía en elogios hacia su pareja, la citaba como prueba viviente de que las mujeres son igual de capaces que los hombres.

En 1739, cuando la Academia de Ciencias francesa anunció un premio para la mejor respuesta a la pregunta «¿Qué es el fuego?», Du Châtelet y Voltaire enviaron sus respuestas por separado; de hecho, Voltaire no supo que du Châtelet había respondido hasta que se publicó la lista de participantes.

Ninguno de los dos ganó el premio, pero el artículo de Du Châtelet proponía una idea notable. Trabajaba con la hipótesis de que la energía debía conservarse en un sistema. Planteaba que, si dos objetos en movimiento a cierta velocidad chocaran, parte de la energía se convertiría en calor, otra parte en sonido y otra seguiría siendo energía cinética; la suma de todo, proponía Du Châtelet, equivaldría a la cantidad de energía de antes de que los objetos colisionaran. Ahora se la conoce como la ley de conservación de la energía y es una regla fundamental del universo. La matemática alemana Emmy Noether encontraría una base matemática para ello ciento cincuenta años después (véase el capítulo 12). Era un avance profundo, ya que incluso el concepto de energía era incipiente en ese momento.

A petición de René de Réaumur, uno de sus miembros, la Academia publicó, junto con las obras ganadoras y la de Voltaire, el artículo de Du Châtelet, que así se convirtió en la primera mujer que publicó un artículo científico original.

Una de las primeras obras completas de Du Châtelet fue un manual de física escrito para su hijo de trece años. En *Lecciones de física* recopiló las ideas y las teorías de Descartes, Leibniz y Newton. Publicada originalmente en 1740, de forma anónima para ocultar que la autora era una mujer, fue la primera publicación nueva sobre física escrita en francés desde 1671.

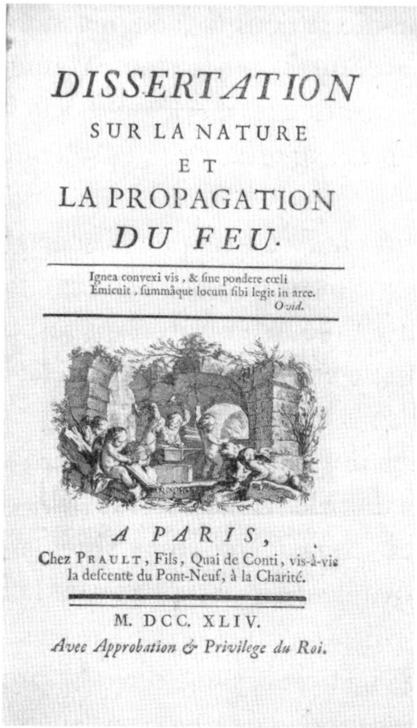
DISSERTATION

SUR LA NATURE

ET

LA PROPAGATION

DU FEU.

Ignea convexi vis, & ſine pondere cœli
Emicuit, ſummâque locum ſibi legit in arce.
Ovid.

A PARIS,

Chez PRAULT, Fils, Quai de Conti, vis-à-vis la deſcente du Pont-Neuf, à la Charité.

M. DCC. XLIV.

Avec Approbation & Privilege du Roi.

Portada de *Disertación sobre la naturaleza y la propagación del fuego.*

Du Châtelet estaba fascinada con el trabajo de Isaac Newton tal como se exponía en *Principios*, y se embarcó en el proyecto de traducirlo al francés. Tenía que trabajar y criar tres hijos a la vez, así que tardó unos cinco años en hacerlo. Las horas más productivas para escribir solían ser las cuatro y las cinco de la madrugada.

Por desgracia, no llegó a verlo publicado en vida. Du Châtelet se quedó embarazada de otro amante, el poeta Jean-François de Saint-Lambert. Con cuarenta años dio a luz a una niña, pero unos días después tuvo fiebre. Sabía que se acercaba su hora, así que pidió que le llevaran el manuscrito a la cama y escribió: «10 de septiembre de 1749» como fecha de finalización. Poco después perdió la conciencia.

Al cabo de siete años, en 1756, se publicó el libro, aunque parcialmente, y recibió grandes elogios. En su traducción depuraba la jerga y explicaba términos básicos como *órbita* y *elipse* de forma que los principiantes pudieran entenderlos, a menudo recurriendo a analogías para aclarar el significado.

En el momento de la publicación, en Francia se había recuperado el interés por el newtonianismo tras la correcta predicción del regreso del cometa Halley en 1759. En consecuencia, ese año se publicó la primera versión completa en francés de *Principios*. La obra de Du Châtelet se considera la traducción de referencia aún en la actualidad.

Experimentos en casa

En Italia, fue Laura Maria Caterina Bassi Veratti la que estuvo en la vanguardia de la física newtoniana. Nacida en Bolonia en 1711, recibió una formación amplia, que abarcó desde las lenguas clásicas hasta la filosofía natural. Su padre organizaba salones e invitaba a los mejores académicos de la ciudad a su casa. Su tutor, el físico Gaetano Tacconi, presentó a Laura a miembros de la comunidad académica de la ciudad y pronto se dio a conocer como niña prodigio. Su reputación se afianzó cuando un cardenal la convenció para debatir en público con cuatro o cinco profesores. El debate fue todo un triunfo para ella. Defendió con solidez cuarenta y nueve textos sobre filosofía y física frente a dignatarios, entre ellos el papa Benedicto XIV. Los dieciséis miembros de la Academia de Ciencias de Bolonia acordaron por unanimidad aceptarla como miembro en 1732.

En general en Italia las mujeres gozaban de mayor libertad que en otras partes de Europa y podían acceder a la formación universitaria. Bassi se doctoró en Filosofía y, cuando entró a trabajar en la Universidad de Bolonia, se convirtió en la primera profesora universitaria del mundo.

En la Bolonia de la época algunos académicos seguían siendo cartesianos, mientras que otros eran firmes defensores de Newton. Bassi se contaba entre los segundos. Enseñó la física de Newton durante veintiocho años, pero una gran dificultad era que solo se permitía sistemáticamente dar conferencias a los hombres. Rara vez obtuvo permiso para hacerlo, únicamente cuando llegaba una visita ilustre a la ciudad o a alguien se le concedía un diploma. La universidad le pagaba un sueldo, pero no le asignaban tareas académicas reales.

Sin embargo, Bassi encontró una solución. Con su marido, el profesor Giuseppe Veratti, daba una «conferencia literaria» dos tardes a la semana en su casa. Como mujer casada, podía tener invitados y alumnos y dar conferencias sin sufrir consecuencias. Bassi también construyó un laboratorio doméstico para hacer experimentos, cuyos resultados presentaba a sus colegas académicos. Muchas de esas anotaciones se han perdido, pero sabemos que versaban sobre la electricidad, los gases, la mecánica, la dinámica de fluidos y la óptica.

Bassi inició un nuevo movimiento para estudiar las ideas de Newton. Su fama se extendió y llegaban estudiantes y visitantes de Grecia, España, Alemania, Polonia y Francia. Presentaba los resultados de sus experimentos domésticos en la Academia de Ciencias de Bolonia y publicaba artículos siempre que encontraba editor. Fue la única mujer de la época que anunció en público resultados originales sobre física experimental.

Con el tiempo, Bassi llegó a ocupar la cátedra especial de Física Experimental en la Universidad de Bolonia, con su marido como adjunto. Solicitó un aumento de sueldo para equipar mejor su laboratorio doméstico. La universidad accedió, se convirtió en la profesora mejor pagada de la universidad e invirtió el dinero en el laboratorio.

Demasiada imaginación

Teniendo en cuenta los trabajos de Du Châtelet y Bassi, cuesta pensar que el siguiente gran avance en la difusión de la mecánica newtoniana fuera la publicación de un libro dirigido específicamente a las mujeres, con la insinuación de que necesitaban una ayuda adicional. Aun así, *Newtonianismo para señoritas*, publicado originalmente en 1737, fue un rotundo éxito de ventas y provocó que tanto hombres como mujeres se fijaran en los *Principios* de Newton.

El autor era un polímata italiano del siglo XVIII, el conde Francesco Algarotti. Como era habitual en la época, creía que las mujeres «tenían demasiada imaginación» para las matemáticas. Sin embargo, aunque fuera verdad que en cierta medida las mujeres tienen más imaginación que los hombres, esto no sería un inconveniente: las matemáticas tratan de imaginar cosas que no existen en realidad. Ni siquiera algo tan sencillo como un círculo (uno perfecto desde el punto de vista matemático) existe en la vida real. Por mucho que lo intentes, jamás podrás construir o dibujar uno. Tendrás que usar un poco de imaginación.

En su libro, Algarotti intentaba aproximar a las lectoras las ideas de Newton a través de conversaciones ficticias entre un caballero y una marquesa, cuyos modelos eran él y Du Châtelet. El escenario que usaba como telón de fondo estaba inspirado en la casa de campo de Du Châtelet, que Algarotti había visitado una vez. Además, le daba a la teoría newtoniana un aire romántico. «No puedo evitar pensar [...] que esta proporción en los cuadrados de la distancia de los lugares [...] se observa incluso en el amor —dice la marquesa en un pasaje—. Así, pasados ocho días de ausencia, el amor se vuelve 64 veces menor que el primer día».[3]

Érotico.

La marquesa dice que, como establece la ley de la gravitación universal, el amor también disminuye como una inversa del cuadrado a medida que el tiempo de separación se alarga. La ausencia hace que se enfríe el corazón.

El de Algarotti no fue el único libro sobre newtonianismo dirigido a un público no especializado. *The Ladies' Diary*, por ejemplo, era una publicación anual con sede en Londres que divulgaba información importante al estilo de un calendario, como los ciclos lunares y las fechas de los trimestres escolares. También incluía rompecabezas cuya dificultad iban incrementado, tanto que algunos requerían cálculos para resolverlos. Por otro lado, en la década de 1740 el matemático italiano César-François Cassini de Thury escribió una obra en forma de diálogo entre un hombre y una mujer que introducía el debate sobre la forma de la Tierra. Las ideas de Newton se estaban popularizando.

En *Newtonianismo para señoritas* (1737) se desarrollan seis diálogos durante cinco días seguidos. El fondo se parece a Cirey, Francia, donde Algaratti conoció a Du Châtelet y a Voltaire.

La llegada a América

A continuación, el newtonianismo se fijó en Estados Unidos. Los colonos británicos, franceses, holandeses y suecos habían aterrizado en la Costa Este a principios de los siglos XVI y XVII. Muchos europeos emigraron a Estados Unidos huyendo de las dificultades políticas, económicas y religiosas a las que se enfrentaban en sus países. A su vez, no obstante, los colonos sometieron a persecución a los nativos americanos y se quedaron con sus tierras mediante guerras y masacres que duraron décadas. Es una historia trágica en la que las matemáticas no desempeñan un papel directo. Sin embargo, ese es el contexto en el que las teorías de Newton cruzaron el charco.

Los primeros centros de enseñanza superior en Estados Unidos se basaban en los de Oxford y Cambridge. En 1636 John Harvard, un clérigo puritano licenciado en Cambridge, fundó la universidad que lleva su nombre. La Universidad de Yale llegó en 1701, creada por un grupo de diez ministros cristianos.

En los albores del siglo XVIII, *Principios* llevaba casi quince años publicado, pero aún no había llegado ningún ejemplar a Estados Unidos. Thomas Robie, profesor de Matemáticas y Filosofía Natural de Harvard, había reunido las ideas del libro a partir de artículos publicados por la Royal Society que ahondaban en los postulados de Newton. Un alumno de Robie, Isaac Greenwood, abrió una vía más directa: viajó a Londres y estudió matemáticas con el ayudante de Newton. A su regreso en Estados Unidos, empezó a enseñar la mecánica newtoniana y se convirtió en el primer catedrático de Matemáticas y Filosofía de la Universidad de Harvard.

Para entonces, Yale se había convertido en una destacada rival de Harvard y había logrado hacerse con ejemplares tanto de los *Principios* (edición de 1713) como de la *Óptica* (1704) de Newton gracias a un intermediario que ayudaba a buscar obras científicas en Europa. Pese a no ser matemáticos, los rectores de Yale, Thomas Clap y Ezra Stiles, enseguida empezaron a enseñar el trabajo de Newton en la universidad.

El newtonianismo se había extendido en Europa a través de los salones, y algo parecido ocurrió en Estados Unidos. En 1727, Benjamin Franklin creó en Filadelfia un salón muy influyente llamado el Junto (nombre tomado del español *junta*). Se celebraba los viernes por la tarde, y Franklin deseaba que fuera un club de «mejora mutua». Acabó transformándose en la primera sociedad científica de Estados Unidos, la American Philosophical Society, en 1743. Tenía como objetivo promover la investigación y las publicaciones académicas tanto científicas como humanísticas, y aceptaba como miembros a eruditos nacionales y extranjeros.

Uno de sus miembros, David Rittenhouse, era astrónomo y matemático, y una de las principales voces científicas de Estados Unidos. De joven había heredado un ejemplar de *Principios* y se convirtió en un defensor de por vida de Newton. Creía que sus ideas debían constituir los cimientos de un aprendizaje matemático superior en Estados Unidos, y lo comentó en un discurso en la American Philosophical Society en 1775. John Winthrop, un matemático, astrónomo, físico y bisnieto del fundador de la colonia de la bahía de Massachusetts, también comprendió la importancia del trabajo de Newton. Lo enseñó en Harvard y creó un laboratorio para poner a prueba sus ideas.

El newtonianismo y el empirismo fueron ganando fuerza en Estados Unidos. Tras un inicio lento, cada vez más gente empezaba a conocer la obra de Newton, la aplicaba a otras disciplinas científicas y estudiaba cómo principios parecidos eran válidos para la electricidad y el magnetismo. Por ejemplo, Benjamin Franklin llevó a cabo un célebre experimento en el que creaba una batería a partir de dos botellas cargadas (botellas de Leyden) tan potente que podía asar un pavo. Esto ocurría al tiempo que Bassi anunciaba los resultados de sus experimentos con electricidad.

La difusión del trabajo de Newton en Estados Unidos contribuyó a un cambio final que convertiría al país en una potencia científica. Pronto declararía la independencia política de Gran Bretaña y lucharía por ella, pero, en un sentido científico y matemático, aún existían estrechos vínculos. Harvard, Yale y otras instituciones se crearon según el molde europeo, así que cuando había nuevos avances matemáticos era bastante fácil que se adoptaran en ambos continentes, porque compartían las bases matemáticas.

En China era distinto. Algunos astrónomos jesuitas que enseñaban en la corte de Qing tradujeron la obra de Newton al chino en el siglo XVIII. Europa quería que sus ideas científicas viajaran al este como parte de una diplomacia cultural más amplia, y con el fin último de difundir el cristianismo. Sin embargo, China contaba con su propia tradición matemática. No se iban a sustituir las matemáticas chinas por las europeas así como así. Lo que ocurrió fue mucho más interesante.

CAPÍTULO 10

Una síntesis espléndida

A mediados del siglo XVII, la gran dinastía Qing estaba en pleno apogeo. El imperio era uno de los más grandes que había existido jamás: se extendía desde el Himalaya hasta Manchuria. Era multiétnico, y los manchúes gobernaban sobre una población que incluía mongoles y chinos *han*. La gente creía que el emperador era el hijo de los cielos encarnado en la Tierra para gobernar la «Nación del centro». Los que gobernaban allí gobernaban en el universo entero.

La influencia intelectual de China era amplia. Tenía un enorme peso en los Estados tributarios de Asia oriental, entre los que se encontraban la actual Corea, Japón, Tailandia y Vietnam. Sus gobernantes enviaban regalos diplomáticos y misiones a China como muestra de respeto al emperador y a cambio obtenían protección militar y oportunidades comerciales. La visión del mundo de Confucio imperaba de un modo u otro desde el siglo VII, pero durante la dinastía Qing el neoconfucianismo, una forma más seglar y racional de confucianismo, alcanzó su punto álgido. Lo mismo ocurrió con las matemáticas: las tradiciones matemáticas chinas surgidas en la Ciudad Prohibida en Beijing, el centro matemático y político de los Qing, se extendieron a los Estados tributarios.

Cuando el Renacimiento europeo impulsó un período de redescubrimiento, revisión y revelación matemática, en China también empezaba a cambiar esta disciplina. El punto de partida era distinto, basado en el *I-Ching* y en *Nueve capítulos*, pero también estaba muy condicionado por las matemáticas árabes. El comercio constante entre China y Oriente Medio trajo consigo un intercambio regular de ideas que ayudó a pulir las respectivas herramientas matemáticas. Las dos tradiciones matemáticas evolucionaron juntas.

La relación de China con Europa era harina de otro costal. Los misioneros cristianos aportaron ideas nuevas (y antiguas) cuando visitaron China en el siglo XVI, que, como es lógico, se recibieron con escepticismo, e incluso una disputa acabó con un grupo de matemáticos jesuitas condenados a muerte.

Con todo, la dinastía Qing vivió un período de evolución filosófica y mayor apertura a ideas que no eran propias de Confucio. Aquello derivó en una suerte de «síntesis espléndida» en la que los matemáticos chinos incorporaban ideas y teorías afortunadas de Europa y las fusionaban con las suyas. Como resultado aparecieron unas matemáticas mejores que la suma de sus partes, pero también una ciencia que Europa ignoró en gran parte. Los prejuicios hacían creer a la mayoría de los intelectuales europeos, equivocadamente, que no había nada que aprender de los matemáticos chinos.

La síntesis espléndida fue la mayor actualización de las matemáticas chinas durante mil años. Convirtió a China en un Estado matemático muy competente en el ámbito técnico. Y todo empezó con un niño de siete años llamado el emperador Kangxi.

Eclipsados por un eclipse

Según una versión, cuando Xuanye nació en 1654, era el tercero en la línea de sucesión al trono. Su padre, el emperador Shunzhi, tenía otros dos hijos varones, pero se consideraba a sus madres de una posición social inferior a la de la madre de Xuanye. Así, cuando el emperador Shunzhi murió de viruela en 1661, Xuanye, con solo siete años, heredó el cargo y recibió el majestuoso nombre de emperador Kangxi.

Al principio, el emperador Kangxi, por su edad, solo era gobernante de nombre. Su abuela, la emperatriz viuda Dowager Xiaozhuang, designó a cuatro hombres poderosos como regentes del imperio. Cuando uno de ellos murió, el resto se dedicó a luchar por obtener beneficios políticos, hasta que uno mató al otro. Cabe destacar, vistos los inicios, que el emperador Kangxi sería el emperador más longevo de la historia china, célebre por instaurar un largo período de estabilidad y prosperidad. A mediados del siglo XVII aún era un niño, pero se hizo con el control absoluto del imperio. Sin embargo, con este telón de fondo cultivó su fascinación por el *xixue* (estudios occidentales), en particular las matemáticas y la astronomía.

Siempre que se acercaba un eclipse solar, el emperador y sus regentes encargaban a los astrónomos de la Agencia Astronómica que calcularan el momento y la duración exactos. La agencia formaba parte del Ministerio de los Ritos, el organismo a cargo de establecer las fechas de los rituales estatales importantes basándose en fenómenos naturales del cielo y la Tierra. Ni los eclipses solares ni los lunares influían mucho en la astrología política china, pero los astrónomos de la agencia se percataron de que podían tener otra utilidad: los eclipses eran buenos indicadores de la precisión de un calendario.

Elaborar calendarios precisos era una responsabilidad importante de los emperadores de China como parte de su papel de intermediarios entre el cielo y la Tierra. La precisión calendárica incrementaba la credibilidad del emperador. Por lo general se entendía que los buenos gobernantes sabían cuál era el mejor momento para llevar a cabo rituales, de forma que, si algo se torcía, dejaba una mancha en su expediente. La agencia coleccionaba libros de referencia escritos en latín y árabe que los astrónomos estudiaban y traducían al manchú. Sin embargo, el planteamiento de los calendarios chinos, árabes y europeos era distinto. Se estaba gestando un careo.

En aquella época, el director de la Agencia Astronómica de Beijing era un misionero jesuita llamado Johann Adam Schall von Bell. Muchos de los misioneros enviados a China para difundir el cristianismo también habían estudiado astronomía y matemáticas. Schall había conseguido el puesto durante el gobierno del emperador Shunzhi después de predecir correctamente el momento y la duración de un eclipse solar, mientras que los astrónomos locales se habían equivocado utilizando métodos árabes y chinos.

Sin embargo, los astrónomos chinos no estaban precisamente contentos con que un jesuita fuera el jefe. A los académicos confucianos les preocupaba mucho que un extranjero guiara los cálculos de calendarios y que eso provocara el abandono de los principios de Confucio y una decadencia moral. Se sometió a escrutinio el trabajo de Schall, con especial protagonismo de un personaje de lo más insólito llamado Yang Guangxian.

Yang no era un astrónomo típico. Contaba con poco bagaje matemático, pero había estudiado astrología y clarividencia cuando estuvo exiliado en Beijing por chantajear a funcionarios de los Ming. A su regreso tras la caída de los Ming, comenzó a reivindicarse como astrónomo, pero vio que los puestos de mayor responsabilidad estaban ocupados por jesuitas. En un intento de hundir a Schall, lo acusó en público de escoger un día desfavorable para el funeral del cuarto hijo de Shunzhi, que había muerto a los tres meses. Continuó con un panfleto en el que se atacaba el calendario occidental y el cristianismo. Yang argumentaba que los jesuitas estaban tramando una rebelión, propagando una religión herética y difundiendo conocimientos erróneos en astronomía.

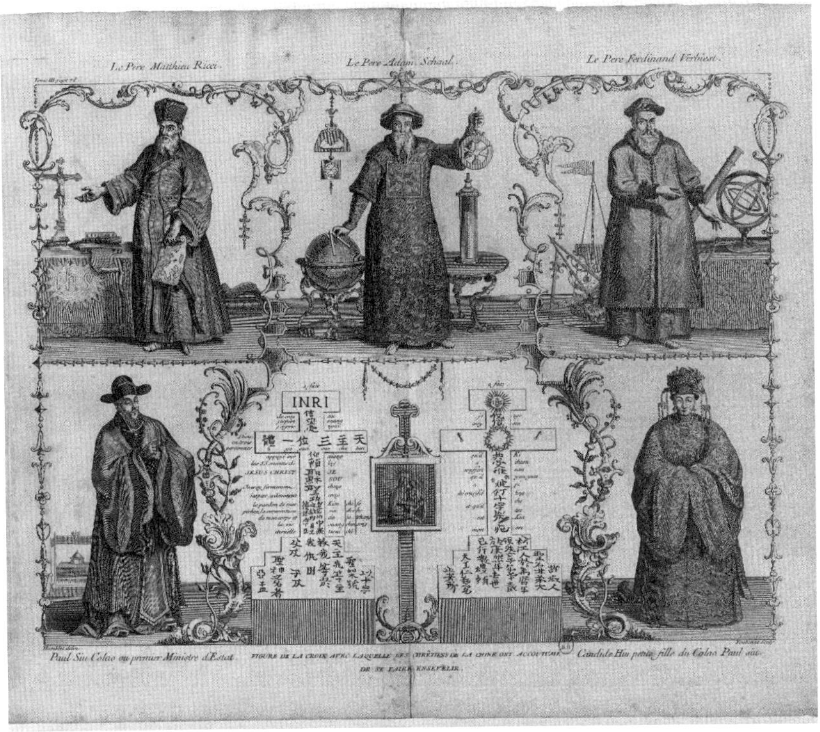

Jesuitas en China. De Jean-Baptiste Du Halde, *Descripción geográfica, histórica, cronológica, política y física del imperio de China y la Tartaria china*, París, 1735.

Los funcionarios del gobierno de Qing se tomaron en serio las acusaciones. Otro astrónomo, Wu Mingxuan, apoyó en público a Yang, diciendo que había defectos en el método de Schall. La familia de Wu era de ascendencia islámica y había servido durante sucesivas dinastías, a lo largo de más de un milenio, como expertos astrónomos. Sin embargo, habían caído en desgracia cuando uno de sus métodos se consideró inferior a otro de los misioneros jesuitas, y se quedaron sin trabajo.

Pronto la marea arrolló a Schall. Los funcionarios del gobierno sentían cierto escepticismo hacia los jesuitas, así que lo llevaron a juicio. Sufrió un infarto cerebral durante los procedimientos, así que su amigo Ferdinand Verbiest, un jesuita flamenco y astrónomo competente, ayudó a defender sus métodos.

En abril de 1665, los funcionarios del gobierno declararon a Schall culpable de haber creado un calendario erróneo y de haber escogido una fecha inapropiada para un importante ritual estatal. Lo encarcelaron junto con Verbiest y otros colegas de la Agencia Astronómica: tres jesuitas y cinco cristianos conversos *han* en total. Schall fue condenado a morir descuartizado. Sus compañeros recibieron cien latigazos y fueron expulsados de la agencia. Por otra parte, el emperador Kangxi y sus regentes nombraron a Yang astrónomo imperial, y Wu recuperó su cargo en la agencia.

Por pura suerte, Schall se salvó. Un fuerte terremoto destruyó el lugar de la ejecución y se observó un extraño meteoro en el cielo. Los supersticiosos regentes del emperador Kangxi lo interpretaron como una señal de que la ejecución no debía llevarse a cabo. Los misioneros jesuitas fueron liberados y se exiliaron en Cantón, en el sur de China. Los astrónomos *han* no tuvieron tanta suerte y fueron decapitados.

Yang no desempeñó bien su cargo en la oficina. Aseguraba que había inventado un nuevo método para los cálculos calendáricos, que llamaba Calendario de Modelos del Tiempo, pero en realidad se había limitado a rebautizar el antiguo sistema de la Gran Concordancia. Ordenó a los funcionarios de la Agencia Astronómica que se ciñeran a estos métodos. En 1666 y 1667 provocó errores, como por ejemplo la predicción de que habría dos equinoccios de primavera y otoño todos los años. En 1668, las sospechas sobre las aptitudes de Yang fueron en aumento, y a los funcionarios de la corte china les preocupaba la precisión del calendario que su equipo había elaborado para el año siguiente.

Para entonces Schall había muerto, pero invitaron a Verbiest y a los demás jesuitas exiliados a volver a Beijing para ayudar a la Junta de los Ritos a traducir algunas cartas del gobernador holandés de Batavia (la actual Yakarta). Una vez estuvo allí, los funcionarios decidieron que revisara los cálculos, y Verbiest detectó un error. Yang y su equipo habían usado solo las horas de la salida y la puesta de sol de la capital de Batavia, pero Verbiest utilizó las de cada capital de provincia y comprendió así por qué todo había salido mal.

Cuando supo del posible problema, el emperador Kangxi acordó con Verbiest y Yang que cada uno demostraría sus métodos con tres pruebas: predecir la longitud de la sombra proyectada por un reloj solar, la posición del Sol y algunos planetas un día concreto, y el momento y la duración de un inminente eclipse lunar. «Quien yerre más será juzgado por usar las matemáticas más erróneas»,[1] dijo Verbiest.

El emperador, que entonces tenía catorce años, convocó a la pareja en el observatorio de su palacio, donde se llevaron a cabo las pruebas a lo largo de tres días frente a él y una escandalosa multitud. En las tres ocasiones, Verbiest salió victorioso y recibió aplausos. Sus demostraciones convencieron a los presentes de la utilidad de las matemáticas europeas. Tiempo después el emperador recordaría que hasta entonces «nadie conocía el método» de

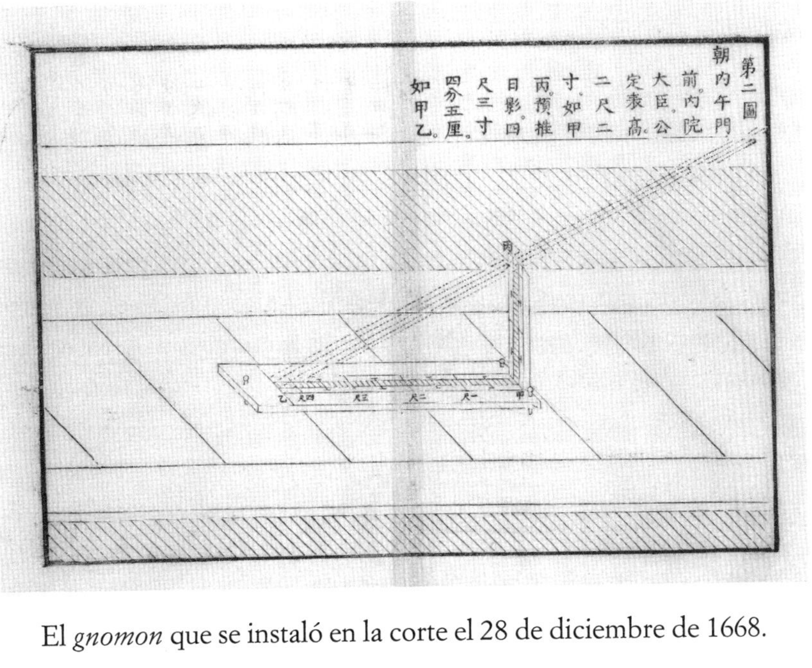

El *gnomon* que se instaló en la corte el 28 de diciembre de 1668.

Tapiz de un emperador chino con curas jesuitas. Obra bajo la dirección de Philippe Béhagle, de entre 1690 y 1710.

los verdaderos cálculos. Le sirvió de inspiración, según dijo más adelante a sus hijos: «Me percaté de que, si yo no lo sabía, no podía distinguir lo verdadero de lo falso. Así que me propuse con empeño estudiar matemáticas».[2] Verbiest se convirtió en director del Observatorio Imperial y la Junta de Matemáticas y pasó a ser el profesor de matemáticas de Kangxi.

Occidente se encuentra con Oriente

El emperador Kangxi recibía clases de matemáticas a diario. Empezando por la geometría de Euclides, Verbiest y otros misioneros jesuitas le presentaron la aritmética, el álgebra, las tablas de trigonometría, la lógica y los métodos europeos para predecir la trayectoria de la Luna y las estrellas. El emperador incorporó este nuevo saber en las técnicas chinas que ya conocía, que a menudo utilizaban el ábaco para hacer los cálculos más rápido que los misioneros.

El jesuita italiano Matteo Ricci y su amigo erudito Paul Xu Guangqi ya habían traducido al chino los primeros seis libros de *Elementos* entre 1607 y 1610. La publicación había derivado en la creación de un término nuevo, *jihe*, para referirse a geometría, que se empezó a adoptar en los textos matemáticos. Sin embargo, muchos se mostraban escépticos ante la obra y sospechaban que Ricci escondía algo por el hecho de no traducir los siete libros restantes. El entusiasmo del emperador Kangxi por las matemáticas europeas transformó esa visión e impulsó una revisión larga y minuciosa de las dos tradiciones matemáticas.

Una de las personas a las que se le asignó esta tarea fue Mei Wending. Procedía de una familia con gran talento matemático y había conocido la astronomía europea a raíz del calvario de Schall en la cárcel. La noticia había corrido como la pólvora por todo el país, y, cuando Mei la escuchó, quiso entender la base matemática subyacente.

Investigó textos matemáticos, tanto chinos como europeos, con la esperanza de definir las ventajas y los inconvenientes de cada tradición. Por ejemplo, respecto a las ecuaciones simultáneas, estaba convencido de que las matemáticas europeas iban a la zaga de las técnicas chinas tradicionales, y escribió a un amigo: «Me indignan esos misioneros occidentales que excluyen las matemáticas chinas tradicionales, por eso escribo este libro, sobre el que ni siquiera Matteo Ricci podría decir nada malo».[3] El libro era *Sobre las ecuaciones lineales simultáneas*, publicado en 1672, y demuestra claramente hasta qué punto estaba más avanzado el estudio chino de las ecuaciones simultáneas en comparación con el europeo.

Las matemáticas chinas ya contaban con una forma de álgebra sumamente avanzada a principios del siglo XIV, y en gran medida se centraban en aplicaciones comerciales. Imaginemos una situación en la que tenemos 125 monedas de cobre para comprar tres paquetes de seda y dos montones de algodón. Sabemos que la seda siempre cuesta 30 monedas de cobre más que el algodón, así que necesitamos averiguar el precio máximo que nos podemos permitir pagar por cada uno. En nuestra formulación, escribimos:

$$3x + 2y = 125$$
$$x - y = 30$$

donde x es el coste de la seda e y el coste del algodón. Lo escribimos con los signos +, – y =, pero en esa época ni los matemáticos chinos ni los jesuitas habrían escrito el problema en forma de ecuación. Los dos lo habrían descrito con palabras, pero los matemáticos chinos tenían además el método de varillas.

Tal como hemos visto, para resolver ecuaciones simultáneas como estas, los matemáticos chinos usaban varillas de color negro para los números negativos y rojas para los positivos, y empleaban diversos métodos para mover las varillas y resolver así las ecuaciones de manera eficaz.*

Con el estilo europeo que los matemáticos jesuitas estaban promoviendo en China, a menudo costaba más solucionar el problema. Manipulaban los términos para expresar un problema en formas predeterminadas a las que se aplicaba una regla en particular, como había explicado primero al-Juarismi. En el caso de las ecuaciones con potencias mayores como x^2 o x^3, los métodos europeos resultaban aún más engorrosos: empleaban palabras específicas para cada potencia de las incógnitas, como *radix*, *zens* y *cubus*, con lo que resultaba complicado expresar esas ecuaciones polinómicas. En cambio, los matemáticos chi-

* $x = 37$, $y = 7$, para el anterior, por si te lo preguntabas.

nos tenían elegantes formas de usar las varillas para abordar esta clase de ecuaciones.

Pensemos en $x^4 + 2x^3 — 13x^2 + x — 265 = 0$, por ejemplo. Con los números de varillas se podría representar colocando los coeficientes en vertical, desde las potencias mayores hasta las menores.

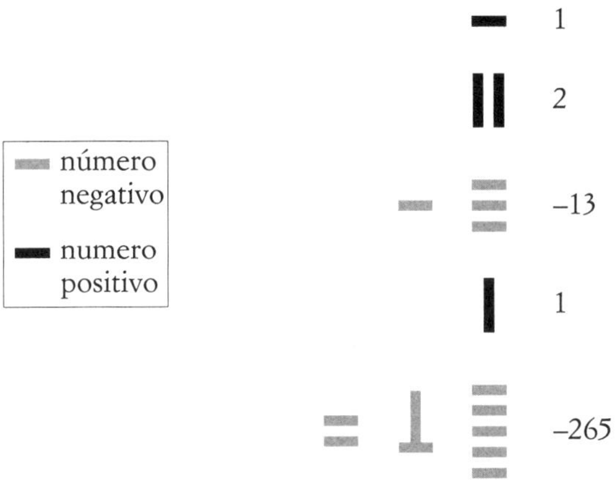

Entonces se aplicaba una técnica llamada el método de la incógnita celestial. En ese momento no existía ningún método comparable para solucionar ecuaciones polinómicas como esta en Europa. En 1819 apareció uno que suele llamarse método de Horner, en honor de William George Horner. En China, el matemático Qin Jiushao fue uno de los primeros que dieron con el planteamiento, en 1247, aunque antes y después de Qin se les ocurrió una idea parecida a los matemáticos de Oriente Medio, entre ellos Nasir al-Din al-Tusi, de quien hemos hablado en el capítulo 6, que escribió sobre un método comparable en 1265.

Fuera cual fuese el origen de estos métodos, Mei llevaba razón al creer que las matemáticas chinas no eran inferiores a las europeas y pasó los veinte años siguientes estudiando la mejor manera de mezclarlas. En una de sus obras de astronomía, *La duda sobre el estudio de la astronomía*, ofrece un diálogo entre dos eruditos, uno que no sabe nada de astronomía y otro que es un especialista.

Quizá arriesgándose un poco, para el erudito ignorante se inspiró en el estudioso confuciano del siglo XVII Li Guangdi, y el especialista se parecía al propio Mei.

En el primer capítulo, los dos comentan los que denominan sistemas astronómicos chino, occidental y musulmán. En China seguía prevaleciendo el sistema de la triple concordancia, pero a finales del siglo XV muchos sabían que era impreciso, y una versión actualizada llamada el Calendario de las Estaciones iba ganando terreno. Sin embargo, ni siquiera esa versión predecía los eclipses lunares con exactitud. Los dos personajes llegaban a la conclusión de que la astronomía occidental era más precisa, pero que tenía el mismo origen que la astronomía musulmana. La principal diferencia, decían, era que la astronomía occidental había mejorado gracias a los datos observacionales obtenidos con telescopios, pero no era más avanzada. Mei concluía: «Los números y los principios están unificados», y «China y Occidente no discrepan». A su juicio, el saber matemático era universal.

A medida que avanzaba, Mei fue sumando y actualizando ese conocimiento. El teorema de Gougu, por ejemplo, llevaba intacto desde el siglo III. Como hemos visto, Liu Hui lo trató en su manual, pero no se había demostrado en ningún otro libro matemático en China. Mei presentó dos pruebas nuevas.

Una de las razones por las que Mei pudo contribuir tanto a actualizar y cuestionar viejas ideas es que formaba parte de un nuevo movimiento que creía en la *gewu qiungli* («la investigación de las cosas»). A diferencia de muchos de los estudiosos confucianos previos, que se basaban solo en la palabra de Confucio y de otros sabios, Mei creía que, si estudiaba el mundo que lo rodeaba, descubriría principios generales sobre cómo funcionaba. El auge de la investigación empírica fue una buena noticia para las matemáticas. Mei empezó a reunir nueve tratados bajo el título *Integración de las matemáticas chinas y occidentales*. Aprendió de los matemáticos jesuitas, pero siempre recibía lo aprendido con ojo crítico, consciente de que, en las matemáticas occidentales, algunas ideas eran más avanzadas, otras inferiores y otras simplemente distintas, y su objetivo final fue unir los dos sistemas matemáticos.

En 1703, a los setenta años, el emperador Kangxi se fijó en la obra de Mei y lo convocó en la Ciudad Prohibida. Mei presentó algunas de sus ideas, entre ellas sus demostraciones del teorema de Gougu y diversos métodos para estudiar la Tierra. Tras la audiencia con el emperador, Mei compuso un poema, uno de cuyos versos acababa así: «La China antigua y moderna y Occidente son coherentes».[4] La audiencia supuso que su hijo Mei Juecheng fuera nombrado matemático de la corte en 1712, y propició la creación de la Academia de Matemáticas en 1713, inspirada en la Academia de Ciencias francesa.

Lo mejor de tres mundos

Mei Juecheng y otros matemáticos formados por Mei Wending siguieron trabajando en la fusión de las matemáticas china, árabe y europea. Revisaron el trabajo de Mei Wending sobre el movimiento de la Luna y descubrieron que podía proporcionar predicciones más precisas de los eclipses lunares que cualquier método anterior conocido. La clave era usar los mejores datos astronómicos europeos y chinos.

La Junta de Matemáticas adoptó un enfoque parecido. Bajo la dirección del hijo del emperador Kangxi, el príncipe Yunzhi, publicaron un libro de casi cinco mil páginas que combinaba tradiciones matemáticas distintas. Se llamaba *Esencia de los números y sus principios de composición imperial.* Esta ambiciosa obra de consulta encarnaba la gran síntesis de las matemáticas, empezando por la astronomía china antigua y los *Nueve capítulos*, pasando por *Elementos* y las matemáticas introducidas por los jesuitas, para llegar a las revisiones y aportaciones de Mei Wending.

Luego cogió el relevo Wang Zhenyi. Nacida en 1768 en el

seno de una familia culta en la prefectura de Suzhou, de niña pasó muchas horas leyendo los libros de su difunto abuelo. También practicaba artes marciales sobre un caballo al galope, y aprendió de la esposa de un general mongol a dar en el blanco con un arco y una flecha mientras cabalgaba. Inspirada por la afición de su madre a escribir poemas, escribió *Elogio de las mujeres viriles*, donde afirmaba: «Estoy a favor de los viajes y las lecturas amplios, aún mayor que la de un hombre es mi ambición».

Centró esa ambición en las matemáticas y la astronomía. Autodidacta, una de sus mayores influencias fue un libro de Mei, *Principios del cálculo*. Escribió su propia versión en un lenguaje más sencillo, accesible para un público no especializado. No fue tarea fácil: «A veces tenía que dejar la pluma y suspirar. Pero me encanta el tema y no me voy a rendir».[5] Publicó su libro de cinco volúmenes, *Los principios sencillos del cálculo*, a los veinticuatro años.

Los textos de Wang sobre astronomía eran especialmente provocadores. Aunque a muchos astrónomos chinos no les gustaba el calendario occidental, ella los instó a adoptarlo. «Lo que cuenta es la utilidad, sea chino u occidental», escribió.[6] En sus ensayos explicaba cómo determinar los equinoccios y demostraba cómo calcularlos. Trazaba las órbitas de los cuerpos celestes, además de hacer esbozos de cómo rotaban sobre sus ejes. Y describió cómo se producían los eclipses lunares y solares. Sus libros contenían observaciones y explicaciones más detalladas que cualquier otro en China en la época.

Como Laura Bassi, Wang llevaba a cabo experimentos al aire libre. Una lámpara de cristal colgada de una cuerda en un pabellón de jardín representaba el Sol. Una mesa redonda representaba la Tierra. En un lado de la mesa, Wang colocó un espejo redondo para representar la Luna, luego movió todos los objetos para ver las relaciones entre ellos. Escribió una explicación del eclipse solar basada en sus experimentos.

Wang fue una prolífica escritora y divulgadora de conocimientos matemáticos. También era una firme defensora de la igualdad de derechos entre hombres y mujeres. Entre los manuscritos de Wang había críticas al lugar que ocupaban las mujeres en la sociedad confuciana. Se lamentaba de que, en los debates sobre aprendizaje y ciencias, las mujeres ni siquiera formaran parte de la conversación: solo se esperaba de ellas que «cocinaran y cosieran». Lo resumió en un breve poema que apareció entre sus notas inéditas cuando murió.

Nos hacen creer
que las mujeres son iguales que los hombres;
¿No estáis convencidos
de que las hijas también pueden ser heroicas?[7]

Wang fue una de las pocas mujeres en el mundo de las matemáticas de la época. Su planteamiento de analizar y luego combinar las mejores ideas del mundo para crear un cuerpo de conocimiento científico rico es de una modernidad evidente, y propició que las matemáticas chinas se consideraran las más avanzadas de su tiempo. En Occidente hubo muy poca síntesis parecida. La Iglesia católica se oponía con tal vehemencia a las tradiciones confucianas que rechazaba el conocimiento chino en su totalidad, fuera cual fuese el tema. Las academias y sociedades europeas tampoco intentaron entender las matemáticas chinas. Las matemáticas estaban interrelacionadas con la religión, la ideología y la sociedad. No eran solo herramientas: eran un estilo de vida.

Una excepción destacada fue la del «matemático del rey» Joachim Bouvet. Fue un misionero jesuita enviado a Beijing en 1685 como miembro de la delegación de Francia del rey Luis XIV. Lo invitaron a dar una conferencia en la corte china, y durante su estancia hizo observaciones astronómicas que aprovecharon tanto el emperador chino como la Academia de Ciencias francesa. Bouvet aprendió el alfabeto chino y creía que los caracteres tenían un importante contenido simbólico. Algunos misioneros, incluido Bouvet, creían que muchos de los textos clásicos chinos presagiaban momentos clave del cristianismo, entre ellos el nacimiento de Jesús, así que la visión de estos partidarios del conocimiento chino era muy distinta de la dominante en la Iglesia católica. Bouvet creía que el *I-Ching* era el libro más antiguo que existía y podía revelar misterios sobre el cristianismo. En este libro encontró los hexagramas que le enseñó a Leibniz. Pese a todo, a la larga su interés por las matemáticas chinas no cambiaría el rumbo de Europa.

Resulta fascinante pensar cuán diferente sería la historia de las matemáticas si en Europa se hubiera llevado a cabo una síntesis de ideas parecida a la que tuvo lugar en China. Como hemos visto una y otra vez, no hay una sola versión verdadera de las matemáticas. Es un cuerpo de conocimiento en constante evolución que se ve afectado por la cultura, el lugar y el tiempo. Y, sin duda, los tiempos empezaban a cambiar.

CAPÍTULO 11

La sirena matemática

París, 1888. Se habían presentado obras candidatas al prestigioso Prix Bordin, un premio matemático creado por la Academia de Ciencias de Francia. A fin de evitar que la reputación de los autores influyera en los jueces, cada propuesta iba marcada solo con una frase. Mientras revisaban las obras, los jueces hallaron una que destacaba con diferencia de las demás. Describía una solución a un problema matemático que llevaba más de cien años sin resolver, y dejó a Euler y Lagrange, dos prolíficos matemáticos, muy desconcertados.

El autor de esta obra se identificaba con la frase: «Di lo que sabes, haz lo que debas, y que sea lo que tenga que ser». Era el pseudónimo matemático de alguien que había sufrido discriminación, contratiempos y tragedias personales toda la vida, pero que por fin salía adelante. Tal vez gracias a esa mentalidad había llegado hasta allí, junto a una determinación inquebrantable y tenaz.

«Caballeros —dijo el astrónomo y presidente de la Academia Jules Janssen, al inicio del anuncio del premio—, entre las coronas que estamos a punto de conceder, una de las más bonitas y difíciles de obtener se colocará en una frente femenina.»[1] La ganadora del Prix Bordin de ese año fue Sofía Kovalévskaya, la primera profesora universitaria de matemáticas.

Ese momento se veía venir. Durante las décadas y los siglos anteriores, poco a poco las mujeres habían ido dejando su huella en las matemáticas, cuestionando visiones y normas. Desde el siglo XVII, los matemáticos habían empezado a pasar de aficionados a profesionales, y las cátedras fueron una parte importante del proceso. Sin embargo, las cátedras también eran instrumentos políticos que se concedían a los miembros del club y no a los ajenos a la clase dirigente. De alguna manera, Kovalévskaya había conseguido entrar en este mundo, pero pagando un precio.

UN POCO MÁS LIBERAL

El mejor lugar para empezar esta historia es en la región que acabaría convirtiéndose en Italia. El registro más antiguo que tenemos de una doctorada es de 1678. De ascendencia albanesa, Elena Lucrezia Cornaro Piscopia era una filósofa políglota que vivía en Venecia. Nacida en el seno de una familia noble, de niña aprendió a hablar con fluidez latín, griego, hebreo, español, francés y árabe. De alguna manera encontró tiempo para dominar el clavecín, el clavicordio, el arpa y el violín. Su tutor, Carlo Rinaldini, profesor de Filosofía en la Universidad de Padua, también le enseñó matemáticas. Se aficionó a ellas tan rápido que Rinaldini recopiló un manual de geometría personalizado, publicado en 1668 y dedicado a ella. En la adolescencia, Cornaro ya superaba los conocimientos de un título universitario medio. Su padre, un influyente cardenal, luchó por el talento de su hija y le sugirió que solicitara cursar un doctorado.

Al principio los funcionarios de la Iglesia católica romana rechazaron la solicitud porque era mujer, pero al final el obispo de Padua se puso del lado de su padre. Cornaro aprobó el examen oral en la Universidad de Padua en 1678, así que obtuvo su doctorado en Filosofía a los treinta y dos años. En vez de ocupar un puesto de profesora en la universidad, Cornaro decidió dar prioridad a la beneficencia por encima de las matemáticas. Se dedicó a ayudar a los pobres, pero sufría mala salud y murió a la temprana edad de treinta y ocho años, probablemente de tuberculosis.

El título de primera profesora universitaria de matemáticas estuvo a punto de llevárselo otra mujer que vivía en Italia: Maria Gaetana Agnesi. Nacida en Milán en 1718, Agnesi, como Cornaro, tenía facilidad para las lenguas. Hablaba italiano y francés a los cinco años, y cuando cumplió los once había aprendido griego, hebreo, español, alemán y latín. A los doce años empezó a sufrir una dolencia misteriosa y persistente. En ese momento sospechaban que la causa era el estudio intenso, pero lo más probable es que fuera alguna enfermedad mental. Por consiguiente, siguiendo las recomendaciones de su médico, Agnesi pasaba temporadas en una casa de campo en Masciago, a veinticinco kilómetros al norte de Milán. La vida rural más relajada le permitió disfrutar de la equitación y el baile, pero aún sufría violentos ataques de nervios e intentó suicidarse más de una vez.

En 1733, ya recuperada y de regreso en su casa de Milán, retomó los diversos ámbitos de estudio. Acabó siendo competente en metafísica, filosofía moral y matemáticas, especializada en cálculo. Reunió una amplia biblioteca de unos cuatrocientos libros y escribió el suyo, *Instituciones analíticas*, una introducción a las matemáticas. Dio meticulosas instrucciones sobre cómo imprimir el libro. El editor, Richini, instaló una imprenta en la planta baja de la casa de los Agnesi para que ella pudiera supervisar los detalles. Era especialmente cuidadosa con los símbolos del cálculo diferencial e integral, y le preocupaba que los tipógrafos, que no eran matemáticos, cometieran errores.

Dos años después de la publicación del libro, la reputación de Agnesi había ido en aumento y su nombre llegó a oídos del papa Benedicto XIV. El papa creía que la formación de las mujeres era esencial en una cultura católica elevada, y escribió: «Desde tiempos inmemoriales Bolonia ha extendido los puestos públicos a personas de su género [el de Agnesi]. Me parece apropiado continuar esta honorable tradición».[2]

INSTITUZIONI
ANALITICHE
AD USO
DELLA GIOVENTU' ITALIANA
DI D.NA MARIA GAETANA
AGNESI
MILANESE
Dell' Accademia delle Scienze di Bologna.
TOMO I.

IN MILANO, MDCCXLVIII.

NELLA REGIA-DUCAL CORTE.
CON LICENZA DE' SUPERIORI.

Portada de *Instituciones analíticas*, de Agnesi, impresa en su casa.

En 1750, a Agnesi le ofrecieron la cátedra honoraria de Matemáticas y Filosofía Natural en la Universidad de Bolonia, conocida como el nuevo «paraíso de las mujeres»; compartía el ambiente liberal e inclusivo de su ciudad natal, Milán. Sin embargo, la enfermedad de Agnesi reapareció, y su médico le recomendó que no aceptara el puesto. Agnesi pasó a estudiar teología y a dedicar la vida a la beneficencia, como Cornaro.

ECUACIONES EN LA PARED

Sofía Korvin-Krukóvskaya fue una niña prodigio. Nacida en el Moscú zarista en 1850, se propuso romper las barreras que impedían a las mujeres hacer carrera en matemáticas. Su padre, Vasili, era insoportablemente estricto y un firme creyente en las normas patriarcales que imperaban en la Rusia de la época. Pensaba que las mujeres solo necesitaban la formación suficiente para participar en la alta sociedad y creía que contar con una mujer culta en la familia representaba una vergüenza para el resto de sus miembros. Así, el primer contacto de Sofía con las matemáticas no lo propició su padre, sino su tío Piotr, que los visitaba con frecuencia en su casa, y aún más después de que su esposa fuera asesinada por sus sirvientes.

El vínculo se fue reforzando durante esas visitas. Piotr hablaba a menudo con ella y, como hombre cultivado que vio la chispa en su joven sobrina, hablaba de conceptos matemáticos, como por ejemplo de la asíntota, una línea que se acerca hasta el infinito a una curva sin llegar a tocarla jamás. Según recordaría Sofía más tarde, al principio no entendía esas ideas, pero le fascinaban. «Como es natural, aún no captaba el significado de esos conceptos, pero actuaron en mi imaginación y me inculcaron una reverencia hacia las matemáticas como ciencia excelsa y misteriosa que abre a sus iniciados un nuevo mundo de maravillas», escribió.[3] Su tío le había despertado el interés, y pronto se encontraría cara a cara con más matemáticas.

Cuando tenía ocho años, su padre se retiró de su puesto militar de jefe de la Artillería de Moscú y la familia se mudó a una casa en el campo. La casa de Palibino, en la actual Bielorrusia, se acababa de reformar y aún faltaba empapelar las paredes. Tras decorar varias estancias, la familia pidió más papel de pared a San Petersburgo, pero nunca llegó debido a «la laxitud rústica y la inercia rusa característica», en palabras de Sofía. Tras una meticulosa reflexión, la familia decidió que el cuarto infantil no estaría tan bien decorado como el resto de la casa. Con ánimo de reciclar, resolvieron la situación usando los viejos apuntes matemáticos de Vasili. En su preparación para el puesto de oficial del ejército, había estudiado cálculo diferencial e integral. A los once años, Sofía sintió una extraña atracción por las misteriosas ecuaciones de la pared. No sabía qué significaban, pero tuvo la impresión inequívoca de que encerraban algo «muy sabio e interesante».[4] Parecía que los símbolos emergieran de la pared para hablar con ella.

Aunque de entrada no tuvo la oportunidad de recibir clases de matemáticas, un tutor, Yosef Malévich, sí le enseñó las bases de la aritmética, la geometría y el álgebra. Ya entonces quedó claro que tenía un don. Malévich le dio un ejemplar de un manual de álgebra, que ella leyó con avidez de principio a fin. Sin embargo, su padre seguía oponiéndose a la formación de las mujeres y suprimió las clases. Aun así, su hija no se dio por vencida y estudió el manual de álgebra al amparo de la oscuridad, antes de que un golpe de suerte reintrodujera de nuevo las matemáticas en su vida de una manera más formal.

Un académico llamado Nikolái Tirtov era vecino y amigo de la familia, y cuando publicó un nuevo manual sobre física llevó un ejemplar a la casa. Ella quedó cautivada. La sección de óptica, que analizaba la física de la luz, le llamó especialmente la atención. Los senos, los cosenos y las tangentes (las funciones de la trigonometría) salpicaban las páginas. Las fórmulas no se parecían a nada que hubiera visto antes. Sin prisa pero sin pausa, fue avanzando en el libro. Cuando le contó sus avances a Tirtov, este, impresionado, creyó que era un prodigio. Habló con su padre y lo convenció para que le diera a su hija una buena formación matemática. A su juicio, era «la nueva Pascal».

Por fin Vasili transigió y contrató a un profesor en 1867. Sofía recibió una amplia formación en matemáticas de Alexander Strannoliubski, el autor del primer manual para enseñar y aprender álgebra de Rusia. A medida que sus habilidades matemáticas maduraban, se fue obsesionando cada vez más con el tema. Estaba desesperada por liberarse de su padre, que continuaba teniendo fuertes prejuicios respecto a las mujeres cultas y no accedía a que desarrollara una carrera matemática.

Sofía tenía dieciocho años cuando por fin surgió la oportunidad de escapar de su padre.

A finales de la década de 1860 el nihilismo, una nueva filosofía del socialismo radical, iba cobrando protagonismo. El movimiento abogaba por el rechazo absoluto de las autoridades existentes y en cambio fomentaba el estudio de la ciencia y la fe en ella. La generación más joven quedó hechizada por el nihilismo, pues lo consideraban un medio para cuestionar la ortodoxia. La hermana mayor de Sofía, Anna, se dejó seducir por esta nueva filosofía y decidió irse de Rusia. Como mujer soltera, necesitaba la firma de su padre en el pasaporte para viajar al extranjero, y él se negaba a dársela. Así que buscó otra opción. La manera más rápida de salir era contraer un matrimonio «ficticio», conocido entre los nihilistas como «matrimonio blanco». Si se casaba con alguien que simpatizara con la causa, podría mudarse al extranjero y acudir a una universidad que aceptara mujeres.

Se dispuso a reunir pretendientes, y uno parecía el más adecuado: un joven de veintiséis años, radical y viajado, llamado Vladímir Kovalevski. Había estado en Londres, y a su regreso se dedicó a traducir al ruso el libro más reciente de Charles Darwin, *La variación de animales y plantas domesticados*. Le impresionaron tanto las ideas de Darwin y trabajó tan rápido que la traducción salió antes que la publicación en inglés. Aunque Vladímir creía que las dos hermanas debían liberarse de la opresión familiar, quedó prendado de Sofía, no de Anna, así que le propuso a ella el matrimonio blanco.

Sin embargo, su padre no estaba de acuerdo. Sofía solo tenía dieciocho años y Vladímir era ocho años mayor que ella. Inspirada en las novelas de Dostoievski, ella montó un número, se encerró en el piso de Vladímir y aseguró a sus padres que no saldría hasta que aprobaran su matrimonio. Al final, su padre cedió. Sofía Korvin-Krukóvskaya se convirtió en Sofía Kovalévskaya y, tras su matrimonio, el mundo se abrió ante ella. Estudió en San Petersburgo y Heidelberg antes de mudarse a Berlín. Allí conoció a Karl Weierstrass, el matemático alemán que sería decisivo para su salto a la fama.

Sofía Kovalévskaya.

Una pareja productiva

Cuando Kovalévskaya y Weierstrass se conocieron, ya sabían de su reputación mutuamente. El alemán era un matemático de fama mundial, y los elogios al talento de Kovalévskaya le habían llegado a través de sus profesores de Heidelberg. Para probar si los rumores eran ciertos, Weierstrass envió a Kovalévskaya una serie de problemas matemáticos por lo general reservados a los alumnos (hombres) más veteranos. Ella los resolvió con aplomo. Weierstrass quedó impresionado. En efecto, la formación matemática que había recibido Kovalévskaya era mínima en comparación con la del resto de sus alumnos, pero sus aptitudes eran tan evidentes que la acogió bajo su tutela. En palabras de Kovalévskaya, esa decisión «tuvo la influencia más profunda posible en toda mi carrera en las matemáticas».[5]

Bajo la tutela de Weierstrass, el primer gran hallazgo matemático de Kovalévskaya guardaba relación con la forma de los anillos de Saturno. Casi un siglo antes, el polímata francés Pierre de Laplace había sugerido que Saturno contaba con una gran cantidad de anillos sólidos, pero nadie sabía describir una forma exacta para ellos que encajara con las observaciones astronómicas. Kovalévskaya propuso un nuevo enfoque: los anillos podían estar hechos de un material fluido, en lugar de sólido. Usando series infinitas (parecidas a las que estudiaron por separado Madhava, Leibniz y Newton), demostró que, si los anillos estaban hechos de fluido, tendrían forma de huevo más que de óvalos perfectamente simétricos, como se creía. Pese a que los astrónomos posteriormente descubrieron que los anillos de Saturno están formados en realidad casi únicamente de pedacitos de hielo, los métodos matemáticos que ella creó encontrarían muchas otras aplicaciones en el campo de la geometría.

Kovalévskaya pronto generó un corpus de investigaciones originales. Si hubiera sido un hombre, habría sido más que suficiente para obtener un doctorado, pero en la Universidad de Berlín se impedía en la práctica que las mujeres lo consiguieran. Un requisito para obtener un doctorado era que los candidatos pasaran por un *viva voce*, una defensa oral de su trabajo frente a un grupo de expertos, y las mujeres tenían prohibido participar. Al final, Weierstrass decidió reunir tres artículos matemáticos de Kovalévskaya, incluido el de los anillos de Saturno, y enviarlos a la Universidad de Gotinga. Allí, los candidatos podían obtener el doctorado *in absentia*, es decir, sin presentarse para defender su tesis, siempre que se considerara lo bastante buena. En Gotinga consideraron que el trabajo de Kovalévskaya sin duda lo era, así que en verano de 1874 por fin se doctoró.

Poco después, una encuesta a cien profesores eminentes de Alemania resumió su postura respecto a la presencia de las mujeres en la academia. Algo menos de la mitad eran positivas. Para la época, era todo un avance. No obstante, una tercera parte de los encuestados seguía pensando que las mujeres no deberían estudiar, incluido el físico Max Planck, que poco después ganaría el Premio Nobel. Las mujeres tenían que ingeniárselas para esquivar los prejuicios.

Pensemos en el caso de Monsieur LeBlanc, un nombre escrito al final de una carta que recibió el matemático sardo Joseph-Louis Lagrange. Este era newtoniano y profesor fundador del análisis matemático en la École polytechnique, una escuela de ingeniería en las afueras de París creada en 1794. Monsieur LeBlanc parecía ser un alumno que asistía a las clases de Lagrange y le escribía para plantearle algunas preguntas. Pese a que Lagrange no reconocía el nombre, vio que en la carta había muestras de talento suficiente para tomársela en serio. Contestó y a partir de entonces la pareja entabló una amistad por correspondencia.

Monsieur LeBlanc también escribió a Adrien-Marie Legendre, otro miembro de la facultad de Matemáticas en la École polytechnique, con un intento de demostrar el último teorema de Fermat. Hacía tiempo que dicho teorema había alcanzado la categoría de mítico por su engañosa sencillez. Hay números enteros que encajan con claridad en la ecuación $x^2 + y^2 = z^2$, como 3-4-5 y 5-12-13, que se conocen como los triples pitagóricos (aunque quizá sería más exacto llamarlos triples de Gougu). Cabría pensar que existen números parecidos para $x^3 + y^3 = z^3$ o $x^{14} + y^{14} = z^{14}$, pero, de hecho, tal como conjeturó Fermat, no hay números enteros que cumplan la ecuación $x^n + y^n = z^n$, donde n es mayor de 2. En una libreta garabateó la famosa frase: «Tengo una demostración verdaderamente maravillosa de esta propuesta, pero este margen es demasiado estrecho para escribirla».[6] Por desgracia, nadie encontró jamás esa prueba, si es que llegó a existir.

Monsieur LeBlanc trabajó en el último teorema de Fermat, sobre todo en el caso en que $n = p$, donde p es un número que no divide xyz sin dejar un resto, y lo demostró para todos los números primos p menores de 100. Es obvio que impresionó a Lagrange y Legendre, así que quisieron conocerle. Se quedaron estupefactos cuando descubrieron que Monsieur LeBlanc era en realidad una mujer, Sophie Germain.

Germain era la hija de un rico mercader y se había criado leyendo libros en la biblioteca familiar. Sus padres se oponían con firmeza a que estudiara matemáticas y solían confiscarle la ropa de abrigo y las luces de la habitación para impedir que estudiara de noche. Aun así, ella se envolvía en una sábana y estudiaba a la luz de una vela. Al final, sus padres comprendieron que habían perdido la batalla y la dejaron seguir estudiando.

En aquella época, las escuelas especializadas como la École polytechnique de París, donde vivía, no aceptaban alumnas. Pese a todo, se las ingenió para conseguir los apuntes de las clases de Lagrange pidiéndoselos en persona, y estudió matemáticas por su cuenta. Cuando Lagrange descubrió quién era en realidad, le impresionaron tanto sus conocimientos que siguieron hablando de matemáticas y pasó a ser su tutor. Sophie vivió una historia parecida con el matemático alemán Carl Friedrich Gauss, también interesado en el último teorema de Fermat. «Por desgracia, la profundidad de mi intelecto no está a la altura de la voracidad de mi apetito —escribió Monsieur LeBlanc—, y siento que es una especie de temeridad importunar a un genio cuando no tengo más motivo para reclamar su atención que una admiración que necesariamente comparten todos sus lectores.».[7] En contraste con la humildad que trasmitía su carta, lo que Germain comunicaba a Gauss era extraordinario: afirmaba haber demostrado el último teorema de Fermat por completo.

¿Sería Germain quien resolviera al fin el problema? Gauss le contestó: «Estoy encantado de que la aritmética haya encontrado en usted un amigo tan capaz. Su demostración es muy buena. Sin embargo, es un caso muy particular y no se puede aplicar a otros números».[8] Con todo, había avanzado algo. Su demostración solo funcionaba en el caso especial en que $n = p - 1$, donde p es un número primo de la forma $p = 8k + 7$, para algún número entero k. No obstante, los métodos que descubrió constituirían la base de los intentos de resolver el último teorema de Fermat durante siglos venideros. (Se resolvió en 1995).

En sus indagaciones sobre el último teorema de Fermat apareció un tipo particular de número primo que ahora lleva su nombre. Un número primo p es un primo de Sophie Germain si $2p + 1$ también es primo. Por ejemplo, 11 es un primo de Germain porque $2 \times 11 + 1 = 23$, que es también un número primo. Los primos de Germain resultaron ser importantes en criptografía: la resistencia al ataque de algunos sistemas de encriptado se basa en escoger un buen número primo, y los primos de Sophie Germain son una muy buena opción.

Germain siguió trabajando en matemáticas. Cuando se enteró de que Napoleón estaba a punto de invadir Prusia en 1806, temía que Gauss, que estaba en Berlín, muriera durante la invasión. Germain le pidió a un amigo, el general Joseph-Marie Pernety, que viajara allí para proteger a Gauss. Pernety le explicó a Gauss que quien le salvaba la vida era *mademoiselle* Germain, y ella le reveló su verdadero nombre en su siguiente carta. El 20 de febrero de 1807 escribió: «por miedo al ridículo intrínseco en una mujer académica, antes había usado el nombre de LeBlanc para comunicarle esas notas». Gauss contestó el 30 de abril de 1807: «Cómo describir mi asombro y admiración al ver a mi estimado amigo por correspondencia LeBlanc metamorfoseado en esta celebridad». Gauss empatizaba con su situación y seguía: «Cuando una mujer, por culpa del género, nuestras costumbres y nuestros prejuicios, topa con muchísimos más obstáculos que los hombres para familiarizarse con problemas espinosos [de la teoría de los números], y aun así rompe esas ataduras y penetra hasta lo más oculto, sin duda tiene el coraje más noble, un talento extraordinario y un genio superior».

Conocer a la sirena

El marido de Sofía Kovalévskaya, Vladímir, terminó su investigación doctoral en la Universidad de Jena mientras ella estaba en Berlín y se convirtió en un especialista en hipopótamos. Sin embargo, a tan particulares expertos en megafauna subsahariana les resultaba difícil encontrar trabajo en el centro de Europa, así que la pareja pasaba gran parte del tiempo separada. Ella solicitó puestos en Alemania, pero ninguna universidad se planteaba siquiera tener candidatas. Decepcionada, volvió a Rusia y decidió canalizar su energía en su matrimonio.

Hasta ese momento, los Kovalevski casi siempre habían vivido separados, y la cercanía geográfica provocó también una aproximación romántica. Crearon una empresa inmobiliaria con la esperanza de ganar dinero suficiente para lograr la independencia económica y dedicarse a sus intereses académicos. Pasado un tiempo, aquello se perdió por el camino y la pareja empezó a dedicarse a otros asuntos. Sofía Kovalévskaya se dedicó a escribir ficción, críticas teatrales y artículos divulgativos de ciencia para la prensa. Sin un empleo vinculado a las matemáticas, no le quedó más remedio que interrumpir su labor científica. La pareja tuvo una hija, conocida por su apodo, Foufie, pero su marido seguía buscando trabajo y se vieron obligados a declararse en bancarrota.

En enero de 1880, Pafnuti Chebishev, un eminente matemático ruso, le pidió a Sofía Kovalévskaya que diera una charla en San Petersburgo. Ella no había renunciado al sueño de ser matemática profesional, así que aprovechó la oportunidad. Tradujo del alemán al ruso una parte inédita de su tesis de la noche a la mañana y dio la conferencia al día siguiente. Resultó ser un punto de inflexión: el momento en que sus sueños quedaron al alcance de la mano.

Al oír su presentación, Gösta Mittag-Leffler, antiguo alumno de Weierstrass y en ese momento profesor de matemáticas en la Universidad de Helsinki, se quedó muy impresionado y se propuso encontrarle un trabajo en su Suecia natal. Él tenía que ocupar un puesto de profesor de matemáticas en la Universidad de Estocolmo al año siguiente, así que esperaba poder usar esa influencia para beneficiarla. Kovalévskaya y Gösta iniciaron una correspondencia y en 1881 ella escribió que estaba obsesionada con un problema bello y esquivo, que llamaba «la sirena matemática».

Se trataba de un problema que los bailarines de ballet resuelven por intuición continuamente. Cuando se lanzan a hacer una pirueta, girando sobre un pie, pueden alterar el movimiento ajustando la posición de los brazos o de la otra pierna. Mientras dan vueltas, aumentan o reducen la velocidad con gestos mínimos del cuerpo. Comprenden naturalmente las variables (la forma, la aceleración y la velocidad): una modificación en una de ellas cambia la otra. Al dominar las relaciones entre las variables, los bailarines pueden calcular a la perfección las rotaciones. Los matemáticos, en cambio, no tenían tanta suerte. Ni siquiera una peonza que no fuera completamente redonda se podía describir desde un punto de vista matemático. Parecía demasiado aleatoria y difícil de expresar en una ecuación.

Kovalévskaya se propuso definir las matemáticas de una peonza. Escribió: «Esta investigación me parece tan interesante y atractiva que de momento he olvidado todo lo demás y me he entregado a este trabajo con todo el fervor del que soy capaz».[9] Desesperada por retomar la investigación, regresó a Berlín, esta vez con su hija, Foufie, de solo cinco años. El matrimonio había pasado por una temporada difícil y no le habló a su marido de la mudanza.

Ella reanudó su trabajo con Weierstrass y pasó dos años más en Berlín. Mientras tanto, Gösta se casó con una mujer de una familia muy rica cuya dote le permitió crear una revista científica, *Acta Mathematica*, en 1882 y construir una elegante mansión en el norte de Estocolmo. Fundó una biblioteca privada de matemáticas y su influencia en la comunidad matemática se extendió.

En la primavera de 1883, la tragedia golpeó la vida de Sofía Kovalévskaya. Durante su ausencia, Vladímir cayó en una depresión y se quitó la vida. Kovalévskaya quedó desolada. El hombre que más la había ayudado había muerto y el sentimiento de culpa hizo que intentara varias veces dejarse morir de hambre.

Gösta se puso en contacto con ella en el momento justo. Ya contaba con influencia suficiente para asegurarle a Kovalévskaya un puesto de profesora en la Universidad de Estocolmo, y aquello le dio una razón para vivir. Se recompuso, aceptó el puesto y se relanzó a su eterno sueño de ser matemática profesional. Fue el inicio de un nuevo episodio de su vida, pero no fue fácil, ni mucho menos. Como era mujer, no recibía un sueldo, así que tenía que cobrar personalmente tasas académicas a sus alumnos. Provocaba distintas respuestas de colegas y observadores. El dramaturgo August Strindberg declaró que «una mujer profesora era un fenómeno pernicioso y desagradable, uno incluso diría una monstruosidad».[10] Al informar de su llegada, un periódico de Estocolmo la describió como «la princesa de la ciencia». Su respuesta fue: «Mira qué bien. ¡Me han hecho princesa! Habría sido mejor que me dieran un sueldo».[11]

Siguió dando clases en la capital sueca y dejó a su hija en Rusia con su cuñado. En mayo de 1884 escribió: «Creo que sería una flaqueza imperdonable por mi parte permitir que me influyera lo más mínimo el deseo de parecer buena madre a ojos de las viejas urracas de Estocolmo».[12] Sus compañeros matemáticos pronto se vieron superados por sus capacidades. En 1883 Sofía publicó artículos sobre las propiedades de la luz que suscitaron una gran admiración. Además, los estudiantes de la universidad opinaban que era una profesora excelente, así que, en julio de 1884, fue nombrada profesora de análisis superior en la Universidad de Estocolmo. En ese momento, Kovalévskaya hizo historia.

Profesionalizarse

Como profesora, Kovalévskaya tuvo libertad para dedicar tiempo a la peonza, su sirena matemática. Su trabajo se basaba en el de dos matemáticos que habían intentado resolver el problema un siglo antes, y habían avanzado algo. En 1758, el matemático suizo Leonhard Euler ideó las ecuaciones que describen la situación en la que el punto sobre el que gira la peonza es el mismo que su centro de gravedad (a la izquierda en el siguiente diagrama). Con estas ecuaciones, dadas la velocidad y la posición de inicio, se podría averiguar dónde habría rotado la peonza en un momento posterior. Luego Joseph-Louis Lagrange amplió las ecuaciones para abarcar cualquier peonza simétrica. La tarea restante era ampliar las ecuaciones hasta el caso en que la peonza no fuera simétrica. Sin embargo, resultó ser demasiado difícil para los dos.

Tres ejemplos de peonzas. El movimiento de un objeto giratorio depende de su forma. El objeto de la izquierda tiene un adorno simétrico; el centro de gravedad está en el eje del movimiento. El objeto del medio también tiene un adorno simétrico, pero el centro de gravedad no está en el eje, sino en el centro del ornamento. El objeto de la derecha tiene un adorno que es asimétrico por el pequeño peso colocado en un lado. El centro de gravedad no está alineado con el eje ni está incluido en el objeto en sí.

En el transcurso de un año, Kovalévskaya dedicó todo el tiempo de investigación a resolver el problema de la sirena matemática. El gran avance llegó cuando se proponía describir la trayectoria que sigue un punto en una peonza y dio con una herramienta llamada «funciones theta». Pese a que las funciones theta no eran nuevas, se percató de que podía usarlas para simplificar el problema. En el trabajo de Euler y Lagrange solo tenía cabida una parte cambiante de la ecuación o variable, la que representaba el giro de un objeto simétrico. Sin embargo, al pasar al caso asimétrico, hacen falta dos variables para describir cómo se mueve un objeto así. Ahí es donde intervienen las funciones theta. Su principal característica es que admiten diversas variables, y así parece que haya menos partes cambiantes. Al usar las funciones theta, Kovalévskaya logró reducir las dos variables a una y luego aplicó al-

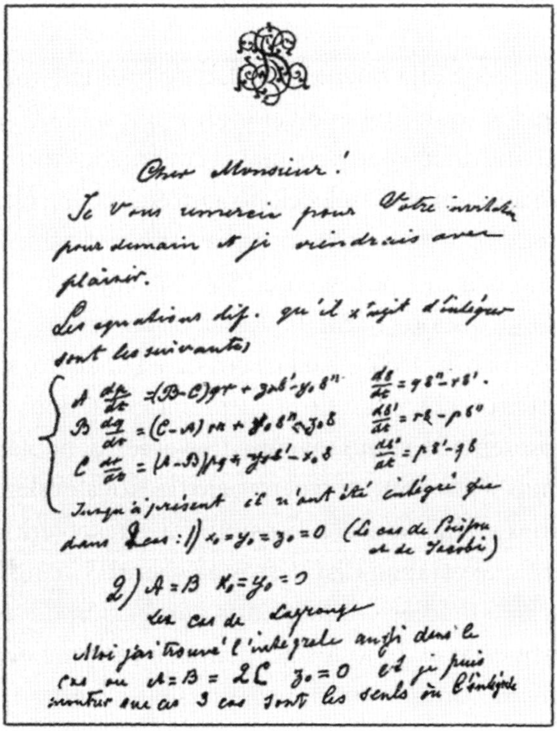
Cher Monsieur!
Je vous remercie pour Votre invitation pour demain et je viendrais avec plaisir.
Les equations dif. qu'il s'agit d'intégrer sont les suivantes
Jusqu'à présent il n'a été intégré que dans 2 cas: 1) $x_0 = y_0 = z_0 = 0$ (Le cas de Poisson et de Jacobi)
2) $A = B$ $x_0 = y_0 = 0$ le cas de Lagrange
Moi j'ai trouvé l'intégrale aussi dans le cas où $A = B = 2C$ $z_0 = 0$ et je puis montrer que ces 3 cas sont les seuls où l'intégrale

Carta manuscrita de Sofía Kovalévskaya en la que informa de sus resultados.

gunas técnicas creadas por Euler y Lagrange. En cuanto entendió cómo aplicar las funciones theta a la sirena matemática, supo que iba por buen camino. Escribió una carta a Mittag-Leffler en la que compartía el resultado y su deseo de seguir avanzando.

La noticia corrió como la pólvora. Los miembros de la Academia de Ciencias francesa se entusiasmaron al enterarse del avance y decidieron proponer el problema para la selección del prestigioso Prix Bordin del año con la esperanza de convencerla de que presentara su trabajo. En 1886 se hizo un conciso anuncio:

> PRIX BORDIN
> (Cuestión por resolver en 1888)
> «Mejore, en algún punto importante, la teoría del movimiento de un cuerpo rígido».

Había en juego una buena cantidad de prestigio matemático y tres mil francos (que hoy equivaldrían a unos 11.000 euros). Se presentaron una docena de personas al concurso, y todas las candidaturas eran anónimas. Se seleccionó a un equipo excelente de matemáticos muy bien posicionados para formar el panel de jueces.

El plazo vencía el 1 de junio de 1888. Sin embargo, Sofía sufrió otra pérdida: su querida hermana Anna, de cuarenta y cuatro años, murió en octubre de 1887 y a ella, sumida en el duelo, se le pasó el plazo. Por suerte, el comité de la Academia se adaptó. Aunque el premio se presentaba como un concurso abierto, habían escogido ese problema en concreto con el trabajo de Kovalévskaya en mente. Nadie más se había acercado siquiera a resolverlo, que ellos supieran, así que estaban dispuestos a esperar. Cuando presentó su manuscrito a medias y solicitó una ampliación del plazo, recibió esta respuesta: «Como los académicos [los que evaluaban el Prix Bordin] se van de vacaciones, pues las necesitan, puede estar segura de que no se fallará antes de octubre». Le concedieron una ampliación de tres meses y consiguió presentar su trabajo a tiempo.

En otoño, cuando los evaluadores se reunieron, los jueces quedaron tan impresionados que, además de conceder el premio a la propuesta, aumentaron la dotación a cinco mil francos (equivalente a unos 19.000 euros). El artículo llevaba su lema escrito en el sobre y en el papel: «Di lo que sabes, haz lo que debas, y que sea lo que tenga que ser».

GRAND PRIX

Por recomendación de Chebishev, Sofía Kovalévskaya se convirtió en la primera mujer que fue miembro de la Academia de Ciencias de Rusia, aunque solo como asociada, a diferencia de sus colegas masculinos, que eran miembros de pleno derecho.

Kovalévskaya murió de neumonía en 1891, con solo cuarenta y un años. Se había enfrentado a numerosos obstáculos en la vida y los había superado, pero su legado también implicó dificultades. El influyente matemático Felix Klein, que siempre había obviado y desautorizado su trabajo, aseguraba que Sofía se había limitado a imitar las matemáticas de su tutor, Karl Weierstrass. En 1926 repitió esas afirmaciones en su historia de las matemáticas del siglo XIX, insinuando que su trabajo no era original: «Su trabajo está hecho al estilo de Weierstrass, así que no se sabe qué proporción de ideas propias contiene».[13] Klein creía que la principal contribución de Kovalévskaya había sido dar a Weierstrass más confianza en sus ideas.

Casi ochenta años después, el prolífico matemático y escritor Steven Krantz, en *Historias y anécdotas de matemáticas y lo matemático* (2002), recuperó el rumor de que Sofía había tenido una aventura con su colega casado, Gösta Mittag-Leffler, si bien las pruebas de ello eran extremadamente endebles, y escribió: «Vivió una temporada en casa de Mittag-Leffler, y se rumoreaba que eran íntimos (ella no era su esposa)». Continuaba haciendo hincapié en su aspecto físico, y la describió como «una mujer de belleza excepcional» cuyo «atractivo físico sin duda contribuía a su encanto». El libro incluye una imagen de una mujer desconocida con un vestido elegante, con el pie «la encantadora Sonja Kovalevska acicalada como una gatita».[14]

Otros también han puesto un énfasis injustificado en la imagen de Kovalévskaya. En una carta a Sofía, Weierstrass menciona que ella convenció al químico alemán Robert Bunsen, que no dejaba entrar a ninguna mujer en su laboratorio, para que cambiara de opinión, aunque no se dan detalles sobre cómo lo hizo.[15] Algunos historiadores apuntan que fue su belleza la que alteró la opinión de Bunsen, en lugar de, por ejemplo, su capacidad de razonamiento e inteligencia. E. T. Bell, un matemático y escritor del siglo XX, la incluyó sorprendentemente en su libro *Los grandes matemáticos*, donde la describía en varias ocasiones como una «joven deslumbrante»,[16] perpetuando el retrato de ella como alguien cuyo aspecto era más importante que sus matemáticas. Tal como escribe la historiadora Eva Kaufholz-Soldat, la representación de Kovalévskaya como una especie de *femme fatale* la han repetido muchos de sus biógrafos.[17]

Algunos autores también han insinuado que existía una «relación» romántica entre Kovalévskaya y Weierstrass. Es cierto que él albergaba sentimientos románticos hacia ella, pero no hay pruebas convincentes de que fuera recíproco. Estos retratos se suman a una impresión general de que parte del éxito de Sofía se debió a su capacidad de usar su imagen para manipular a otros grandes matemáticos y científicos, en lugar de contar simplemente con talento matemático.

En la actualidad hay pocos datos de que Kovalévskaya tuviera un vínculo romántico con Mittag-Leffler o Weierstrass, pero, aunque eso cambiara, no debería alterar nuestra visión de ella como matemática por derecho propio. Las matemáticas nunca han quedado al margen de las relaciones personales y nunca lo estarán, como ocurre en cualquier otro oficio. Resulta más fácil elogiar en público el trabajo de las personas que te caen bien que el de aquellas que no. O hablarle de un puesto vacante a un amigo o nombrar a un colaborador para que entre en una asociación profesional. Es algo lógico y común, y también es algo que dificulta aún más que irrumpa alguien ajeno como Kovalévskaya.

Kovalévskaya prosperó en un sistema que no estaba pensado para ella. Aun así, no deberíamos reducir su historia a una lucha. Desde el primer momento en que posó la mirada en las ecuaciones matemáticas de las paredes de su infancia, sintió una profunda fascinación por las matemáticas y su capacidad para revelar verdades ocultas, y ese fue su mayor impulso. Tal como escribió: «Me parece que el poeta solo tiene que percibir lo que otros no perciben, tener una mirada más profunda que otros. Y un matemático debe hacer lo mismo».[18]

Esta idea de una mirada más profunda que la que nadie hubiera tenido nunca es importante. Las ideas matemáticas bien consolidadas pueden lucir un barniz de compleción, como si no hubiera nada que añadir. Sin embargo, cuando uno o dos matemáticos intrépidos están dispuestos a ir un poco más allá, en ocasiones lo que se puede ver supera lo que uno había imaginado. Y eso es justo lo que ocurrió cuando el «Copérnico de la geometría», entre otros, revisó las reglas fundamentales de las figuras que Euclides y otros habían establecido miles de años antes. Todo empezó con un cuento sobre Gauss.

CAPÍTULO 12

Revoluciones

Hay una historia sobre el matemático alemán Carl Friedrich Gauss que dice más o menos así. En 1821, estaba en una montaña, montando su recién inventado heliotropo, un instrumento para reflejar y centrar la luz del sol a grandes distancias. El instrumento proporcionaba a los topógrafos puntos de referencia precisos

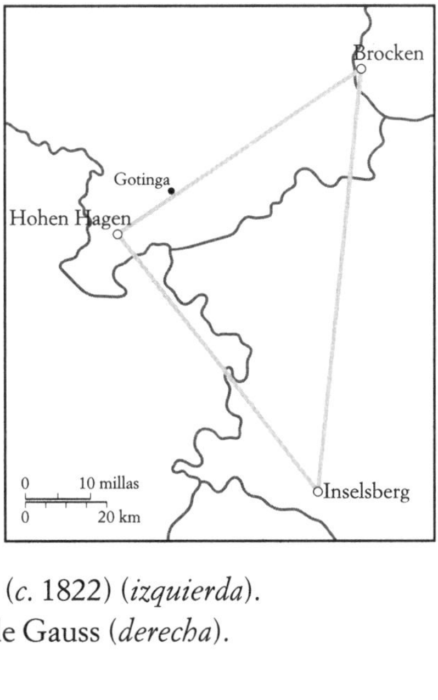

Heliotropo de Gauss (*c.* 1822) (*izquierda*).
El gran triángulo de Gauss (*derecha*).

para calcular los ángulos entre distintas cosas. En este caso, las cosas eran las cimas de tres montañas: Hohen Hagen, cerca de Gotinga, Brocken, en el macizo del Harz, e Inselberg, en el bosque de Turingia (véase el mapa anterior). El triángulo resultante era enorme, con el lado más largo de unos 110 kilómetros, justo como tenía previsto. Estas tres cimas iban a ayudar a Gauss a cuestionarse la naturaleza misma de los triángulos.

Gauss sabía que la Tierra era curva,* y, por tanto, los ángulos del triángulo no deberían sumar 180 grados, sino más. Incluso con este tamaño, la diferencia sería minúscula, pero, tal como escribió a su colega Olbers el 1 de marzo de 1827, «el honor de la ciencia exige que uno entienda la naturaleza de esta desigualdad claramente».[1]

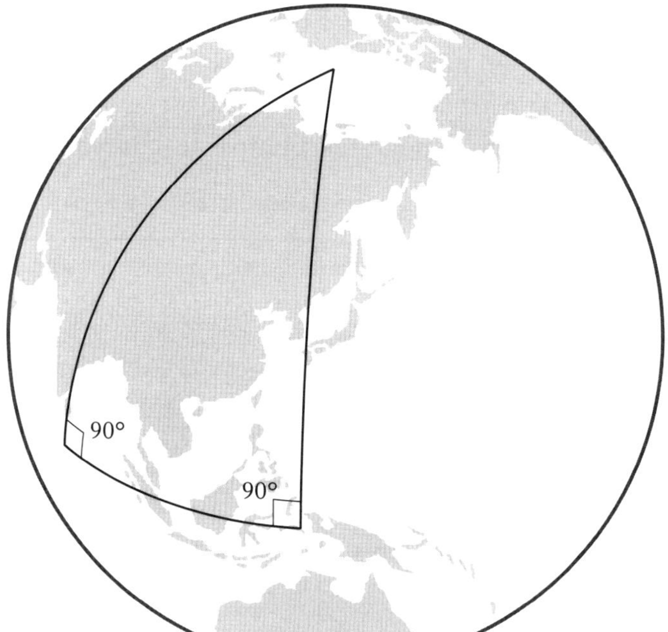

Un triángulo en la Tierra.

* «¡Un esferoide oblato!», grita Newton entre el público.

Geometría significa literalmente «medición de la Tierra». Sin embargo, en la Europa de principios del siglo XIX, la geometría aún estaba muy arraigada en *Elementos* de Euclides y sus milenarios postulados. Uno de ellos, conocido como el postulado de las paralelas, estipula en esencia que los ángulos de un triángulo siempre suman 180 grados, de modo que contradice lo que se observa en la Tierra. Era evidente que algo fallaba. Lo que sucedió provocó un cambio lento pero radical en la geometría y sus consecuencias, una revisión completa de qué geometrías, figuras y espacios eran posibles desde el punto de vista matemático. Esos cambios sentarían las bases de la mayor revolución en la física del universo desde Newton.

EUCLIDES VIRALIZA

Durante más de un milenio, *Elementos* de Euclides fue el texto matemático más importante de Europa. Desde que se puso en circulación el tratado de trece libros, alrededor del año 300 a. C., solo es superado por la Biblia en cuanto a cantidad de ediciones publicadas. Se ha traducido en numerosas ocasiones, y había incluso versiones de bolsillo y con desplegables.

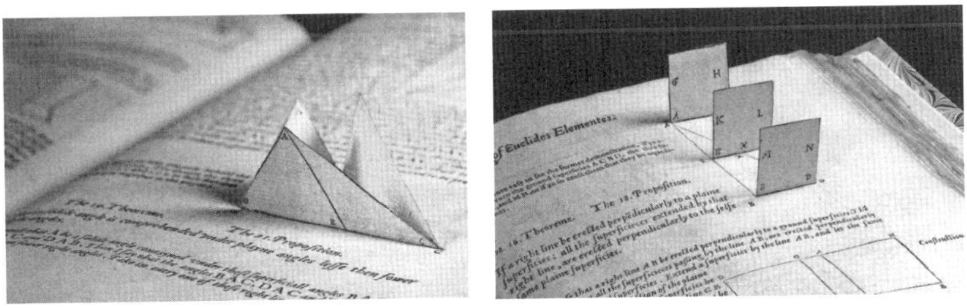

La versión de Billingsley de *Elementos* de Euclides (1570).

El libro empieza por los cinco postulados que resumen las premisas básicas de conceptos geométricos como puntos, líneas y distancia que tratamos en el capítulo 1. Los primeros cuatro postulados eran bastante sencillos, por ejemplo: «Se puede dibujar una línea recta de cualquier punto a cualquier otro punto», pero algo en el quinto, el postulado de las paralelas, llevaba milenios irritando a los matemáticos. Afirma que, si se dibujan dos líneas que se cruzan con una tercera de tal manera que la suma de los ángulos internos de un lado es menor de dos ángulos rectos, entonces las dos líneas inevitablemente deben cruzarse en ese lado si se amplían lo suficiente. Cuesta un poco imaginarlo, así que tal vez sea mejor representarlo con un diagrama. Las dos líneas con flechas que hay a continuación, según el postulado, al final se encuentran.

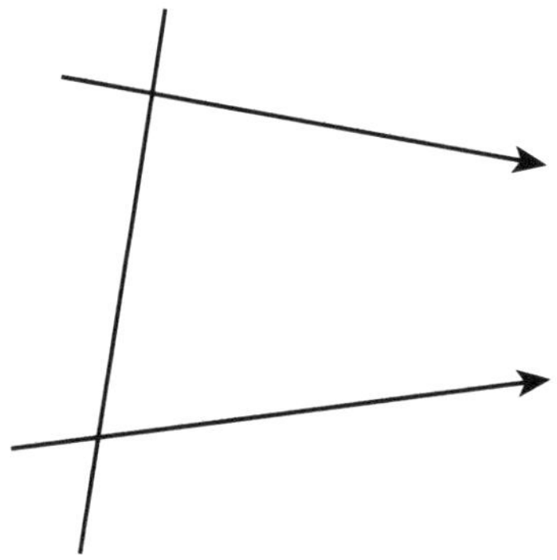

Otra manera de expresarlo es que, si las dos flechas se cruzan con la tercera línea de manera que la suma es de 180 grados, es decir, son paralelas, jamás se encontrarán.

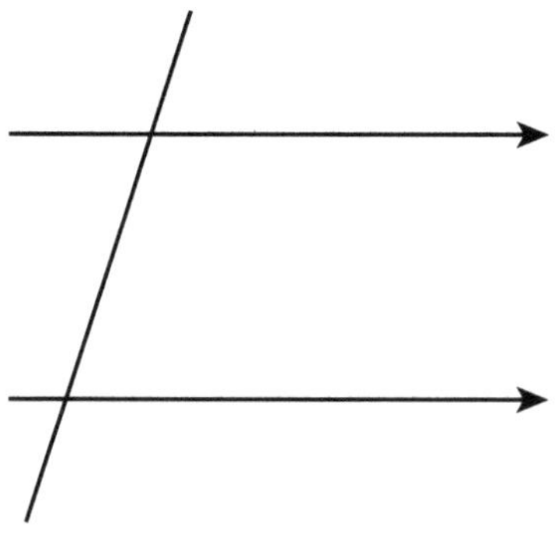

Puede parecer intuitivo, pero este quinto postulado era más complicado que los otros cuatro. Durante años, muchos matemáticos, tanto de Oriente Medio como de Europa, entre ellos Alhacén (*c.* 965-*c.* 1040), Omar Jayam (1048-1131), Giovanni Girolamo Saccheri (1667-1733) y Johann Heinrich Lambert (1728-1777), esperaban que hubiera una manera de deducirlo a partir de los primeros cuatro postulados, pero sus esfuerzos fueron en vano. Por una vez, en este caso la mejor estrategia parecía ser rendirse sin más.

Una persona que hizo lo que tocaba y se rindió fue János Bolyai. No obstante, su historia no está del todo clara. Bolyai forma parte de un trío de matemáticos que concibieron las mismas ideas en momentos cercanos. Las relaciones exactas entre ellos son confusas, como un triángulo cuyos ángulos no suman 180 grados, y es un ejemplo importante de cómo evolucionan a menudo las ideas matemáticas.

Nacido en la ciudad húngara de Kolozsvár (en la actual Rumanía) en 1802, János demostró ser una promesa matemática en su juventud. Resultó que su padre, Farkas Bolyai, era muy amigo de un colega de Gauss y le preguntó si su hijo podía ir a vivir con él para aprender matemáticas. Era una petición insólita, y Gauss la declinó. Así, con pocas opciones de estudiar matemáticas, János Bolyai se matriculó en Ingeniería Militar en la Academia de Ingeniería de Viena a los dieciséis años. Terminó en cuatro años esa carrera de siete y se alistó en el ejército.

En su tiempo libre, empezó a buscar una alternativa para el postulado de las paralelas. Su padre había trabajado en ello, pero había acabado siendo una cruz para él. «Por el amor de Dios, te lo ruego, déjalo —le escribió su padre—. Tenle el mismo miedo que a las pasiones sensuales, porque también puede consumir todo tu tiempo y privarte de la salud, la paz mental y la felicidad en la vida».[2] Al final János se rindió, pero no como esperaba su padre. Dejó el postulado de las paralelas como pilar fundamental y empezó a crear una versión de la geometría sin él. En 1823 anunció a su padre que «había creado un mundo nuevo y diferente de la nada»[3]. János descubrió que, si el postulado de las paralelas no se sostenía, podría haber un tipo de geometría totalmente distinto. Lo llamó «geometría absoluta».

Imaginemos la superficie de una silla de montar o la crujiente superficie de unas patatas fritas apilables.* Cuando se define una línea recta como la distancia más corta entre los dos puntos, en una superficie así las líneas rectas parecen curvas y los triángulos aplastados, lo que significa que los tres ángulos suman menos de 180 grados. Imaginar lo que ocurre en superficies como estas se conocería más tarde como geometría hiperbólica. Puede que a nosotros nos parezca un juego imaginativo, pero en aquella época resultaba muy difícil de entender. Los postulados de Euclides y la geometría que producían eran sagrados. Toda insinuación de que podían existir otras geometrías era un desafío a la ortodoxia de Euclides. Quizá por eso el padre de János no quedó muy impresionado.

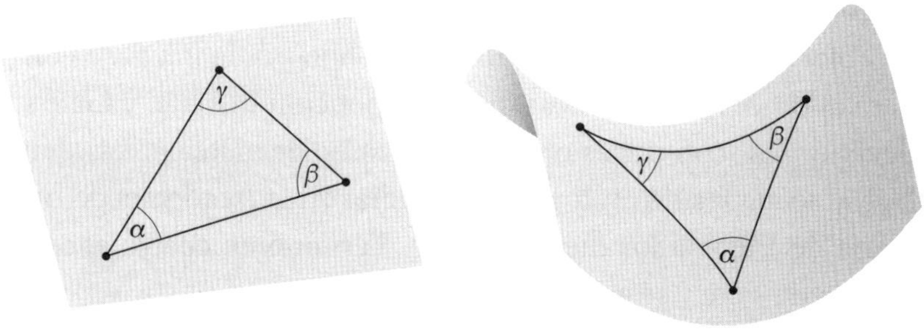

$\alpha + \beta + \gamma = 180°$ $\alpha + \beta + \gamma < 180°$

La geometría de Euclides (*izquierda*) y un ejemplo de geometría absoluta o hiperbólica (*derecha*).

Al cabo de unos años, János fue destinado a Arad, Rumanía, y allí se encontró con su antiguo profesor de matemáticas de la Aca-

* Ya sabes cuáles…, las que van en una lata alta y cilíndrica.

demia de Ingeniería de Viena, Wolter von Eckwehr. Le pasó un manuscrito sobre sus ideas, pero Eckwehr no le hizo comentarios y ni siquiera se lo devolvió. El padre de János se había acostumbrado a las ideas de su hijo durante los siete años transcurridos desde la primera vez que las vio, y sugirió publicar el trabajo en forma de apéndice de su siguiente libro. Farkas también envió un informe sobre las ideas de su hijo a su buen amigo Gauss. Sin embargo, lejos de que se produjera el momento triunfal esperado, Gauss reaccionó con frialdad, aduciendo que todo el contenido del trabajo coincidía «casi por completo con mis mediciones, que llevan treinta o treinta y cinco años ocupando parte de mi mente».[4] En 1824, Gauss había escrito a su colega Franz Taurinus para decirle que había visto «una geometría curiosa, bastante distinta de la nuestra, pero del todo coherente».[5] En efecto, Gauss había estado trabajando en el mismo problema.

János quedó desolado al enterarse de que Gauss conocía algo parecido, y el incidente le provocó una aversión de por vida hacia ese hombre. Aun así, por más seguridad que mostrara Gauss, tampoco había sido el primero en descubrir esta nueva geometría. En aquella época debía de haber en el ambiente algo que animaba sutilmente a los matemáticos a cuestionar las antiguas ideas geométricas. Nikolái Lobachevski se había adelantado a los dos.

Cuando las líneas paralelas se encuentran

Nikolái Lobachevski empezó a estudiar matemáticas en Kazán, en Rusia, cuando su hermano y él consiguieron becas escolares para asistir al Gymnasium de Kazán, un instituto de secundaria de élite. Cinco años después entró en la universidad de la ciudad, donde trabajaban numerosos académicos formados en Alemania. Pese a que Rusia era un centro neurálgico de los matemáticos de la época, pocos habían nacido allí. Uno de los profesores, Martin Bartels, daba cursos de matemáticas y su historia, y probablemente fue en una de sus clases donde Lobachevski topó por primera vez con el postulado de las paralelas.

Lobachevski se licenció en Física y Matemáticas y empezó a dar clases en la misma universidad. Dirigió la construcción de un nuevo observatorio astronómico, que se convirtió en uno de los mejor equipados de Rusia. En 1816 ya había centrado la atención en los axiomas de Euclides, y decidió usar el mundo que lo rodeaba para comprenderlos mejor. Pensaba que solo la geometría del universo podría revelar las bases de la geometría.

Lobachevski decidió observar tres estrellas, dos de ellas relativamente cercanas y una mucho más lejana, e intentar calcular la suma de los ángulos entre ellas. Sin embargo, no resultaba fácil manejar una distancia tan grande, ni siquiera en uno de los mejores observatorios de Rusia. Consiguió tomar medidas que demostraban que la suma de los ángulos del triángulo de estrellas era menor de 180 grados, pero la diferencia era ínfima, tanto que dejó las mediciones para un manuscrito en marcha sobre las bases de la geometría y pasó a la argumentación teórica. Esta argumentación lo llevó a la misma incómoda posición en la que se encontraría Bolyai más tarde, pues el postulado de las paralelas de Euclides no se sostiene. Incapaz de demostrarlo con datos, Lobachevski llamó a ese mundo matemático geometría «imaginaria».

Primero presentó su trabajo a la Academia de Ciencias de San Petersburgo, pero lo rechazaron, cosa que no es de extrañar: en muchos sentidos, el trabajo resultaba escandaloso. Un mundo en el que el postulado de las paralelas no se sostiene se parecería más a un cuadro de Escher que a nuestra percepción de la realidad. En la geometría de Euclides, teniendo una línea y un punto, se puede trazar una sola línea paralela a través de ese punto, pero en la geometría hiperbólica hay infinidad de ellas. Para la gente de la época fue tan impactante como la idea de que el Sol no gira alrededor de la Tierra en la Edad Media.

Lobachevski no se dio por vencido con este rechazo y se puso a llamar a su trabajo *pangeometría*, y la planteó como una teoría geométrica general que incluía la geometría de Euclides como caso concreto. Publicó su trabajo en la revista de su universidad, *El mensajero de Kazán*, en 1829. Sin embargo, debido al carácter revolucionario de sus ideas, pasaron décadas hasta que gozaron de aceptación en Rusia. Como hemos visto con Bolyai y Gauss, otras personas llegaron a conclusiones parecidas. Aun así, fue a Lobachevski a quien más tarde se conocería en los círculos matemáticos como el Copérnico de la geometría.

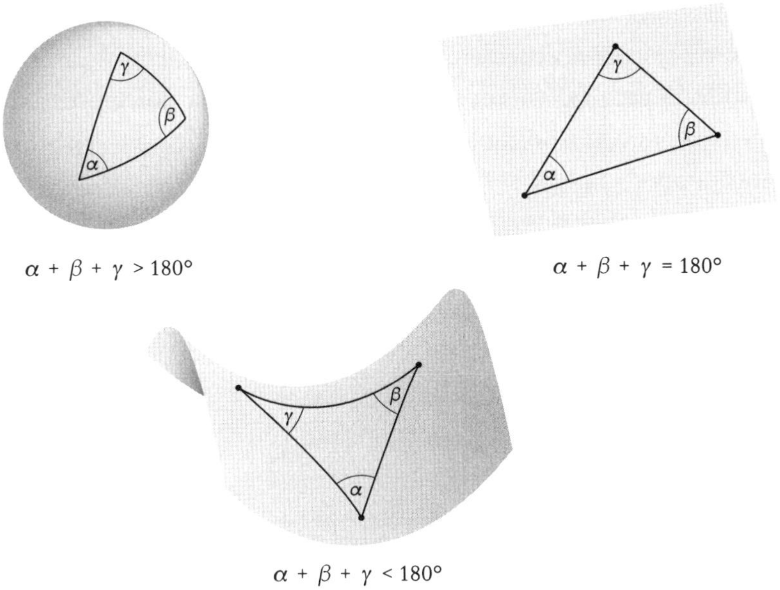

(*De arriba a la izquierda abajo*) curvatura positiva, curvatura cero y curvatura negativa.

Bolyai, Gauss y Lobachevski habían dado con solo una parte de la historia. En sus trabajos, habían explorado la geometría hiperbólica, en la que una superficie se puede curvar hacia arriba. Vivimos en la superficie de una esfera, donde, además de comportarse de una manera «impropia de Euclides», la geometría tiene un tipo de curvatura distinta que la que ideó el trío: la Tierra, naturalmente, se curva hacia abajo. Sería Bernhard Riemann quien se fijaría en esta forma de geometría, conocida como curvatura negativa.

En 1854, Gauss estaba supervisando la calificación posdoctoral de Riemann en la Universidad de Gotinga. En ella explicaba que existía una geometría que funcionaba de manera opuesta a la geometría «hiperbólica» de Bolyai y Lobachevski. En vez de sumar menos de 180 grados, los ángulos de un triángulo sumaban más. Gauss era consciente de este tipo de geometría, pero Riemann fue el primero que exploró realmente sus repercusiones matemáticas.

La geometría elíptica infringe, aparte del postulado de las paralelas, otros tres postulados de Euclides. Recapitulemos: el primer postulado dice que, dados dos puntos, hay una única línea recta que los conecta. Ahora bien, imaginemos una línea que siga la distancia más corta entre el Polo Norte y el Polo Sur, es decir, una línea recta. En la geometría de Euclides, debería haber una sola opción, pero en realidad cualquier línea de longitud funcionaría. No solo es que no exista una única línea que conecte dos puntos: en algunos casos de la geometría elíptica, ¡la cantidad es infinita!

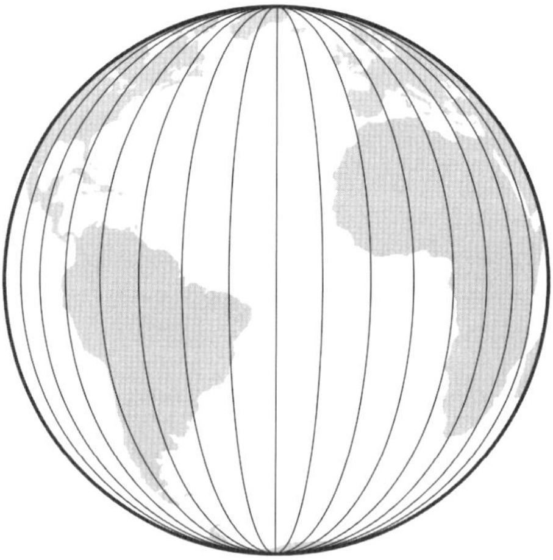

Además, Riemann se percató de que muchas de las ideas de la geometría se pueden generalizar a otras de dimensión mayor (o menor). Pensemos en las ideas de un cuadrado y un cubo. Si situamos un cuadrado en ángulo recto con cada lado de otro cuadrado, obtenemos un cubo. Pero ¿por qué dejarlo ahí? Si ahora colocamos un cubo en cada lado de otro cubo y los unes todos, obtienes otra figura: un teseracto. Hacen falta cuatro dimensiones para crearlo, pero, desde el punto de vista matemático, no supone un problema. Eso llevó a los matemáticos a una idea más generalizada de un cuadrado, que se puede aplicar en cualquier dimensión.

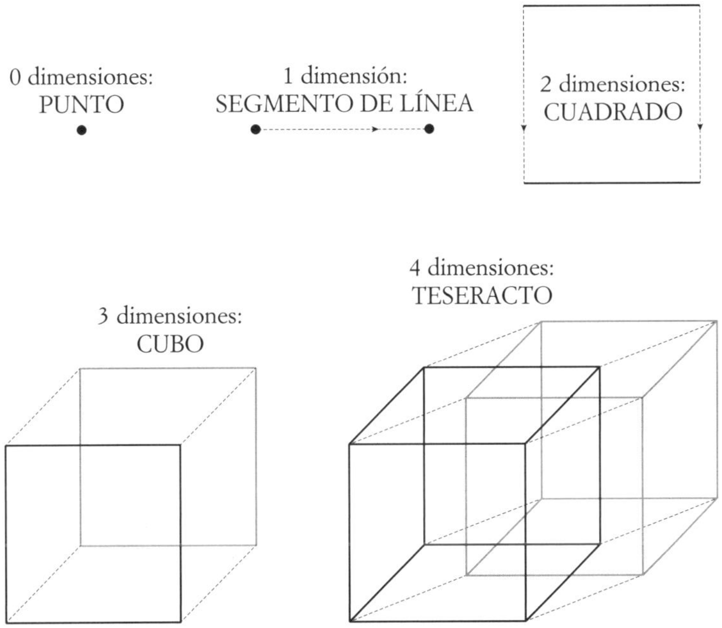

«Cuadrados» en distintas dimensiones. A veces los matemáticos los llaman (*de arriba a la izquierda a abajo a la derecha*): 0-cubo, 1-cubo, 2-cubo, 3-cubo, 4-cubo.

Pronto la Universidad de Gotinga se convertiría en el núcleo de la geometría no euclidiana, y Felix Klein sería uno de los líderes del movimiento. Fue Klein quien clasificó las distintas nuevas geometrías en elípticas e hiperbólicas.

También fue el primero en describir una extraña figura de mayores dimensiones llamada la botella de Klein, que se construye uniendo los dos extremos de un cilindro en «orientación inversa». Si se gira el cilindro cuando se vuelve a conectar, se puede crear una figura de un solo lado. No se puede construir en tres dimensiones, pero sí con cuatro. La botella de Klein es una versión de más dimensiones de la cinta de Moebius, tal vez más conocida, que se crea girando un rectángulo y uniendo dos de los extremos. El resultado es una cinta plana con una sola cara. Si pudiéramos conducir por ella, recorreríamos toda la superficie sin tener que saltar a otra cara.

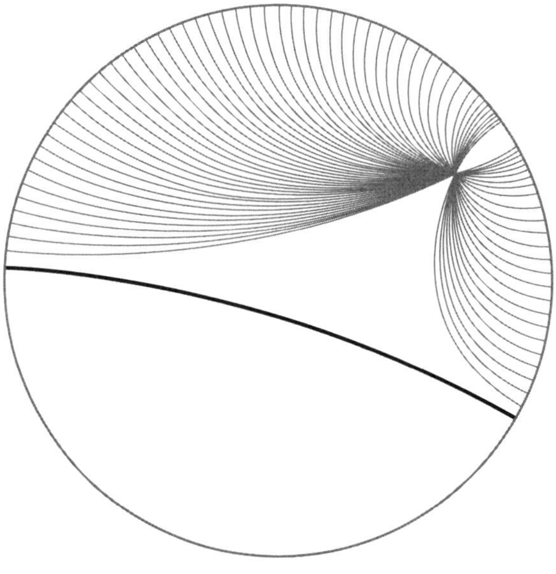

En la geometría hiperbólica hay infinidad de líneas paralelas que atraviesan un único punto.

David Hilbert, otro matemático de Gotinga, propuso en 1899 un nuevo conjunto de postulados para sustituir los de Euclides. Entre los veinte axiomas de Hilbert había uno sobre paralelas. En vez de ofrecer una descripción universal de las líneas paralelas, como había intentado Euclides, su postulado empezaba: «En un plano...». En otras palabras, se daba por hecho que las líneas paralelas existían en un plano bidimensional, pero no había razones para pensar que existieran en más dimensiones y en otras superficies. Hilbert inauguró una era de las matemáticas que culminó en un discurso pronunciado en 1900 en el recién creado Congreso Internacional de Matemáticos (ICM). Recopiló veintitrés problemas pendientes, los que él consideró que era más importante resolver, y anunció diez en el ICM. Su discurso ayudó a definir el rumbo de la investigación matemática durante las décadas siguientes.

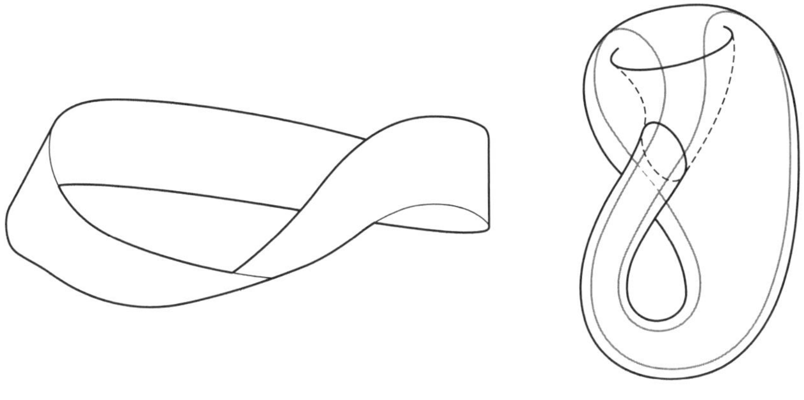

Cinta de Moebius (*izquierda*) y botella de Klein (*derecha*).

Un límite de velocidad fundamental

En 1900, el mundo acababa de vivir grandes turbulencias con la industrialización en Occidente, el comercio de esclavos en el Atlántico y las guerras del Opio entre la China de la dinastía Qing y el Reino Unido y Francia. Las guerras exacerbaron un período de declive en China y conllevaron la posterior apertura de los puertos comerciales de Shanghái y Hong Kong. Japón también estaba experimentando un cambio rápido porque en 1853 el país se vio forzado a poner fin a su política de aislamiento. Durante más de doscientos cincuenta años, solo algunos holandeses y chinos habían conseguido permiso para visitar Japón, solo para comerciar, pues la entrada estaba vetada a los extranjeros, y muy pocos japoneses podía salir del país. La Marina estadounidense había enviado cuatro buques de guerra a las orillas de Japón para exigir que abriera el comercio a Occidente. El amplio despliegue de fuerza militar cogió desprevenido al régimen gobernante en Japón, y se inició un enorme debate sobre las maneras occidentales y si se deberían adoptar.

La geometría de Euclides ya tenía recorrido en Japón gracias a las traducciones chinas de *Elementos*, pero por entonces no había instituciones académicas especializadas en matemáticas, así que poca gente lo entendía. Se adoptó la política oficial de dar prioridad al aprendizaje de *yosan* (matemáticas occidentales) sobre el de *wasan* (matemáticas japonesas). A finales del siglo XIX y principios del siglo XX, el gobierno japonés envió a eruditos a Estados Unidos, el Reino Unido, Francia y Alemania. A su regreso crearon asociaciones científicas, dieron clases en las universidades y escribieron manuales. Las matemáticas occidentales se convirtieron en la norma, tanto que, aparte del ábaco, únicamente se siguió usando una parte muy reducida de las matemáticas japonesas tradicionales. Luego Japón pasó a exportar las matemáticas occidentales a las regiones de Asia que había colonizado, zonas del actual Taiwán, Micronesia, Corea del Norte y del Sur y China.

Las matemáticas evolucionaban rápido y pronto le tocaría el turno a la física. En 1905, Albert Einstein publicó su teoría de la relatividad especial, que reescribió por completo nuestra concepción del tiempo y el espacio. Hasta entonces, la velocidad se consideraba relativa. Si se lanza una pelota desde un coche en movimiento, esta se mueve a la velocidad a la que la has lanzado más la velocidad del coche; en cambio, en experimentos y exploraciones anteriores habían surgido indicios de que la luz no se comportaba así: la velocidad de la luz en el vacío es siempre constante, pase lo que pase.

Esta observación había dejado boquiabiertos a muchos físicos, pero el momento en el que a Einstein se le encendió la bombilla fue cuando dejó de considerarlo un inconveniente para verlo como un límite de velocidad que era fundamental en el universo. Cuando escribió las ecuaciones, los resultados fueron increíbles: por ejemplo, demostró que la energía y la materia se podían intercambiar gracias a la relación de $E = mc^2$, donde E es energía, m la masa y c la velocidad de la luz en el vacío. También lo llevó a la extraña conclusión de que el espacio-tiempo no era un solo objeto homogéneo, sino que tenía que deformarse para adaptarse a este límite de velocidad universal.

Sin duda aquello lo adentró en los reinos de la geometría no estándar, y se vio de verdad inmerso en ella cuando añadió la gravedad a su teoría, pues sus postulados no se sostendrían sin esta fuerza. En su teoría de la relatividad general, Einstein afirmaba que la gravedad era el resultado de que objetos enormes doblaran el espacio-tiempo, y esos pliegues hacían que los objetos del espacio-tiempo ejercieran entre sí fuerzas de aceleración vinculadas a su masa. Entre este libro y tú, la fuerza es minúscula. Pero entre la Tierra y tú, esa fuerza es tal que te mantiene en el suelo. Para respaldar los trabajos matemáticos de Einstein estaba la geometría que había creado Riemann. Einstein había dado el salto conceptual necesario para sus teorías de la relatividad, pero habría sido mucho más difícil si las cuestiones matemáticas no hubieran estado solucionadas. En última instancia, su planteamiento se centraba en axiomas. Llevando hasta su conclusión lógica el principio de que la luz tiene un límite de velocidad, llegó a la relatividad especial y más allá. Sin embargo, en física había muchos otros axiomas. Del proceso de averiguar cuáles eran lo bastante esenciales para ser axiomas y cuáles se podían deducir, surgió uno de los teoremas más asombrosos de todos los tiempos.

Las ecuaciones del universo

Emmy Noether nació en 1882 en la ciudad bávara de Erlangen, en cuya universidad su padre trabajaba como matemático. Había pensado que le gustaría ser profesora de francés e inglés, pero pronto cambió a las matemáticas. Una vez terminado el doctorado, consiguió un puesto en el Instituto Matemático de Erlangen. Igual que el de Sofía Kovalévskaya, el «trabajo» de Noether no era remunerado. Su familia la había apoyado económicamente durante todos sus estudios, y siguió haciéndolo cuando trabajó en el instituto. El gran avance se produjo cuando David Hilbert y Felix Klein, ambos empleados de la Universidad de Gotinga, le pagaron a cambio de su ayuda en problemas derivados de la teoría de la relatividad general de Einstein. Al llegar allí, les presentó lo que ahora se conoce como el teorema de Noether.

Para entender hasta qué punto es impresionante el teorema, imaginemos la tarea de apuntar todas las ecuaciones que describen el universo: es una cantidad apabullante en la que intervienen un número de disciplinas científicas igual de improbable. Y, sean lo que sean, el teorema de Noether nos cuenta algo de todas ellas.

Su teorema dice que, si las leyes de la física se aplican igual en todo el universo, el momento debe conservarse siempre. Afirma asimismo que, si las leyes de la física son las mismas hoy que mañana, también debe conservarse la energía. Aunque no sepamos con exactitud cuáles son las ecuaciones del universo, el teorema de Noether nos habla de sus consecuencias. Antes que ella, la conservación del momento y de la energía eran meras conjeturas. Ahora se podía deducir.

La demostración que presentó Noether de su teorema era toda una hazaña creada con herramientas de una cuestión conocida como cálculo de variaciones. Podemos imaginarla como una generalización del cálculo que no es solo válida en funciones matemáticas que actúan en números, sino también en las propias funciones. Noether logró utilizar ese planteamiento para captar matemáticamente la esencia de las leyes físicas y las simetrías sin necesidad de entrar en el meollo de lo que eran. Así podía manipular esas expresiones para demostrar su teorema y revelar el vínculo fundamental entre ellas.

Aunque fue un logro increíble, no le allanó el camino hacia una carrera como matemática. Después de que se doctorara en la Universidad de Erlangen, Hilbert estaba empeñado en conseguirle un puesto en la Universidad de Gotinga, que se vanagloriaba de contar con numerosos matemáticos destacados y era el epicentro en ciernes de las matemáticas en Europa gracias a la presencia de Hilbert y Klein. Sin embargo, la propuesta de su nombramiento suscitó las protestas de otros académicos, que opinaban que en su ámbito no había sitio para las mujeres. Exasperado, Hilbert les dijo a los altos cargos de la universidad que debían valorar la solicitud: «No creo que el género de la candidata sea un argumento en su contra [...]. Después de todo, ¡esto es una universidad, no una casa de baños!».[6] Al final, Hilbert consiguió que aceptaran a Noether como una especie de profesora invitada: otro trabajo no remunerado. En la universidad-no-casa-de-baños, a muchos matemáticos les gustaba bañarse y charlar en la piscina masculina. A Noether no le permitieron unirse a ellos, pero parece que consiguió bañarse igualmente.

Cuatro años después, en 1923, Noether pasó a ser «profesora becada», una ligera mejora, porque el puesto suponía unos pequeños honorarios. Sin embargo, en 1933 los nazis llegaron al poder en Alemania y empezaron a correr rumores de que Noether, que era judía, sería despedida. Muchos matemáticos y estudiantes universitarios escribieron cartas de protesta. Hicieron declaraciones sobre las magníficas aptitudes de Noether para la investigación matemática y elogiaron su compromiso con la enseñanza. Uno de sus colaboradores, Helmut Hasse, escribió: «Estoy convencido de que la señorita Noether es una de las principales matemáticas de Alemania. Sobre todo para la generación joven, sería una gran pérdida que la señorita Noether se viera obligada a mudarse al extranjero».[7] El 31 de julio, habían llegado cartas de todo el mundo, incluyendo Copenhague, Viena, Cambridge, Bolonia, Zúrich, Osaka y Tokio. Unos meses después, el Ministerio de Ciencia, Arte y Educación Popular de Prusia le envió a Noether la confirmación de su despido. Para entonces, ella ya tenía previsto escapar.

Matemáticos en Nikolausberg, cerca de Gotinga, en julio de 1933. (*De izquierda a derecha*) Ernst Witt, Paul Bernays, Helene Weyl, Hermann Weyl, Joachim Weyl, Emil Artin, Emmy Noether, Ernst Knauf, persona sin identificar, Chiungtze Tsen y Erna Bannow.

Noether también recibió ofertas para mudarse a Oxford y a Moscú, pero al final aceptó una oferta de Bryn Mawr, de Pensilvania, la única universidad para mujeres de la época con un programa de doctorado de matemáticas. Allí se encontró por primera vez con varias colegas. Se hizo muy amiga de Anna Pell Wheeler, la jefa del Departamento de Matemáticas, que había sido una pieza clave para su traslado a Estados Unidos. Wheeler sabía lo difícil que podían llegar a tenerlo las mujeres en matemáticas. «Hay tal oposición a las mujeres que prefieren a un hombre aunque sea inferior tanto en formación como en investigación», escribió.[8] Había estudiado en Gotinga, así que hablaba alemán, lo que tal vez sirvió para añadir afinidad entre ellas.

Se hicieron grandes amigas y colaboradoras. Los años que pasó Noether en Bryn Mawr fueron muy felices: se sintió más valorada en lo profesional que en toda su vida en su país. Con el apoyo de Wheeler y otras personas, se lanzó a enseñar. Su inglés era rudimentario, pero lo consiguió, cambiando de vez en cuando al alemán si los primeros intentos de explicarse no funcionaban. La invitaban a dar conferencias como invitada en el Instituto de Estudios Avanzados (IAS) de Princeton, un nuevo instituto de investigación creado con el fin de reunir a las mentes más brillantes del momento. Pese a que era solo para hombres, hicieron una excepción con Noether y la invitaron (aunque solo como «visitante» y no en calidad de «profesora») a dar conferencias semanales en la escuela de matemáticas.

En Alemania, su dominio de la materia había hecho que a su alrededor se congregara un grupo de seguidores conocidos como «los chicos de Noether». Algunos habían viajado desde muy lejos para aprender de ella. Entre ellos estaba el estudiante Chiungtze C. Tsen, que había llegado a Gotinga desde la China de la dinastía Qing tras conseguir una beca para estudiar en Europa y acabaría demostrando un resultado básico sobre las funciones que implican curvas, conocido como el teorema de Tsen, y Teiji Takagi de Japón, que estudiaba sobre todo con Hilbert en el marco del esfuerzo del país nipón para entender mejor las matemáticas occidentales, pero fue uno de los que escribió cartas de protesta cuando parecía que Noether iba a perder el puesto. A ella le encantaba enseñar, no solía seguir un plan estricto en sus clases y prefería conversaciones abiertas. En una ocasión en que la universidad estaba cerrada, llevó el debate a una cafetería. En Bryn Mawr nació un conjunto de seguidores igual de devotos. Sin embargo, esta vez las seguidoras eran chicas jóvenes, entre ellas Olga Taussky, que publicaría más de trescientos artículos sobre investigación matemática.

Noether pasó solo dos años en Bryn Mawr. Murió en 1935, a los cincuenta y tres años, unos días después de someterse a una cirugía para eliminar un tumor. Había contado que estaba enferma únicamente a sus amigos más íntimos, así que su muerte fue una conmoción para muchos. Cuando la noticia se hizo pública, llovieron los homenajes, incluido uno de Albert Einstein, que escribió en *The New York Times*: «*Fräulein* Noether fue el genio matemático creativo más notable aparecido desde que empezó la educación superior de las mujeres».[9]

Cuando se fue de Alemania, Noether ya era una matemática célebre y reconocida. No queda claro si sabía mucho de Bryn Mawr antes de entrar, pero sin duda allí todo el mundo sabía mucho de ella. La institución procuró ayudarla y lo consiguió con un programa dirigido por el Instituto de Educación Internacional de Estados Unidos para ayudar a académicos alemanes desplazados. Invitaron a muchos otros académicos a varias instituciones, pero en muchos lugares no se aceptaba a personas de ascendencia judía. Otros se negaban a prestar ayuda a nadie procedente de Alemania en general. Esta reticencia era un reflejo de la sociedad en su conjunto, que distaba mucho de ser abierta e inclusiva. Noether había hecho una gran aportación para cambiar la opinión sobre las mujeres matemáticas, y amplió en gran medida lo que la gente había considerado posible. Sin embargo, en la disciplina aún quedaba mucho camino por recorrer en cuanto a diversidad. Finalmente, las oportunidades de estudiar y dedicarse a las matemáticas se expandirían a más colectivos, pero no sería fácil de lograr.

CAPÍTULO 13

=

Cuando el astrónomo en ciernes Benjamin Banneker se enteró de lo que decía sobre sus predicciones y cálculos el consolidado astrónomo David Rittenhouse, se molestó un poco, como es lógico.

Era principios de la década de 1790 y Banneker estaba intentando publicar un almanaque que incluía los momentos de los eclipses y cuándo se alinearían los planetas en el cielo. Andrew Ellicott, famoso por sus mapas de partes de la zona occidental de los montes Apalaches, en los recién bautizados Estados Unidos de América, apoyaba la iniciativa. Había conseguido que otros le echaran un vistazo con la esperanza de conseguir respaldo para Banneker. Uno de ellos fue el de Rittenhouse, al que hemos conocido brevemente en el capítulo 9 como defensor del newtonianismo. Ya estaba consolidado en el campo de la astronomía, había escrito sus propios almanaques y es obvio que le impresionó el trabajo de Banneker. Describió los cálculos como «suficientemente precisos» y dijo que era «una obra muy extraordinaria». Aun así, matizó su visión de lo extraordinaria que era con las siguientes palabras: «teniendo en cuenta el color del autor».[1]

Banneker nació en Maryland. Su madre, Mary, era una mujer negra libre y su padre, Robert, un antiguo esclavo de Guinea. Hay relatos contradictorios sobre los ancestros anteriores de Benjamin, pero una de las propuestas es que su abuelo materno podría haber sido miembro del pueblo dogón, de África occidental. En la religión de los dogones se incluyen detalles del sistema solar imposibles de discernir a simple vista, como los anillos de Saturno y las lunas de Júpiter. No se sabe con exactitud cómo hizo esos descubrimientos el pueblo dogón, y el abuelo de Banneker murió antes de que naciera él, pero tal vez trasmitió ese conocimiento a su esposa (la abuela de Banneker), que a su vez se lo trasmitió a él y despertó su fascinación por la astronomía.

Los primeros datos de la vida de Banneker son un poco difusos. Se cree que de niño fue a una escuela y aprendió a leer y a escribir y aritmética, pero probablemente dejó de asistir cuando tuvo edad suficiente para trabajar en la granja familiar. A los veintiún años, tallando en madera versiones a escala de los componentes, consiguió recrear por completo la mecánica de un reloj de bolsillo que le habían prestado. El reloj de madera daba las horas y siguió funcionando hasta su muerte, más de cincuenta años después. El reloj era especialmente destacable si tenemos en cuenta que muy poca gente en las Américas controlaba el tiempo por horas. David Rittenhouse y varios estadounidenses más habían creado relojes elegantes para las familias acaudaladas, pero aún eran una rareza. A Banneker también le fascinaba el movimiento de los planetas y las estrellas, así que compró un pequeño telescopio para estudiarlos con mayor detenimiento.

Cuando rozaba la treintena, Banneker perdió en gran medida su pasión por la astronomía, tal vez a raíz de un episodio romántico con final trágico, y trabajó en una granja hasta que, con casi sesenta años, conoció a la familia Ellicott. Eran cuáqueros y creían en la igualdad racial, así que le dieron trabajo en una fábrica de su propiedad. Mientras estuvo allí, cogió prestados sus libros de astronomía y enseguida acabó dominando el álgebra, la geometría, los logaritmos y la trigonometría que incluían, tanto que solo un año después ya predecía eclipses solares. La familia supo ver sus aptitudes matemáticas y Andrew Ellicott le pidió que le ayudara a medir su terreno. Banneker hizo cálculos astronómicos para las mediciones, además de calcular varios puntos que se podían usar para establecer los límites del distrito federal. En 1791, Banneker había renunciado a este trabajo para dedicarse a preparar un almanaque astronómico para el año siguiente. Sin embargo, ningún editor aceptaba el libro, y Andrew Ellicott intercedió por él.

Rittenhouse, que estaba en contra de la esclavitud, había respaldado con contundencia el trabajo de Banneker. Uno de los motivos para hablar de la raza en su valoración era que quería contrarrestar la opinión dominante de que los negros tenían una inteligencia inferior a los blancos. Sin embargo, Banneker deseaba que su trabajo se valorara solo según sus méritos, y el elogio ambiguo de Rittenhouse le molestó. Se dice que contestó: «Me irrita ver que se haga tanto hincapié en el tema de mi raza. El trabajo es correcto o no lo es. En este caso, creo que es perfecto».[2]

Banneker llevaba razón. En efecto, su trabajo era correcto y, con el apoyo de Rittenhouse y otros, consiguió un contrato para publicar almanaques astronómicos durante los seis años siguientes. El proyecto fue todo un éxito comercial, pues se publicaron nada más y nada menos que veintiocho ediciones en cinco estados.

En la década de 1800, en Estados Unidos pocas personas negras tenían la oportunidad de estudiar y dedicarse a las matemáticas. En muchas universidades privadas no había reglas específicas que prohibieran el acceso a las personas negras, pero era muy raro que las admitieran y, pese a que varias instituciones proporcionaban a los clérigos negros una formación cristiana, no ofrecían una oportunidad real de formación académica. En 1857, la Corte Suprema, formada solo por hombres blancos, declaró que las personas negras no eran ni podrían ser jamás ciudadanos estadounidenses, y aquello atizó el fuego que acabó en la guerra civil (1861-1865) y la posterior —y aún en curso— lucha por la emancipación.

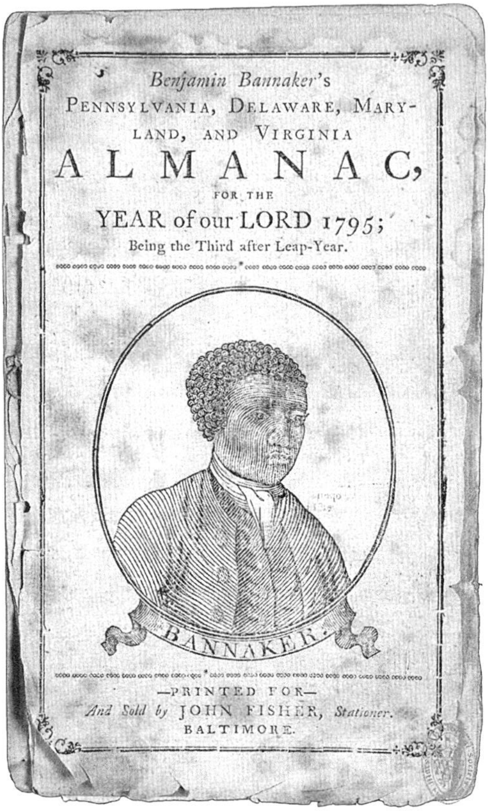

Retrato de Benjamin Banneker en la portada de una edición de su almanaque de 1795.

Transcurrido este período, Estados Unidos evolucionó hasta ser una potencia tanto política como matemática. Las universidades estadounidenses cosecharon un reconocimiento internacional como centros de investigación de las nuevas matemáticas, en particular las necesarias en la era de la información. No obstante, muchas instituciones seguían siendo fortalezas casi impenetrables para los matemáticos negros y no sería fácil romper las barreras.

En la década de 1870, las leyes de Jim Crow crearon un sistema educativo que segregaba a las personas «de color» de las blancas y que proporcionó una base legal para la discriminación racial. Aunque grupos como la Asociación Nacional para el Progreso de las Personas de Color (NAACP, por sus siglas en inglés) y activistas como Oliver Brown y Linda Carol Brown cuestionaron esas leyes, perduraron cerca de un siglo. Se crearon instituciones de educación superior ahora conocidas como HBCU (Escuelas y Universidades Históricamente Negras) para cubrir las necesidades de los americanos negros, y al final sumarían más de cien, lo que permitió que miles de personas accedieran a una formación que si no les habría quedado vetada. Las HBCU no eran perfectas, ni mucho menos, pues había pocas personas negras en puestos de dirección y gestión, pero prestaron un servicio muy importante hasta que llegó la Ley de Derechos Civiles de Estados Unidos de 1964, que ilegalizó la discriminación por motivos de raza, color, religión, género y origen étnico.

Un matemático que hizo avances en una HBCU fue Elbert Frank Cox. Nacido en 1895 y oriundo de Indiana, Cox era un violinista de gran talento que también demostró una gran perspicacia en matemáticas y física. Siguió los pasos de su padre al entrar en la Universidad de Indiana, de mayoría blanca, en 1913 para estudiar Matemáticas. Era raro, pero no del todo inaudito. Terminó su licenciatura con sobresaliente en todas las asignaturas, aunque los resultados quedaron eclipsados en su expediente académico: llevaba impresa las palabras «DE COLOR», la norma para los titulados negros de la época.

Cox fue enviado a Francia para servir en el ejército estadounidense durante la Primera Guerra Mundial. A su regreso a Estados Unidos, enseñó matemáticas en colegios públicos de Kentucky y Carolina del Norte. Cox era un profesor extraordinario y le dieron una beca de investigación que le permitió entrar en la Universidad de Cornell para estudiar matemáticas a nivel de doctorado.

El fundador de Cornell, Ezra Cornell, fue uno de los primeros detractores de la esclavitud, así que la universidad había aceptado a unos cuantos alumnos afroamericanos desde el principio. En Cornell, Cox conoció a su director de tesis, William Lloyd Garrison, que iba a trasladarse a la Universidad McGill, en Canadá. Garrison advirtió las habilidades de Cox, y él lo visitó en Montreal para terminar allí la tesis doctoral y enviarla a Estados Unidos. Su trabajo versaba sobre las soluciones de un tipo de ecuación vinculada a los números de Bernoulli. Estos números, que aparecen en ramas muy dispares de las matemáticas, honran con su nombre al matemático suizo del siglo XVII Jacob Bernoulli, aunque el matemático japonés Seki Takakazu los descubrió por su cuenta en la misma época.

Una fotografía de los miembros del Círculo de Euclides en 1916. El grupo se creó para que personas del Departamento de Matemáticas de la Universidad de Indiana debatieran y compartieran ideas. Cox fue el primer alumno afroamericano en unirse.

La tesis de Cox se aprobó en 1925; fue la primera persona negra del mundo en obtener un doctorado en Matemáticas. Pese a que fue un momento trascendental, aún le costaba ver publicado su trabajo. Williams le instó a que enviara la tesis a una universidad de fuera de Estados Unidos para su publicación, pero universidades tanto del Reino Unido como de Alemania lo rechazaron solo por su raza. Al final la envió a Japón, donde la Universidad Imperial de Tohoku reconoció su calidad y la publicó en el *Tohoku Mathematical Journal* en 1934.

Tras la breve temporada en el West Virginia State College, en 1930 la HBCU Universidad Howard, de Washington D.C., contrató a Cox. En este período enseñó y apoyó a muchos alumnos, y durante los últimos años de la Segunda Guerra Mundial impartió un programa de formación en ingeniería y militar. Presidió el Departamento de Matemáticas de Howard entre 1957 y 1961, y publicó dos artículos de investigación en el curso de su carrera: uno sobre ecuaciones particulares y sus soluciones, y un análisis matemático de tres sistemas de calificación de los alumnos. Se volcó en la preparación de la generación de matemáticos siguiente, y sin duda se le daba bien, pero, como profesor de una HBCU, tenía muy pocas opciones. A los profesores de las HBCU se les solía asignar una carga lectiva mucho mayor, y un respaldo económico inadecuado implicaba que era casi imposible encontrar tiempo para dedicarse a investigar.

Pese a que las HBCU contribuyeron a subir el nivel educativo de las personas negras en Estados Unidos, seguían sin acceso a la mayoría de los puestos de investigación y los estudios de doctorado. Así que Cox trabajó con un colega, Dudley Weldon Woodard, el segundo afroamericano que obtuvo un doctorado en Matemáticas, para crear un programa de máster en Howard. Aparentemente Cox supervisó a más alumnos de máster que nadie, y la pareja creó un grupo de jóvenes matemáticos con talento dispuestos a dedicarse a la investigación. Solo les hacía falta un programa de doctorado. Cox, por desgracia, no vivió para ver cumplido su sueño, pero fue fundamental para posibilitarlo. El obituario de 1969 del *Washington Post* decía: «Cox ayudó a crear el departamento hasta el punto de que el programa de doctorado se convirtió en el paso siguiente más práctico».[3] La combinación de su prestigio como investigador matemático y la gente que atraía a Howard hizo que fuera casi inevitable crear un programa de doctorado y, en 1976, por fin se creó el de Howard: el único programa de doctorado en matemáticas en una HBCU.

Educación para todos

Washington D. C., donde está ubicada la Universidad Howard, también fue donde nació una de las primeras mujeres que obtuvieron un doctorado en Matemáticas, Euphemia Lofton Haynes, aunque su carrera no se centró en la investigación matemática o en una institución concreta, sino en la igualdad racial. Desempeñó un papel decisivo en el movimiento más amplio de todo Estados Unidos que intentaba rectificar el racismo sistémico que impedía el acceso igualitario a la educación.

Haynes nació en 1890 en una familia acaudalada que formaba parte del llamado «Colored 400», líderes comunitarios de Washington D.C. que ayudaron a unir a las personas de color durante la segregación. Asistió a uno de los primeros institutos para alumnos afroamericanos de Estados Unidos. Creado en 1870, muchos de los estudiantes del M Street High School ya se habían erigido en líderes negros en la ciudad y más allá. En su discurso de despedida de 1907 declaró: «Porque una persona inteligente está bien dotada para solucionar los problemas de la vida [...]. Debemos tener algún objetivo definido en la vida y ser capaces de cumplir de forma competente esa posición que puede que ocupemos».[4] Después del instituto, entró en el Smith College para estudiar Matemáticas y Psicología, y luego se pasó a la Universidad de Chicago, de perspectiva un poco más liberal que otras universidades blancas de la época. Entre 1870 y 1940, cuarenta y cinco afroamericanos obtuvieron doctorados allí. Aún era una cantidad reducida, pero mayor que en ningún otro sitio del país.

Haynes terminó su máster en Chicago y luego fue profesora de matemáticas en el Miner Teachers College. Además, asistió a clases de matemáticas de nivel universitario en la Universidad de Chicago y empezó a trabajar en una tesis doctoral en el campo de la geometría algebraica. Sin embargo, con esta tesis nunca pretendió catapultarse a una carrera en la investigación. Su supervisor, Aubrey Edward Landry, solía plantear a sus alumnos problemas pendientes que no formaban parte de la investigación más popular pero sí eran adecuados para quienes quisieran entrar en los programas de doctorado con la esperanza de dedicarse a la enseñanza. Tras licenciarse, dirigió el departamento del Miner Teachers College y también aceptó un trabajo a media jornada de profesora en la Universidad Howard.

En 1954, el Tribunal Supremo de Estados Unidos decretó, en el caso Brown contra el Consejo de Educación, que había que eliminar la desigualdad en los derechos de escolarización, y así se inició el largo proceso de desegregación. Se introdujo un currículo de cuatro itinerarios: dos pensados para preparar a los alumnos para la universidad, uno de formación profesional y uno para los que se consideraban rezagados académicamente respecto a sus

Euphemia Lofton Haynes.

iguales. Se asignaba a los alumnos un itinerario concreto en función de la puntuación en los test de CI o según la opinión de un profesor. Una vez adjudicados, era muy difícil cambiar de itinerario. Sin embargo, si bien las pruebas de CI servían para evaluar algunos aspectos de la inteligencia, la puntuación también se veía afectada por factores socioeconómicos. Haynes defendía que el sistema de itinerarios fomentaba la discriminación y era «una oposición directa al ideal estadounidense».[5]

Haynes trabajó en el Consejo de Educación de Washington y abogó por eliminar el sistema de itinerarios. Habló delante del Consejo en 1964 y criticó el sistema: era «una forma parecida al *apartheid* para separar a los desfavorecidos». Ese mismo año Haynes fue elegida presidenta del Consejo de Educación, y en 1966 se eliminó el sistema de itinerarios después del caso Hobson contra Hansen. La sentencia concluía que el sistema de itinerarios privaba a muchos estudiantes negros y pobres de una educación igualitaria, al tiempo que favorecía a los estudiantes blancos de clase media, y debía ser abolido.

Euphemia Lofton Haynes y su marido Harold.

Cox, Haynes y Woodard escribieron tesis doctorales y luego se centraron en dar clases y en mejorar las condiciones y el acceso a la educación de las personas de color. Así, los futuros negros matemáticos pudieron hacer carrera en la investigación matemática.

David Blackwell aspiraba a ser profesor de primaria y estudió en la Universidad de Illinois, en Urbana-Champaign. Destacó en matemáticas y completó un doctorado en el tema en 1941, con solo veintidós años. En cierto momento decidió dedicarse a la investigación en lugar de a la enseñanza. Pero, años después, en una entrevista afirmó que nunca le había interesado mucho la investigación: «Me interesa entender, que es muy distinto. A menudo, para entender algo tienes que resolverlo tú porque nadie lo ha hecho antes».[6]

Sin embargo, encontró barreras por el camino. Blackwell entró en el Instituto de Estudios Avanzados (IAS, por sus siglas en inglés) de Princeton, una de las mejores instituciones de investigación de Estados Unidos, con una beca de un año. A los becarios se los solía hacer miembros honorarios de la Universidad de Princeton, pero allí nunca habían tenido siquiera a un alumno negro y mucho menos a un profesor negro. Princeton se quejó al IAS de que estaba abusando de su hospitalidad al nombrar a un becario negro. Los colegas más protectores ocultaron a Blackwell gran parte del asunto. «Por lo visto se armó bastante alboroto con el tema, pero yo no oí ni una palabra»,[7] dijo más tarde.

Al finalizar la beca, envió más de cien solicitudes en busca de otro trabajo. También viajó en coche para visitar treinta y cinco universidades en persona para preguntar si había alguna vacante. Solo recibió ofertas de trabajo de tres. Ocupó un puesto en la Southern University, donde pasó un año. Al principio la Universidad de Berkeley parecía prometedora, pues el jefe del Departamento de Matemáticas, Griffith C. Evans, intentaba convencer al rector de que sería una buena decisión contratar a

Blackwell. Sin embargo, más tarde Evans faltó a su palabra aduciendo que la presencia de Blackwell dificultaría las cosas cuando Evans y su esposa invitaran a cenar a los miembros del departamento. Se dice que su esposa afirmó que «no iba a aceptar a ese negro en su casa».[8]

Entonces Dudley Woodard le ofreció un puesto permanente en la Universidad Howard. Blackwell estaba muy contento, y más tarde recordaría así su nombramiento: «En aquella época la ambición de todos los académicos negros era conseguir un trabajo en la Universidad Howard».[9] Pronto se convirtió en un excelente investigador matemático, y en solo unos años publicó veinte artículos de investigación sobre una gran variedad de temas. Cuando aún no había cumplido los treinta, en 1947, lo ascendieron a catedrático. Durante los veranos buscaba estímulos más allá de los límites de la academia y se hizo consultor de la RAND Corporation, un laboratorio de ideas políticas. Allí conoció al estadístico Meyer Abraham «Abe» Girshick y probablemente produjo sus obras más importantes.

El dúo pasaba mucho tiempo estudiando la toma de decisiones en los duelos (un tema que ya habían abordado los matemáticos). El matemático francés del siglo XIX Évariste Galois, creador de un campo del álgebra ahora conocido como teoría de Galois, participó en un célebre duelo cuando estaba en el punto álgido de sus capacidades matemáticas. Pasó toda la noche en vela clasificando sus artículos matemáticos y escribiendo a sus colegas cartas en las que esbozaba más ideas. Cuando llegó el alba, había dejado un impresionante conjunto que seguirían los matemáticos durante los años posteriores. Sin embargo, ese día le sirvió de poco: recibió un disparo en el abdomen y murió poco después.

Blackwell y Girshick están entre los primeros que analizaron desde el punto de vista matemático la táctica en un duelo para determinar el momento óptimo para disparar. Según ellos, las reglas del duelo eran:

- Cada persona tiene una pistola cargada con una sola bala.
- Al oír el grito «¡Fuego!», los duelistas pueden acercarse.
- Pueden disparar en cualquier momento después del grito.

Las opciones de ganar dependían de los tiempos y la precisión. Si intentabas disparar demasiado pronto arriesgabas la precisión, pero si esperabas demasiado te arriesgabas a que te dispararan primero. Este tipo de situaciones se consideran juegos de suma cero: si pierdes, gana tu oponente, y a la inversa.

El estudio de Blackwell y Girshick acabó conociéndose como «el dilema de los duelistas». Las formulaciones que generaron se pueden considerar una versión más sofisticada del trabajo previo de Gombaud y Pascal. Sin embargo, ya no se trataba de un simple juego de azar, sino de una cuestión de estrategia. Se popularizaron líneas de pensamiento parecidas como recurso para comprender otras situaciones arriesgadas entre adversarios, por ejemplo, entre las partes en la Guerra Fría.

Doce años después de su primer intento de ser contratado por la facultad de la Universidad de Berkeley, Blackwell logró por fin entrar como profesor en el nuevo Departamento de Estadística, que acababa de separarse del de Matemáticas. En 1955 pasó a ser profesor titular y al año siguiente jefe de departamento. En Berkeley, Blackwell se convirtió en uno de los pioneros del campo de investigación matemática conocido como teoría de la información, justo después de la invención del transistor, en 1947, que marcó el inicio de la era de la información.

Tal vez sea más conocido en este campo Claude Shannon, a menudo llamado padre de la teoría de la información. Entre otras muchas cosas, Shannon ideó una medida para la cantidad de información que incluía un mensaje, y la definía como la cantidad de dígitos binarios (de «*on*» y «*off*») necesarios para codificarlo. En otras palabras, la información de un mensaje es la cantidad de bits necesarios para almacenarlo. Esta sencilla idea se popularizó con el nombre de la entropía de Shannon, destacando su parecido con la entropía en la física termodinámica, una medida de las distintas combinaciones que pueden darse en un grupo de átomos.

Blackwell dando clases en la Universidad de Berkeley (*izquierda*) y un retrato de él (*derecha*).

Shannon descubrió que la información enviada a través de un canal de comunicación se podía medir de forma parecida. Con un criterio determinado, logró describir desde el punto de vista matemático la máxima tasa de trasmisión posible de un canal y cómo utilizar parte de esa tasa para corregir los potenciales errores que se podrían acumular. Blackwell estudió el teorema de la capacidad de transmisión de Shannon e investigó cómo evolucionaba en un conjunto de canales diversos, incluida una forma de comunicación que implicaba múltiples canales, ahora conocida como el canal de Blackwell.

No se detuvo ahí. Pronto aplicó sus habilidades en otras áreas de la teoría de la información, así como un tipo de programación informática conocida como programación dinámica, junto con matemáticas más abstractas. Fue un autor prolífico: publicó más de noventa artículos y libros a lo largo de su vida. Le concedieron doce doctorados honoríficos y ejerció de vicepresidente de la American Mathematical Society. En 2014, cuatro años después de la muerte de Blackwell, Barack Obama, entonces presidente de Estados Unidos, le concedió a título póstumo la Medalla Nacional de la Ciencia, la mayor distinción para un científico. Fue en reconocimiento de sus increíbles logros, que posibilitaron pioneros como Bannaker, Cox, Woodard y Haynes.

CAPÍTULO

14

Un mapa de las estrellas

Corría el año 1800 y la Policía Celestial estaba buscando a un sospechoso desaparecido. Los astrónomos Franz Xaver von Zach, húngaro, y Johann Hieronymus Schröter, alemán, habían formado ese grupo de más de veinte científicos de toda Europa como una especie de patrulla vecinal del cosmos. El sospechoso desaparecido era un planeta que supuestamente se encontraba en algún lugar entre Marte y Júpiter.

Esta creencia empezó cuando William Herschel descubrió Urano en 1781. Formaba un tándem de la astronomía con su hermana, Caroline Herschel. Juntos descubrieron numerosos objetos celestes, aunque ella no participó en ese hallazgo en concreto. El descubrimiento impulsó una ley matemática que había sido propuesta décadas antes: la ley de Titius-Bode, que establecía que los planetas orbitan el Sol en lugares que duplican su distancia cuanto más lejos están. El descubrimiento de Urano se ajustaba a la serie, pero si la ley era válida también debía haber un planeta entre Marte y Júpiter. Y la Policía Celestial estaba decidida a encontrarlo.

Sin embargo, cuando apenas habían iniciado la búsqueda sufrieron una derrota, o por lo menos eso parecía. El cura y astrónomo italiano Giuseppe Piazzi detectó lo que al principio pensó que era un cometa, pero pronto creyó que era el planeta desaparecido y lo llamó Ceres. No obstante, Ceres era demasiado pequeño para ser un planeta; de hecho, era uno de los asteroides modernos de los que hablaban los Herschel.* Tras este revés inicial, la Policía Celestial reanudó la búsqueda. Durante los años siguientes se encontraron varios asteroides más en ubicaciones parecidas, incluidos Palas, Vesta y Juno,** pero ningún planeta.

Al final la Policía Celestial llegó a la conclusión de que entre Marte y Júpiter no había ningún planeta, pero sí un cinturón de asteroides. Muchos pensaron que el cinturón lo formaban los restos de un planeta destruido, lo que habría significado que la ley de Titius-Bode aún se sostenía, pero el descubrimiento de Neptuno años después, en 1846, en el lugar «incorrecto» hizo añicos la ley.

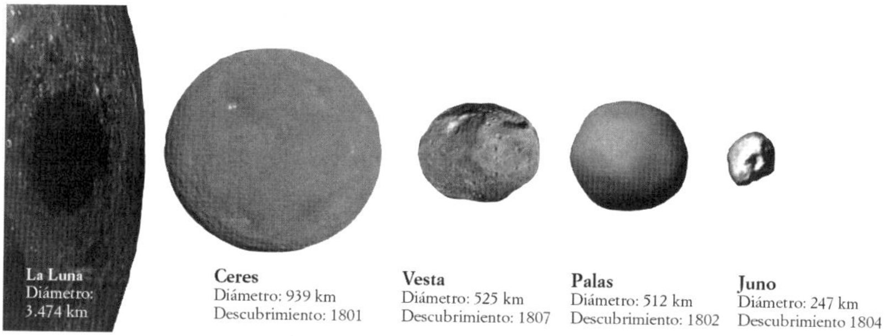

Tal vez la búsqueda de un planeta entre Marte y Júpiter fuera en vano, pero la exploración en sí dejó dos cosas claras. En primer lugar, los astrónomos necesitaban datos: queda mucho por descubrir en el sistema solar y más allá. Y, en segundo lugar, necesitaban las formulaciones matemáticas para analizar los datos recabados a partir de la observación y las nuevas técnicas fotográficas. El registro y análisis de los datos astronómicos se convertiría en uno

* Aunque se reclasificó como un asteroide, en 2006 se volvió a clasificar como planeta enano.

** Todos aún asteroides…, de momento.

de los avances científicos más importantes del siglo XX y nacería una colaboración internacional de cien años para cartografiar los cielos y viajar a la Luna. Todo esto giraría en torno a una nueva profesión: la de «computadora humana».

Mira hacia arriba

A lo largo de la historia, muchas civilizaciones y culturas han producido mapas impresionantes del cielo nocturno. La copia más antigua que se conserva data de la dinastía Tang, hacia el siglo IX, pero los astrónomos chinos llevaban como mínimo mil quinientos años situando en el mapa las posiciones de las estrellas. Los matemáticos y astrónomos de la antigua Babilonia, mayas, islámicos y griegos invirtieron mucho tiempo en observar y trazar el cielo nocturno. En el siglo XIX se consiguió capturar realmente un momento del universo con la invención de la fotografía. Al principio era una tecnología sumamente especializada y cara, pero, con la entrada en el siglo XX y el desarrollo de técnicas más baratas y fáciles, las posibilidades de fotografiar el cielo nocturno se abrieron de verdad.

Ernest Mouchez, un oficial de la marina francesa y director del Observatorio de París, vio el potencial de esas nuevas técnicas fotográficas. Había pasado la década anterior explorando las costas de Paraguay, Brasil y Argelia, y observando el movimiento de Venus desde la isla de San Pablo en el océano Índico. Durante ese tiempo aprendió fotografía de placa seca, una técnica que simplificaba muchas de las partes más complicadas de la fotografía para los fotógrafos. En 1882 se avistó el Gran Cometa en el cielo, al principio en el cabo de Buena Esperanza y el golfo de Guinea, donde brillaba tanto que se veía de día. El cometa también era visible desde el hemisferio norte, pero no con tanta claridad, lo que llamó la atención a Mouchez.

Mouchez formó equipo con David Gill, un astrónomo escocés residente en Sudáfrica, y en 1887 anunció un nuevo proyecto en el Congreso de París, un encuentro internacional de astronomía, para usar la fotografía de placa seca para fotografiar y cartografiar todo el cielo nocturno. El objetivo de este plan era más ambicioso que el de cualquier intento previo, así que Mouchez y Gill hicieron campaña en el congreso para pedir ayuda en todo el mundo. Respondieron a la convocatoria veintidós observatorios de Europa, África, Asia y Sudamérica, entre otros.

Había dos componentes relacionados con el proyecto, el *Catalogue Astrographique* (catálogo astrográfico) y la *Carte du Ciel* (mapa del cielo), y el objetivo era fotografiar y situar en un mapa todas las estrellas que brillaran más de una magnitud aproximada de 11,0. La escala de magnitudes es algo contraintuitiva, pues los números inferiores y negativos representan objetos más brillantes que los números superiores. La Estrella Polar tiene una magnitud de casi 2. Así, teniendo en cuenta las particularidades de la escala, eso significa que el proyecto pretendía catalogar todas las estrellas con un brillo de $\frac{1}{3981}$ de la Estrella Polar.*

Los observatorios utilizaban placas de cristal, telescopios, lupas y tiempos de exposición parecidos para intentar garantizar la uniformidad al medir sus zonas concretas del cielo. Cada fotografía tenía unos 13 × 13 centímetros y captaba un pequeño segmento de $2{,}1^\circ \times 2{,}1^\circ$ del cielo. El objetivo del proyecto era obtener los datos entre aproximadamente diez y quince años.

Al final, tardaron casi un siglo. Los millones de estrellas y objetos celestes fotografiados debían analizarse manualmente y se reunieron computadoras humanas para que ayudaran a analizar los datos. Los participantes en el proyecto se convirtieron en avezados matemáticos astronómicos, y muchos de ellos crearon técnicas que se generalizarían.

* ¡Ya hemos avisado de que era raro!

Las computadoras de Harvard

Edward Charles Pickering y el Observatorio del Harvard College que dirigía habrían sido un gran activo para el *Catalogue Astrographique* y la *Carte du Ciel*. Pickering se había hecho famoso con sus notables imágenes de la Luna, pues la captaba con tal lujo de detalles que parecían cuadros pintados por un alienígena en vez de fotografías tomadas desde la Tierra. Como director del observatorio, tenía acceso al telescopio más grande de Norteamérica de la época y, tras una donación, se vio a cargo también de un segundo telescopio potente, pero este le provocó algunos problemas.

El telescopio lo donó Mary Anna Palmer Draper. Era una rica astrónoma aficionada, igual que su marido, Henry, que había sido la primera persona que fotografió la Luna, en 1840. Cuando Henry murió de forma repentina, Mary donó su telescopio al observatorio y creó un fondo conmemorativo para financiar el trabajo que desarrollaban. A Pickering y su equipo no les sobraban estímulos e hicieron una cantidad ingente de fotografías, pero pronto se retrasaron en el análisis. En total tenían pendientes de procesar ciento veinte toneladas de placas fotográficas.

Pickering necesitaba contratar a más gente para el procesamiento. Entre el personal doméstico había una mujer llamada Williamina Fleming, que había empezado a trabajar de criada después de que su marido la abandonara y tuviera que mantener sola a su hijo pequeño. La esposa de Pickering, Elizabeth, se dio cuenta de que Fleming era muy avispada y propuso que ayudara. Fleming aprendió las técnicas básicas del análisis astrofotográfico de Pickering y empezó a trabajar en el observatorio como computadora remunerada, aunque le pagaban la mitad que a un hombre en el mismo puesto. Pronto destacó en sus funciones y asumió más responsabilidades, ayudaba a supervisar el equipo como curadora. Finalmente se convirtió en la primera mujer que obtuvo un título formal en la Universidad de Harvard.

La mayor parte de las fotografías y los registros los hacían astrónomos, pero los análisis matemáticos acabaron siendo trabajo de mujeres. Pickering contrató a un total de ochenta mujeres computadoras. El coste inferior fue uno de los principales factores que impulsaron esa decisión; aun así, las analistas de Harvard fueron pioneras en el campo de la astronomía y crearon importantes métodos para analizar y clasificar lo que veían. En las imágenes se detectaban patrones y ellas estaban decididas a encontrarlos.

Antonia Maury, sobrina de Henry Draper y Mary Anna Palmer Draper, fue una de las que se unieron al equipo de Pickering y Fleming. Maury había estudiado Astronomía en la universidad con la primera estadounidense que descubrió un cometa, Maria Mitchell.* Sabía catalogar objetos celestes rápido y aportó ese conocimiento al observatorio. Una de las primeras funciones de Fleming en el observatorio había sido mejorar la clasificación de las estrellas según las longitudes de onda de la luz (espectros). Estas se registraban con un espectroscopio, un instrumento que divide la luz del telescopio en las longitudes de onda que la componen. La presencia o ausencia de distintas longitudes de onda actúa como una suerte de firma química de la estrella, lo que permitía a los astrónomos averiguar los elementos presentes. Fleming ideó un sistema (el sistema Fleming-Pickering) para clasificar las estrellas según la cantidad de hidrógeno que contenían.

Maury también usaba los espectros en su trabajo. Pickering descubrió la primera estrella binaria (una pareja de estrellas con un vínculo gravitacional entre ellas) y le pidió a Maury que averiguara cuál era su órbita. Gracias al análisis de los patrones en los espectros logró calcular cómo se movía la estrella binaria.

Annie Jump Cannon se sumó al grupo y reinventó la clasificación de estrellas según los espectros. Había heredado la curiosidad astronómica de su madre, Mary Jump. Cuando Annie era niña, ambas utilizaban un viejo manual de astronomía para identificar

* La primera mujer del mundo fue Maria Margaretha Kirch, en el Berlín de principios del siglo XVIII.

las constelaciones que veían desde su ático. Mary animó a su hija a matricularse en el Wellesley College, en Massachusetts, para estudiar Física y Astronomía, y lo hizo antes de convertirse en una de las analistas de Harvard. Jump Cannon clasificó personalmente 350.000 estrellas, más que nadie, y tras la muerte de Pickering asumió la dirección del equipo. Su legado más trascendental fue incorporar la temperatura de las estrellas en el sistema de clasificación Pickering-Fleming. Este nuevo método se llamó sistema de Clasificación de Harvard y sigue utilizándose en la actualidad.

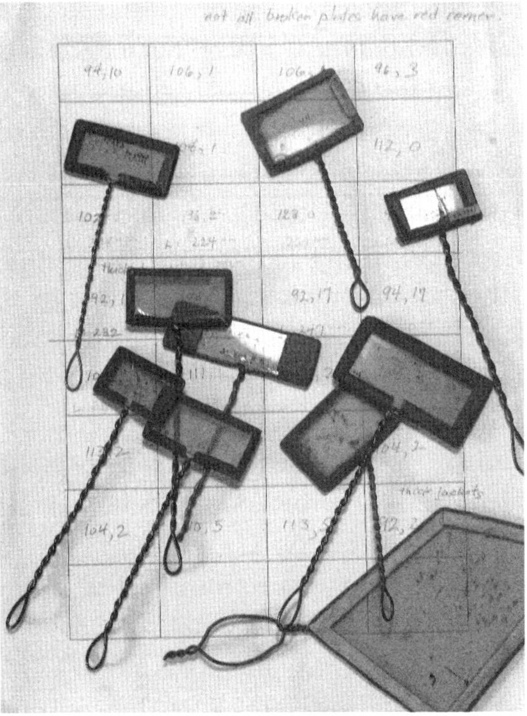

Las computadoras de Harvard usaban placas de cristal como herramientas para comparar el brillo de los distintos objetos captados en placas fotográficas.

Otra miembro del equipo, Henrietta Swan Leavitt, descubrió que unas estrellas, llamadas variables cefeidas, vibran en relación con su brillo, una observación conocida como ley de Leavitt. Esta permite averiguar el brillo real de una variable cefeida y esto, cuando se compara con lo brillante que parece la estrella, sirve para determinar la distancia. Las variables cefeidas se consideran ahora uno de los indicadores más importantes de las distancias galácticas y extragalácticas, y la formulación de la ley de Leavitt ha aportado una mayor comprensión del universo, entre otras cosas, de su verdadero tamaño.

Gösta Mittag-Leffler, el mismo hombre que había ayudado a Sofía Kovalévskaya, quiso que Leavitt fuera nominada al Premio Nobel por su descubrimiento; por desgracia, murió antes de que se presentara la candidatura. Cuando se enteró de la propuesta de nominación, el entonces director del Observatorio de Harvard, Harlow Shapley, escribió a Mittag-Leffler e intentó adjudicarse el mérito. Era una historia bien conocida por todas las analistas de Harvard, a veces llamadas despectivamente «el harén de Pickering»: muy rara vez se reconocían sus méritos en las publicaciones del Observatorio del Harvard College. Maury lo abandonó en 1891 a modo de protesta y, cuando Pickering le pidió que volviera, respondió: «No creo que sea justo que pase el trabajo a otras manos hasta que se reconozca como trabajo hecho por mí. Yo elaboré la teoría a base de reflexión y comparación muy laboriosas, y creo que debería llevarme todo el mérito de mi teoría».[1]

Maury volvió al observatorio, y publicó en 1897 un catálogo de clasificaciones titulado «Espectros de estrellas brillantes fotografiados con el telescopio Draper de 11 pulgadas dentro del Memorial Henry Draper y comentado por Antonia C. Maury bajo la dirección de Edward Charles Pickering». Fue la primera publicación del Observatorio del Harvard College que incluyó el nombre de una mujer como autora. Pese a que Fleming le habían asignado la función oficial de curadora en 1899, hasta 1908 no apareció su nombre en ninguno de los catálogos de estrellas y sus espectros producidos por Harvard.

La aportación de las analistas de Harvard es innegable. Documentaron y analizaron millones de estrellas y reescribieron las normas de clasificación. Aunque nunca se sumaron oficialmente al proyecto del *Catalogue Astrographique* y la *Carte du Ciel* (Pickering consideraba que era demasiado ambicioso y que exigía demasiado tiempo a los astrónomos), el proyecto de Mouchez y Gill adoptó las técnicas y los estándares creados por el equipo de Harvard.

Procesamiento de datos en el Observatorio de Harvard (*arriba*); Pickering y las computadoras (*abajo*). Las mujeres solían tener vetadas las observaciones telescópicas, aunque se hacían algunas excepciones.

> VACANCIES exist at Royal Observatory for girl computers, J.C.
> standard: commencing salary £9 p.m.
> plus COLA at present £23/16/8;
> hours 9-1 and 2-3 30; neatness and
> accuracy in figures essential.–Apply
> in writing to Secretary. 8031

[Hay vacantes en el Observatorio Real para mujeres computadoras; condiciones estándar: salario inicial £9 mensuales y ajuste por costo de vida actual £23/16/8; horario 9-13 y 14-15.30; imprescindible pulcritud y precisión en los números. Aplicar por escrito a la Secretaria.]
Anuncio de «chicas computadoras» sudafricano de la década de 1940.

Solo un par de fotografías más

Las computadoras de Harvard no fueron las únicas computadoras y analistas humanas. Se reclutaron grupos parecidos para trabajar en el *Catalogue Astrographique* y la *Carte du Ciel*. Algunas eran mujeres, como en el observatorio de Gill, en Sudáfrica, aunque nos ha llegado muy poca información sobre ellas. En el observatorio del Vaticano, los análisis los hacía un equipo de monjas, y había muchas mujeres en los observatorios de Adelaida, Sídney, Melbourne y Perth. Sin embargo, a pesar de que contaban con cantidades ingentes de computadoras humanas, a Mouchez y Gill se les fue de las manos el ambicioso proyecto. Las primeras fotografías se tomaron en 1891 y las últimas no se hicieron hasta 1950, y aun así muchas de esas imágenes siguieron sin procesar durante años.

Gran parte del retraso se debía simplemente a que el alcance del proyecto era demasiado amplio. También fue víctima de las consecuencias de los acontecimientos mundiales. En México, por ejemplo, el arquitecto e ingeniero Ángel Anguiano, el primer director del Observatorio Astronómico Nacional, fue invitado a participar en el proyecto, pero en 1910 estalló la guerra civil que desembocó en la Revolución mexicana. En esos momentos, la Primera Guerra Mundial provocaba retrasos en la obtención de los suministros necesarios para captar las imágenes.

Anguiano creó el Observatorio Astronómico Nacional de México.

El *Catalogue Astrographique* se terminó por fin en 1987, cien años después de su nacimiento. Al principio, en términos puramente científicos, no fue en absoluto un éxito (para cuando se acabó, ya se habían creado métodos de fotografía y análisis más avanzados), pero sí allanó el camino para futuros proyectos internacionales ambiciosos. La *Carte du Ciel* nunca se completó.

En la década de 2000 se vivió un interés renovado por los datos y las imágenes de ambos elementos del proyecto. Los catálogos impresos se convirtieron a un formato legible por máquinas, de manera que se creó un rico banco de datos históricos y, estableciendo comparaciones con catálogos de estrellas más modernos hechos con telescopios satelitales, esos datos han servido para deducir el movimiento de millones de estrellas.

La carrera del espacio

Las computadoras humanas ya existían antes de este *boom* astronómico. Durante décadas, los astrónomos y matemáticos habían contratado ayudantes para hacer los cálculos. El científico del siglo XVIII Alexis Claude Clairaut resolvió cómo organizar las partes de los cálculos de manera que se pudieran hacer en paralelo e impulsó así un proceso por el que muchas personas podían trabajar en una respuesta a la vez. Así se registraron las trayectorias de muchos objetos celestes. El cuerpo de comunicación del Ejército de los Estados Unidos (el USASC, por sus siglas en inglés) reunió a un equipo que calculaba patrones meteorológicos trabajando en turnos intensivos de dos horas. Al principio era raro que contrataran a mujeres como computadoras, pero eso empezó a cambiar a mediados del siglo XIX y en el XX la gran mayoría de las computadoras eran mujeres.

Surgieron equipos de computadoras para todo: desde hacer análisis estadísticos hasta calcular la presión que sufriría el dique Afsluitdijk, en los Países Bajos. Sin embargo, fueron las dos guerras mundiales las que de verdad incrementaron la demanda de computadoras y profesionalizaron esa función. Las computadoras de ambos bandos trabajaban en largos cálculos para crear tablas de navegación y cuadrículas de mapas, códigos de análisis y predicciones de las trayectorias que seguirían los misiles.

Cuando empezó la carrera espacial entre Estados Unidos y la Unión Soviética, se volvieron a necesitar computadoras para realizar cálculos importantes. Ya en 1951 un equipo de mujeres matemáticas diseñó el primer ordenador digital en la Unión Soviética. Las mujeres computadoras soviéticas también trabajaban en cálculos para catálogos astronómicos, procesar información espectral y crear bases de datos. Pelageya Shajn, por ejemplo, descubrió más de ciento cincuenta estrellas variables, además de cuarenta nuevos planetas menores y un cometa, que se bautizó en su honor. Sofía Romanskaya hizo 20.700 observaciones sobre la rotación de la Tierra. Evguenia Bugoslavskaya escribió un manual sobre astronomía fotográfica, y Nadezhda Sitinskaya apuntó observaciones de la Luna.

En el bando estadounidense, un grupo de mujeres afroamericanas, reivindicado en el libro y la película *Figuras ocultas*, fue también crucial en la carrera espacial, con Katherine Johnson al frente. Empezó su carrera en el Comité Asesor Nacional para la Aeronáutica, que más tarde pasó a formar parte de la NASA. Al principio trabajó en un equipo que hacía cálculos relacionados con las cajas negras de los aviones, pero un día fue asignada temporalmente al equipo de investigación de vuelo, formado íntegramente por hombres blancos. Sus conocimientos de matemáticas y geometría eran tan sólidos que la asignaron de forma permanente a la División de Guía y Control. Allí colaboró en el desarrollo de los cálculos que se utilizaron para llevar a Alan Shepard al espacio y poner a John Glenn en órbita —los primeros estadounidenses en lograr sendas hazañas—,* y de las trayectorias que seguirían las misiones del programa Apolo hasta la Luna.

En principio, la ciencia espacial no debería ser tan difícil. Resulta bastante sencillo escribir las ecuaciones por las que se rige un cohete que va al espacio o a la Luna, utilizando las leyes de la gravedad y el movimiento. Sin embargo, resolver las ecuaciones resulta prácticamente imposible en muchos casos. Hay que utilizar métodos numéricos para aproximar las soluciones. Para un viaje a la Luna, hacen falta miles y miles de aproximaciones junto con la trayectoria para asegurarse de que nada salga mal. Tal como dijo Katherine Johnson: «Iban a la Luna. Calculé la trayectoria hasta allí. Determinaba dónde estaban en la Tierra, desde dónde partían y dónde estaría la Luna en un momento concreto. Les dijimos la velocidad a la que irían y que la Luna estaría allí cuando llegaran».[2]

* Yuri Gagarin, de la Unión Soviética, fue la primera persona que viajó al espacio y estuvo en órbita. Valentina Tereshkova fue la primera mujer que viajó al espacio.

Una de las técnicas numéricas que se usaron fue el método de Euler. El principio fundamental era sencillo: en lugar de intentar resolver la ecuación diferencial general, se calculaban sus valores en algunos puntos concretos y se ataban cabos. El resultado es una aproximación de la solución real, pero cuanto menores son los espacios entre los puntos, más cerca está la verdadera respuesta. Sin embargo, ahí está el quid de la cuestión. Obviamente, la precisión es importante para viajar a la Luna (¡nadie quiere fallar!), pero todos los cálculos requieren tiempo, así que, si se exige demasiada precisión, se podría tardar décadas en terminar el análisis.

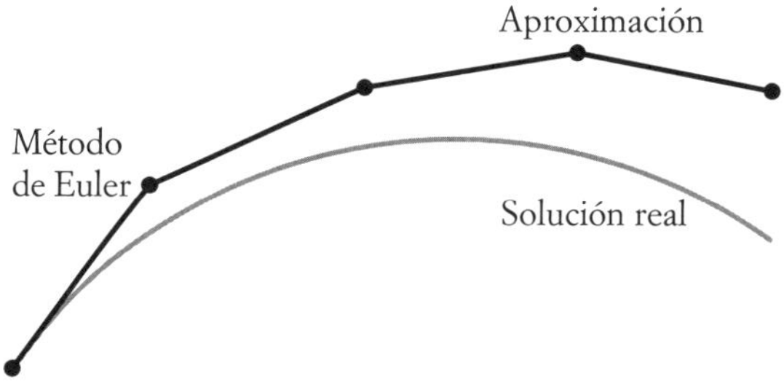

El método de Euler se acerca a la solución real con cada cálculo adicional.

No es de extrañar que, cuando apareció una tecnología que prometía acelerar los cálculos en gran medida, enseguida se incorporara. Cuando llegó la 7090 de IBM, la empresa afirmó que podía hacer cientos de miles de sumas y restas en un solo segundo. Con el uso adecuado, aceleraría mucho los cálculos necesarios para viajar al espacio. Muchas mujeres computadoras se percataron de la importancia de esa nueva tecnología y se reciclaron como programadoras informáticas. Por ejemplo, Evelyn Boyd Granville, de IBM, trabajó en muchos cálculos de la NASA, incluidos los diseñados para averiguar el punto de entrada y la ventana de lanzamiento para la primera órbita de John Glenn. Sin embargo, no faltaban suspicacias ante la tecnología; antes de volar, John Glenn exigió: «Que la chica revise los números». La «chica» era Katherine Johnson.

Control de la misión durante la primera órbita de John Glenn.

Las matemáticas son realmente útiles para los viajes espaciales. Las aproximaciones son bastante buenas, siempre y cuando se conozcan los márgenes de error. No se trata de intentar alcanzar un objetivo exacto. Puede que el espacio para maniobrar sea de solo unos milímetros, o puede que sea mayor. La precisión es importante, pero la perfección no lo es. Sin embargo, esto no es válido para la mayor parte de las matemáticas, donde el objetivo es descubrir las relaciones exactas entre cosas concretas. Pueden ser propiedades de figuras y funciones matemáticas, o incluso el punto en la línea de números en el que ocurre algo. Para algo así el número exacto puede ser importante desde el punto de vista matemático, aunque sea alucinantemente enorme.

CAPÍTULO 15

Triturar los números

$10^{10^{10^{34}}}$ es un número tan grande que resulta prácticamente imposible de entender. Empieza con uno y va seguido de muchos ceros, tantos que, por más que lograras anotar un cero por cada átomo del universo, ni te acercarías a escribir este número. Ni de lejos.

Supongamos que has empezado la tarea de escribir $10^{10^{10^{34}}}$ en el inicio de los tiempos, cuando el universo nació con una explosión. Y supongamos que eres extremadamente bueno escribiendo ceros y que en cada segundo que ha pasado desde el *big bang* has añadido a la cola tantos ceros como átomos hay en el universo. Por desgracia, aun así, ni te acercarías a terminar de escribir este número. De hecho, sería más acertado decir que ni siquiera habrías empezado.

«De acuerdo —pensarás—, ¿hasta dónde he llegado?».

Bueno, si escribieras tus avances hasta ahora en forma de fracción, sería uno dividido por un número tan grande que tendría más dígitos que átomos hay en el universo. De hecho, si hubieras empezado a escribir este número en los albores de los tiempos...

$10^{10^{10^{34}}}$ es inconmensurable. Corresponde a una rama de las matemáticas conocida como la teoría de números. En esencia, es justo lo que parece: la búsqueda de una teoría que sostenga los números. Pero los números pueden ser extraños. Aprender lo básico es una de las cosas más fáciles que se puede hacer en matemáticas, pero cuando profundizas un poco los números se complican de una manera irracional. Probablemente no hay un campo matemático en el que exista mayor disparidad entre la sencillez de algunas ideas y conjeturas y la dificultad de demostrarlas. Por eso a menudo los problemas de la teoría de números parecen de una sencillez tentadora, pero, tal como atestiguan generaciones de matemáticos atrapados, nada más lejos de la verdad.

Pensemos en la conjetura que propuso el matemático alemán que le da nombre, Christian Goldbach, en 1742. Esta conjetura se basa en un patrón tan fácil que casi cualquiera con un poco de curiosidad matemática podría haberlo detectado: todos los números pares parecen ser la suma de dos números primos. Por ejemplo, 8 es igual a 3 + 5; 90 es igual a 7 + 83 y 12.345.678 es igual a 31 + 12.345.647. Todos los números pares que se han comprobado encajan en ese patrón. La conjetura (que en todos los pares se cumple esta regla) lleva por lo menos trescientos años debatiéndose, pero nadie ha sido capaz de demostrarla. Eso deja abierta la posibilidad de que exista un número par extraordinariamente grande que no se pueda separar en dos primos. Y eso sería un caso típico de la teoría de números, algo que parece cierto hasta que encuentras un contraejemplo enorme.

El 10 a la décima a la décima a la trigésimo cuarta potencia anterior surge así, aunque no trata de la conjetura de Goldbach, sino de la propiedad más intrínseca de los números primos, de los que hablaremos más adelante. Cuando el teórico de los números Stanley Skewes lo encontró, en la década de 1930, el matemático de fama mundial G. H. Hardy lo describió como «el número más grande que ha servido alguna vez a un propósito definido en matemáticas».[1] El número entró incluso en el *Libro Guinness de los récords*.

Un número grande como este y que además sirve a un fin matemático estaba destinado a surgir de una disciplina como la teoría de números. Asimismo, encaja en uno de los períodos más emocionantes y de mayor expansión de la historia de la teoría de números, una época que tiene su anclaje en Oxford y Cambridge, aunque también atrajo a expertos de otros lugares para generar algunas de las mejores colaboraciones matemáticas de la historia.

El matemático conocido como Hardy-Littlewood

Godfrey Harold Hardy, conocido como G. H. Hardy, y John Edensor Littlewood eran matemáticos formidables por separado. Pero sus mayores éxitos los lograron juntos: publicaron más de cien artículos que abarcaban la teoría de números y el análisis matemático (que incluye el estudio de los límites, las diferenciales y las integrales que hemos visto en el capítulo 6). Antes de Hardy y Littlewood, las matemáticas en Inglaterra estaban estancadas, sobre todo en comparación con el resto de Europa, pero juntos lograron girar las tornas.

La pareja inició su colaboración en 1910, y no podían tener caracteres más distintos: Hardy era extrovertido y gregario; Littlewood, tan reservado que ni siquiera asistía a congresos académicos. De hecho, era tan discreto que había quien dudaba de su existencia. Littlewood padeció depresión durante toda su vida, lo que incidía en su naturaleza introvertida. Juntos, Hardy y Littlewood tuvieron una producción variada y relevante.

Pese a que el dúo matemático en realidad no pudo demostrar lo que acabaría conociéndose como la primera conjetura de Hardy-Littlewood,* conjeturar es de vital importancia en matemáticas. Una buena conjetura puede encauzar la reflexión, dar lugar a nuevas herramientas o ideas y convertir la tarea de resolver

* También hay una segunda conjetura de Hardy-Littlewood. Las dos conjeturas se anunciaron a la vez, pero se considera que, si una de ellas es cierta, la otra es falsa.

un problema en otra. Solo se obtienen respuestas interesantes cuando se formulan preguntas interesantes. Esta conjetura es sobre los números primos: los números que solo son divisibles por 1 y por sí mismos. Así, el 5 es un número primo porque solo se puede dividir por 5 y por 1, pero el 6 no lo es porque se puede dividir por 1, 2, 3 y 6. Los números primos son de gran importancia en las matemáticas, sobre todo en la teoría de números.

La primera conjetura de Hardy-Littlewood ofrece una estimación sobre la frecuencia con la que se crean parejas de números primos separados por un número fijo, k. Por ejemplo, en el caso de $k = 2$, la conjetura estima la distribución de números primos a dos de distancia, como 3 y 5; 5 y 7; y 11 y 13. Se los conoce como primos gemelos, y probablemente existen en una cantidad infinita, pero no lo sabemos con certeza. Si se resolviera la primera conjetura de Hardy-Littlewood, se resolvería esta conjetura de los primos gemelos, que lleva más de ciento cincuenta años invicta. (Como digresión rápida, los números primos separados por cuatro [como 3 y 7] se llaman primos primos, y los números primos separados por seis [como 5 y 11], primos sexy. Sexy = sixy. En nombre de todos los matemáticos: perdón).

Otra de sus aportaciones importantes es el llamado método del círculo de Hardy-Littlewood. Es una estrategia para averiguar el comportamiento de determinadas funciones matemáticas. En el caso de Hardy y Littlewood, esa estrategia era la función de partición.

Las particiones investigan de cuántas maneras se puede escribir un número como una suma de enteros. El número 4, por ejemplo, se puede escribir como 4; 3 + 1; 2 + 2; 2 + 1 + 1; o 1 + 1 + 1 + 1. Así, decimos que 4 se puede partir de cinco maneras distintas. La principal idea del método del círculo de Hardy-Littlewood es traducir las preguntas que implican sumas en otras que impliquen exponenciales. Además de ser un planteamiento novedoso y eficaz, resultaba muy potente. Tras anunciarlo, los teóricos de números se lanzaron en tropel a aprender la técnica y, miraran a donde miraran, le encontraban usos. Desde entonces se han escrito cientos de artículos que utilizan el método, incluida la demostración de una versión de la conjetura de Goldbach más débil pero relacionada con ella.

Fue tal su éxito como dúo que el danés Harald Bohr, matemático, jugador internacional de fútbol y hermano de Nils, lo resumió en 1947 diciendo que había tres grandes matemáticos en Inglaterra: «Hardy, Littlewood y Hardy-Littlewood».[2]

Las reglas de colaboración entre Hardy-Littlewood se acordaron en forma de axiomas. El primer axioma era que, cuando uno escribía al otro, no importaba si lo que escribía estaba bien o mal. El segundo es que no existía obligación alguna de leer o contestar a las cartas del otro; el tercero era que procurarían evitar trabajar en el mismo detalle; y el cuarto, que todos los artículos se publicarían con el nombre de los dos, sin excepción. Es bueno tener marcadas unas reglas tan claras, y resulta difícil cuestionar los resultados, pero los autores no podemos evitar tener la sensación de que, si hubiéramos seguido el primer y el segundo axioma al escribir este libro, es muy poco probable que ahora mismo lo estuvieras leyendo.

La capacidad de colaboración de Hardy y Littlewood también se extendió a otras personas, sobre todo cuando acogieron a alguien recién llegado de la India a Cambridge.

Matemáticas directas de Dios

En 1913, Hardy recibió una carta poco común. Con sello de la India, la escribía un empleado de veintitrés años del departamento de contabilidad de la Oficina de Fideicomiso del Puerto de Madrás y describía el peculiar aprieto en el que se encontraba. El remitente explicaba que tenía poca formación académica en matemáticas, pero que aun así se dedicaba al tema. «Los matemáticos de aquí califican de "impresionantes" los resultados que obtengo». Sin embargo, eran incapaces de entender sus «altos vuelos», decía, así que no estaba seguro de cómo actuar. Tras unos cuantos párrafos de explicaciones matemáticas, la carta iba firmada: «Atentamente, S. Ramanujan».[3] Adjuntaba casi una docena de páginas en las que ampliaba sus ideas, y eran extraordinarias. Hardy dijo que era «sin duda la [carta] más destacable que he recibido jamás [...] una cosa era obvia, que el remitente era un matemático de primera categoría, un hombre de una originalidad y una capacidad excepcionales».[4]

Los primeros años de vida de Srinivasa Ramanujan estuvieron marcados por la tragedia. Nació en Erode, en el sur de la India, en 1887, y a los dos años contrajo la viruela, que le dejó cicatrices por todo el cuerpo. A los seis años había perdido a dos hermanos y una hermana, y un año después perdió a su abuelo a causa de la lepra: el estrés extremo le provocó picores y forúnculos, dolencias que se mantendrían durante toda su vida. Sin embargo, desde el punto de vista matemático, la historia es muy distinta. A los once años, Ramanujan ya sobresalía en matemáticas. Dos estudiantes universitarios que se alojaban en su casa lo descubrieron cuando se dieron cuenta de que no podían enseñarle nada que no supiera. A los trece años, descubría por su cuenta teoremas de trigonometría. Resultaba aún más llamativo teniendo en cuenta cómo funcionaba entonces la educación: en esa época, incluso entre los hombres con estudios de la casta de los brahmanes, a la que pertenecía Ramanujan, solo el once por ciento estaba alfabetizado.

Más adelante, durante la adolescencia, le concedieron una beca universitaria, pero, como dedicaba todo el tiempo a estudiar matemáticas, suspendía las demás asignaturas (entre ellas inglés, griego, historia romana y fisiología) y le cancelaron la beca, así que no recibió formación universitaria. Decidido, siguió dedicándose a las matemáticas por su cuenta. Empezó a plantear y resolver problemas en revistas matemáticas. Uno de sus artículos sobre los números de Bernoulli fue admitido para publicarse en el *Journal of the Indian Mathematical Society* en 1911, y empezó a ganarse el reconocimiento en la India por su trabajo. Al final consiguió empleo en el departamento de contabilidad e inició la correspondencia con Hardy. Ramanujan exponía en su carta una mezcla de ideas, que a menudo incluían una combinación de ideas antiguas, conocidas y otras directamente sorprendentes.

Pensemos en esta ecuación, que aparecía en una de las páginas:

$$\int_0^\infty \frac{1+\left(\frac{x}{b+1}\right)^2}{1+\left(\frac{x}{a}\right)^2} \frac{1+\left(\frac{x}{b+2}\right)^2}{1+\left(\frac{x}{a+1}\right)^2} \ldots dx = \frac{1}{2}\pi^{\frac{1}{2}} \frac{\Gamma\left(a+\frac{1}{2}\right)\Gamma(b+1)\Gamma\left(b-a+\frac{1}{2}\right)}{\Gamma(a)\,\Gamma\left(b+\frac{1}{2}\right)\Gamma(b-a+1)}$$

Era evidente que Ramanujan estaba haciendo cálculo, Hardy lo sabía por la notación de la S alargada de Leibniz de la izquierda. Sin embargo, la fórmula y los símbolos de la derecha eran del todo inesperados, y producían un resultado que Hardy nunca había visto. Hardy le habló a Littlewood de la carta y juntos revisaron las formulaciones, cada vez más impresionados por el genio y la originalidad de Ramanujan. En su respuesta, Hardy le pidió a Ramanujan que enviara más, creyendo que, dado que su trabajo era tan espectacular, conocía los teoremas que lo sustentaban, pero no los había puesto sobre el papel. Hardy lo describió como alguien que «se guardaba muchos ases en la manga».[5]

Hardy invitó a Ramanujan a Cambridge para que pudieran trabajar juntos. Al principio Ramanujan rechazó la propuesta de plano, pero finalmente cedió y se unió a Hardy y a Littlewood en Inglaterra, dejando con sus padres a su joven esposa y llevándose cuadernos llenos de ideas. Ya había enviado a Hardy más de cien teoremas en sus cartas, pero aún tenía muchos más que compartir. En todo su trabajo, pocos resultados eran incorrectos, algunos ya se conocían, pero el resto eran nuevos descubrimientos. En el transcurso de cinco años, publicó sus hallazgos junto con Hardy y Littlewood.

Hardy y Littlewood tenían personalidades opuestas, y lo mismo ocurría entre Ramanujan y la pareja Hardy-Littlewood. Ramanujan confiaba mucho en la intuición. Era religioso y creía que muchos de sus conocimientos procedían directamente de su diosa familiar, Namagiri. Eso hacía que a veces se saltara pasos en las demostraciones y derivaciones, con la confianza de que ya sabía que los resultados eran correctos. Hardy y Littlewood rellenaban algunos huecos, y el método funcionaba. Ramanujan descubría constantemente fórmulas del todo sorprendentes, de entre las cuales tal vez una de las más famosas sea la serie siguiente para pi.

$$\frac{1}{\pi} = \frac{2\sqrt{2}}{9{,}801} \sum_{k=0}^{\infty} \frac{(4k)!(1{,}103 + 26{,}390k)}{(k!)^4 396^{4k}}$$

Los números de la derecha parecían salidos de la nada y no tener nada que ver con pi. Aun así, es una de las series más rápidas conocidas para aproximar pi. La gran Σ significa que es una suma, donde calculas el valor de la expresión cuando $k = 0$, luego se suma al valor de la expresión cuando $k = 1$ y $k = 2$, y así sucesivamente. Después de calcular solo unos cuantos términos de esta serie, enseguida se obtiene un valor muy preciso de pi. Tanto que sigue siendo la base de muchos algoritmos para calcular el número con muchos decimales que se usa en la actualidad.

Srinivasa Ramanujan.

Lamentablemente, la vida de Ramanujan fue breve. Había sufrido enfermedades graves toda su vida, y apenas en la treintena contrajo tuberculosis y le diagnosticaron una deficiencia grave de vitaminas: seguía una estricta dieta vegetariana sin estar bien provisto en Gran Bretaña. Volvió a la India convertido en un héroe nacional, pero murió en 1920 con solo treinta y dos años.

En la actualidad solo estamos empezando a entender las repercusiones de las matemáticas de Ramanujan. Investigándolas en décadas posteriores, Jean-Pierre Serre y Pierre Deligne fueron pioneros en una herramienta importante de la teoría de números llamada representaciones de Galois, gracias a la cual ganaron Medallas Fields, uno de los premios de mayor prestigio en matemáticas.* Los avances que esto impulsó permitieron resolver finalmente el último teorema de Fermat, una conjetura que duró más de trescientos cincuenta años, hasta que Andrew Wiles la demostró en 1995. Unos meses antes de morir, Ramanujan escribió una última carta a Hardy en la que resumía una nueva teoría de ecuaciones con una simetría inusual llamadas falsas funciones theta. Continuaron siendo un misterio durante décadas, pero ahora empiezan a utilizarse en la teoría de cuerdas y la descripción de los agujeros negros.

Es un patrón extendido en matemáticas: la demostración de algo en un ámbito da resultados que resultan útiles en otro. Y es particularmente cierto en el caso de una de las colaboradoras menos conocidas de Hardy y Littlewood, Mary Lucy Cartwright.

De la colaboración surge el caos

A principios de 1938, el gobierno del Reino Unido se percató de que necesitaba ayuda matemática. La guerra seguía su curso en Europa y el desarrollo de lo que pronto se convertiría en el radar había topado con un obstáculo. Los ingenieros del Departamento

* Las primeras Medallas Fields se concedieron en 1936.

de Investigación Científica e Industrial (DSIR) sospechaban que surgirían problemas con las ecuaciones de las ondas de radio de alta frecuencia, así que escribieron a la Sociedad Londinense de Matemáticas solicitando asesoramiento. Por supuesto, el radar era confidencial, así que no se mencionó en la circular, pero, desde el punto de vista matemático, el problema era interesante. Cartwright ya conocía «ecuaciones diferenciales que parecían objetables»[6] similares, así que respondió al llamamiento.

Cartwright era una estrella emergente de las matemáticas. Había empezado su carrera en 1919 estudiando matemáticas en el St. Hugh's College, en Oxford. Tras unos años de resultados decepcionantes en los exámenes, empezó a girar las tornas en su tercer año después de asistir a las clases que impartía Hardy por la tarde. En 1923 se licenció y fue así la primera mujer que lo conseguía. Acabó siendo alumna de Hardy y obtuvo un doctorado. Luego continuó como matemática de investigación en el Girton College, de Cambridge, antes de que Hardy y Littlewood la recomendaran para que fuera profesora adjunta. En 1935 pasó a ser profesora universitaria, y pocos años después vio el anuncio del gobierno en busca de ayuda. Le enseñó a Littlewood la nota y formaron equipo para ver si encontraban una solución.

Mary Cartwright (*izquierda*) y Cartwright en el Congreso Internacional de Matemáticos en 1932 en Zúrich (*derecha del todo*). Muchas de las mujeres de la imagen eran esposas de matemáticos.

Cartwright descubrió que Littlewood era un colaborador poco convencional. Se mostraba más dispuesto a hablar durante los paseos, dibujaba figuras imaginarias en las paredes al pasar, pero no era la mejor manera de compartir ideas matemáticas. Descubrió casualmente los axiomas para la colaboración que habían establecido Hardy y Littlewood y empezaron a trabajar juntos por carta, con grandes resultados. «La señorita Cartwright es la única mujer en mi vida a la que he escrito dos veces en un día», contaría más tarde Littlewood.[7]

El problema al que se enfrentaba el gobierno del Reino Unido concernía en concreto a los amplificadores del radar, que fallaban a menudo. Los soldados que los usaban creían que se debía a algún defecto de fabricación, pero Cartwright y Littlewood descubrieron que las matemáticas de base no eran correctas. El físico Freeman Dyson explicó la situación más adelante: «La culpa era de la ecuación en sí».[8] Lo que detectaron Cartwright y Littlewood era que, a medida que aumentaba la frecuencia de las ondas de radio, las ecuaciones se desmoronaban, y eso implicaba que los pequeños cambios dieran resultados erráticos e inestables. La pareja no encontró una solución definitiva para el problema, pero su descubrimiento ayudó a los ingenieros a idear maneras de compensar esos errores, en lugar de buscar un problema en el proceso de fabricación.

De forma muy parecida a lo ocurrido con algunos resultados de Ramanujan, tuvo que pasar un tiempo para que se entendieran las consecuencias del trabajo de Cartwright y Littlewood. Sin saberlo, habían dado con una idea fundamental que cambió el curso de las matemáticas: la idea del caos.

Este extraño fenómeno es tal vez más conocido como el efecto mariposa, que sugiere que una mariposa que aletea en un lugar puede bastar para que se desate un tornado al otro lado del planeta. En el centro está el estudio de los sistemas que son sensibles a las condiciones iniciales. En esas situaciones, las diferencias minúsculas en cómo se inicia algo pueden tener consecuencias enormes y hacer que el curso posterior resulte impredecible a largo plazo. El clima es un sistema caótico. Aunque podamos hacer propuestas bastante razonables sobre lo que ocurrirá a corto plazo, es imposible realizar pronósticos concretos para el futuro. Así, incluso una diferencia mínima, como el aleteo de una mariposa, puede causar un gran impacto. Ahora sabemos que hay muchos sistemas caóticos, entre ellos cómo fluyen los fluidos, los sistemas planetarios o incluso la bolsa.

Sin embargo, el caos no es aleatorio: solo es muy difícil de predecir, y ese carácter impredecible es justo lo que habían descubierto Cartwright y Littlewood unos veinte años antes del desarrollo del caos en la década de 1960.

La carrera de Cartwright fue larga e ilustre. Consiguió muchos hitos para las mujeres, entre ellos ser la primera que participó en el Consejo de la Royal Society y ser presidenta de la Sociedad Londinense de Matemáticas. Vivió hasta casi los cien años, así que pudo ver florecer el increíble campo cuyo terreno ella había preparado.

Teoremas y problemas fundamentales

Littlewood vio uno de sus principios en acción con su trabajo con Cartwright: intenta resolver un problema difícil; puede que no lo resuelvas, pero tal vez demuestres otra cosa. Lo descubrió al intentar abordar la hipótesis de Riemann. Pese al gran éxito de Hardy-Littlewood y sus colaboradores, nunca pudieron resolver la hipótesis de Riemann. Este problema de vital importancia es un clásico de la teoría de números. A partir de la sencilla pregunta: «¿Con qué frecuencia se dan los números primos?», se cae en un inevitable pozo de complejidad, confusión y, para algunos, desesperación.

Empecemos por las partes (más) sencillas. Uno de los aspectos maravillosos de los números primos es que son los pilares fundamentales de otros números, un fenómeno formalizado por el teorema fundamental de la aritmética, que establece que todo número es un producto único de números primos. Pensemos en el 15, por ejemplo, que es el producto de $3 \times 5 = 15$. Tanto 3 como 5 son números primos y no hay otra combinación de números primos que dé 15. O probemos con 42, que está formado únicamente por los números primos $2 \times 3 \times 7 = 42$. Para cualquier número que escojas, este teorema fundamental de la aritmética te dice que, si lo observas con detenimiento, encontrarás números primos. O, en palabras de Hardy: «Los números primos son la materia prima a partir de la cual tenemos que crear la aritmética».[9]

Entonces, ¿hasta qué punto es habitual esta materia prima? Si exploras un poco, es bastante fácil deducir que los números primos se vuelven más raros a medida que subes por la línea de números. Hay veinticinco números primos entre el 0 y el 100, pero solo veintiuno entre el 100 y el 200 y solo dieciséis entre el 200 y el 300. Como es lógico, te puede parecer razonable: cuanto mayores son los números, hay más números entre los que dividirlos. Entonces, otra pregunta sensata sería: ¿existe una fórmula que describa esta relación?

Sí. Se llama teorema de los números primos y lo demostraron de forma independiente el matemático francés Jacques Hadamard y el belga Charles-Jean de la Vallée Poussin. Hay muchas variaciones distintas del resultado, pero una da la fórmula siguiente, que indica aproximadamente cómo se distribuyen los números primos.

$$\pi(x) \sim \int_2^x \frac{dx}{log x}$$

En la izquierda hay una expresión que nos dice la cantidad de números primos debajo de x y a la derecha una expresión para calcularla. El garabato ondulado del medio significa «es aproximadamente igual a». Tal como muestra la siguiente tabla, la aproximación es bastante precisa.

n	Número de primos menores que *n*	$\int_2^x \frac{dx}{\log x}$
1000	168	178
10000	1229	1246
50000	5133	5167
100000	9592	9630
500000	41538	41606
1000000	78498	78628
2000000	148933	149055
5000000	348513	348638
10000000	664579	664918
20000000	1270607	1270905
90000000	5216954	5217810
100000000	5761455	5762209
1000000000	50847534	50849235
10000000000	455052511	455055614

El proceso de demostrar el teorema de los números primos fue arduo. Aunque la conjetura se remontaba a la década de 1700, al puro estilo de la teoría de números, hicieron falta unos cien años más para probarla. La demostración se basaba en unas curiosidades matemáticas llamadas funciones zeta de Riemann, descubiertas por Bernhard Riemann, al que hemos conocido como alguien que exploraba las geometrías hiperbólicas y elípticas. Los números primos no presentan ningún patrón aparente, pero, igual que el teorema de los números primos nos da una idea de su conducta habitual, las funciones zeta de Riemann nos dan una idea de cómo fluctúan los números primos alrededor de la media. Riemann lanzó la hipótesis de que determinadas soluciones a las funciones zeta de Riemann se basaban en una bonita línea recta. Puede parecer trivial, pero es toda una hazaña saber cómo fluctúan los números primos. Si la hipótesis de Riemann es cierta, significaría que, además de resolverse de inmediato la multitud de problemas pendientes de la teoría de números, se reafirmaría nuestra comprensión de los números primos, pues se demostraría que fluctúan de una manera agradable desde el punto de vista matemático.

Pese a que su hipótesis se mostró cierta para todos los casos que probó, no encontraba una demostración. Littlewood también había intentado encontrar una de más joven, pero sin mucho éxito, igual que otros matemáticos. Se generó un hábito extraño: algunos matemáticos asumieron sin más que era cierto y partieron de ahí. Este planteamiento suscitó cierto escepticismo, pero es justo lo que necesitaba Stanley Skewes para encontrar su número.

El número de Skewes

Echemos otro vistazo a la tabla anterior. Si te fijas bien, verás que las aproximaciones de la columna de la derecha son todas sobrestimaciones. De hecho, si continuaras esta tabla, seguirías viendo que la fórmula es una sobrestimación. Sin embargo, igual que con todo en la teoría de números, lo sencillo puede volverse complejo, y lo que parece ser un caso puede ser un mero engaño. En 1914, Littlewood descubrió que la fórmula en realidad pasa de ser una sobrestimación a ser una subestimación en infinidad de ocasiones. Aun así, nadie sabía de un número en que se produjera ese salto. Es decir, hasta que llegó Skewes.

Stanley Skewes formaba parte de la primera oleada de estudiantes que accedieron a una formación universitaria completamente sudafricana. Se licenció en Ingeniería Civil en la Universidad de Ciudad del Cabo en 1920 y terminó un máster en 1922. Hasta principios de la década de 1900, aunque existían universidades en el país, solo eran sucursales de las británicas en el extranjero. Luego se inició un movimiento para crear una universidad con el fin claro de enseñar, en contraposición con solo hacer exámenes y conceder títulos, de modo que la Universidad de Ciudad del Cabo acabó siendo una universidad por derecho propio en 1918. Gracias a este movimiento, la producción de conocimiento en Sudáfrica empezó a ser más de producción local. Los matemáticos sudafricanos que viajaban a Inglaterra a estudiar volvían con licenciaturas y empezaron a dar clases en instituciones superiores de Ciudad del Cabo y Johannesburgo. Esas universidades y facultades acogieron a matemáticos de gran talento, y el saber científico se extendió entre la población más amplia a través de programas de radio.

Stanley Skewes.

En el siglo XVIII había poca segregación en los colegios en Sudáfrica. Sin embargo, eso había cambiado en el siglo XX. La discriminación a gran escala de las comunidades indígenas se aceleró cuando el Partido Nacional accedió al poder en 1948 y el *apartheid* se convirtió en política nacional aplicada por el gobierno blanco. La Universidad de Ciudad del Cabo fue una avanzadilla que intentó resistirse a la política y se hizo célebre por su oposición. En la universidad había una pequeña cantidad de alumnos negros matriculados en la década de 1920 y siguió admitiéndolos durante todo el *apartheid*, pero las cifras siguieron siendo bajas mientras se sostuvo el sistema.

En 1918, la Universidad de Ciudad del Cabo aún estaba situándose. Skewes lo vivió en primera persona cuando obtuvo una beca en 1923 para estudiar matemáticas en el King's College de Cambridge. El nivel de conocimiento requerido era tan distinto que básicamente tuvo que empezar de nuevo sus estudios desde el primer nivel universitario. Aunque consiguió terminar el curso en el King's, solo consiguió una licenciatura con notable alto, lo que supuso una profunda decepción para él. Volvió a Sudáfrica, cubrió un puesto de profesor en la Universidad de Ciudad del Cabo y regresó a Cambridge de vez en cuando para continuar sus estudios. Primero se sacó un máster, luego un doctorado bajo la supervisión de Littlewood, que también se había criado en Ciudad del Cabo. Skewes pasó a ser profesor asociado en la Universidad de Ciudad del Cabo e inspiró a muchos alumnos, entre ellos Dona Strauss.

Strauss entró en la Universidad de Ciudad del Cabo cuando solo tenía quince años. Tres años después obtuvo un bachiller universitario de ciencias y, un año después, un máster en ciencias. En su promoción había doscientos alumnos de matemáticas, pero solo cuatro mujeres. Más adelante contó que las otras tres terminaron su carrera matemática como amas de casa, pero ella tenía otros planes, así que presentó una solicitud en Cambridge. ¿Y quién era maestra en el Girton College? La mismísima Mary Cartwright de la teoría del caos. Girton y Newnham eran las únicas dos facultades de Cambridge a las que las mujeres podían asistir en aquella época, y las mujeres matemáticas eran pocas y vivían lejos unas de otras. Strauss fue directa al programa de doctorado. Se sentía bien preparada con lo que había aprendido de Skewes, y llevaba razón. Prosperó en Cambridge y acabó siendo matemática profesional.

En su tesis doctoral, Strauss fue pionera de la topología sin puntos, que es una rama muy útil de las matemáticas. La topología en general trata de estudiar las formas, pero desde una perspectiva distinta de la geometría. Por ejemplo, en vez de preocuparse por las difíciles diferencias entre las figuras, la topología se centra en la manera en que los objetos se pueden estrujar y convertir en otros. Desde sus esotéricos inicios, la topología se ha aplicado en todo, desde la biología hasta la física teórica. Por lo general, las formas topológicas se construyen usando puntos, como ocurre en otras ramas de las matemáticas. No obstante, en la topología no importan realmente los puntos concretos, así que es una conjugación extraña. Lo que investigó Strauss era cómo acabar con todos ellos y liberar así la topología de los puntos. También demostró algunos de los usos que tenía esta versión de la topología en las matemáticas aplicadas y la informática.

Strauss ha escrito más de doscientos artículos, colaborado con multitud de matemáticos dedicados a la disciplina pura o aplicada, y es coautora de tres libros. El mayor reconocimiento a su obra llegó cuando en 2009 la Universidad de Cambridge organizó un congreso en su honor para su septuagésimo quinto aniversario, que reunió a matemáticos de todo el mundo para celebrar su productiva vida científica.

Skewes fue un profesor estimulante, y una de las maneras en que cautivaba a sus alumnos era trabajando con los números primos y el teorema de los números primos. Mientras analizaba este teorema, en 1933 descubrió su número: ese extremadamente grande del principio del capítulo. Era la prueba irrefutable que todo el mundo estaba buscando, el momento en que la fórmula para la distribución de los números primos se convertía en una subestimación en lugar de una sobrestimación. Su resultado llamó mucho la atención e impresionó a Hardy. Sin embargo, había un problema potencial: para llegar a su resultado, Skewes tenía que suponer que la hipótesis de Riemann era cierta. Pasados muchos años, también demostró que su número se sostenía aunque la hipótesis de Riemann fuera falsa, pero algunos matemáticos dudaban de que fuera el método adecuado. En matemáticas no hay solo las dos opciones verdadero o falso: hay una tercera categoría llamada «indecidible», donde los axiomas de matemáticas que se están usando no permiten demostrar el resultado.

Otro alumno de Littlewood, Albert Ingham, escribió a un prometedor y joven matemático manifestando su desdén hacia ese método: «Skewes no es la mejor persona para exprimir hasta la última gota del limón. Lo que me interesa son tus intentos». Ese esperanzador matemático era un joven llamado Alan Turing.

Un enigma que ni siquiera Turing podía resolver

Cuesta mencionar a Turing sin hablar de su trabajo durante la Segunda Guerra Mundial. El día después de que el Reino Unido declarara la guerra a Alemania en septiembre de 1939, compareció en Bletchey Park, una casa de campo que se convirtió en el centro de las iniciativas de descodificación de los aliados. Cuanto más se agravaba la guerra, más importante era interceptar y descodificar la información. Por una parte, la Alemania nazi estaba usando una de las máquinas de encriptado más sofisticadas jamás creadas, Enigma; por otra, estaban Alan Turing como jefe del Hut 8 y sus colegas intentando descifrarla.

Durante años, descifrar códigos ha sido dominio de los matemáticos. En el siglo IX al-Kindi ya había registrado una de las técnicas más importantes. Se dio cuenta de que si hacía un análisis estadístico del texto cifrado se podían deducir algunas de las sustituciones. Por ejemplo, en inglés la «e» es la letra más común. Usando el método de al-Kindi, frente a un bloque de texto cifrado donde las letras del texto original se han sustituido por otras, cabe esperar que la letra cifrada que aparece más veces se descodifique como «e». Siguiendo así, cabría esperar descifrar suficientes partes del texto para poder adivinar palabras y finalmente el texto entero.

Sin embargo, en la Segunda Guerra Mundial este método no resultó tan útil. El ejército alemán cambiaba con regularidad los ajustes de la máquina Enigma, lo que significaba que, para tener alguna opción de descifrarla, el Hut 8 tenía que poder trabajar rápido, más de lo que era humanamente posible. Así que construyeron una máquina para hacer los cálculos necesarios. Conocida como la Bomba, de dos metros por dos metros y pesando alrededor de una tonelada, tardaron unos cinco meses en construir la primera, y durante los años siguientes se construyeron unas doscientas.

Turing siguió construyendo máquinas de computación después de la guerra, pero también volvió a la teoría de números y entabló correspondencia con Skewes, del que se había hecho muy amigo, a pesar de que se llevaban trece años, durante una visita de Skewes a Cambridge a principios de la década de 1930. Turing acabó siendo un nombre conocido en las matemáticas, pero había conocido a Skewes cuando aún era estudiante. En esa visita, ambos habían acabado sentados uno frente a otro durante unas prácticas de remo. Empezaron a charlar de matemáticas en la barca y, en concreto, de la hipótesis de Riemann.

Turing seguía fascinado con la hipótesis de Riemann, y el primer artículo que publicó después de la guerra trataba sobre ese tema (aunque el contenido lo había escrito unos años antes). Se preguntaba si podía mejorar la derivación del número de Skewes usando sus capacidades de cálculo. Se mostraba escéptico ante la idea de que la hipótesis de Riemann fuera cierta, así que intentó construir una máquina que obtuviera soluciones de la función zeta de Riemann con la esperanza de dar con una que no se basara en la bonita línea recta que predecía la hipótesis de Riemann y así demostrar que era falsa. Su diseño consistía en ochenta engranajes en proporciones precisas y un contrapeso, pero tuvo que parar el proyecto cuando estalló la guerra. Una vez finalizado el conflicto, volvió a este problema, pero las computadoras digitales estaban tan avanzadas para entonces que su diseño resultaba inútil. En cambio, encontró una forma de esquivar por completo la hipótesis de Riemann. Así, conseguía librarse del terreno pantanoso en el que se basaba el resultado de Skewes y encontrar un número de Skewes mucho mejor. El original era $10^{10^{10^{34}}}$. Turing, con la ayuda de extensos cálculos, propuso que $10^{10^{5}}$ funcionaría.

De forma muy parecida a la colaboración entre Hardy y Littlewood, Turing escribió su nombre y el de Skewes al inicio de su trabajo «Sobre un teorema de Littlewood». Sin embargo, nunca se publicó. En ese momento, vivía en Mánchester y mantenía una relación con un hombre llamado Arnold Murray. En aquella época la homosexualidad era ilegal, pero creía que las probabilidades de ser condenado eran de una sobre diez. Por desgracia, a principios de 1952 lo detuvieron acusado de «indecencia grave» y lo obligaron a someterse a la castración química, le pusieron inyecciones de estrógenos sin esteroides para «feminizar» su cuerpo. Tal como escribió Jeanette Winterson en *12 Bytes*, una colección de artículos sobre la inteligencia artificial: «Al parecer, lo que Turing quería hacer con su cuerpo (tener relaciones sexuales con hombres) era más importante para la Gran Bretaña mezquina de la posguerra que lo que era capaz de hacer con su mente».

El tratamiento le dejó graves secuelas físicas y mentales, pero Turing continuó con su labor académica y con la correspondencia con eruditos, editores de revistas científicas y estudiantes. El 9 de abril de 1953 envió una carta a su buen amigo Skewes en la que se disculpaba por haber invadido su terreno.

> Me siento bastante culpable por haber invadido el territorio de tu número. Podría haber seguido siendo un rincón agradable que reservarse para uno mismo. Sin embargo, cometiste el error de hablarme de él de vez en cuando mientras eras el remo dos y yo remaba en la proa, hasta que al final pensé que tenía que averiguar de qué iba todo aquello y, una vez hecho, no pude evitar jugar yo también.

Turing murió al año siguiente. Una investigación determinó que la causa de la muerte fue el suicidio, aunque hay quien cree que pudo deberse a una intoxicación accidental.

Muchos años después, Skewes recibió una carta de Littlewood, que había oído hablar del manuscrito inédito que llevaba su nombre y el de Turing. Skewes le respondió que había visitado a Turing con frecuencia y continuaron con sus intercambios epistolares. Skewes sugirió publicar el manuscrito conjunto a título póstumo solo con el nombre de Turing, pero eso nunca ocurrió. Resulta tentador pensar lo que podría haber pasado si Turing y Skewes hubieran seguido colaborando, sobre todo respecto a la hipótesis de Riemann, que sigue sin resolver. Por lo menos, de momento.

EPÍLOGO

Las matemáticas y su historia son temas en constante evolución. Lo que hemos escrito es un reflejo de nuestro mejor saber actual sobre los orígenes de las matemáticas. Existe una convicción cada vez mayor de que lo que tradicionalmente se ha contado de ellas, a menudo centrándose demasiado en un pequeño grupo de personajes griegos, es solo una pieza de una historia mucho más rica e internacional. Las ideas matemáticas han surgido en todo el mundo con muchas apariencias distintas. No hay duda de que los historiadores seguirán descubriendo más complejidad en cada una de esas historias durante los próximos años. Una parte consistirá en revisar historias antiguas para intentar liberarlas de los prejuicios de la época o los impuestos por las generaciones posteriores. Saldrán a la luz los errores provocados por ideas preconcebidas sexistas o por priorizar a unos grupos ante otros, y se descubrirá la verdad, o lo más cercano a ella que podemos esperar. Sin embargo, también podemos esperar que se descubran textos antiguos, tablas y artefactos, así como que se apliquen técnicas como la datación por carbono y el análisis de ADN, y nos den más pistas de lo que ocurrió en realidad.

Como autores, somos consciente de que también tenemos nuestras ideas preconcebidas y nuestros sesgos. Hemos procurado que los hechos hablen por sí mismos, pero eso también conlleva sus dificultades. Hasta cierto punto, la decisión de qué incluir y qué no en una historia de las matemáticas es ética. ¿Quién se lleva el mérito? ¿A quién se borra por omisión? Ningún libro de historia será completo nunca. Aun así, esperamos haber tensado el arco narrativo de las matemáticas hacia una historia más justa y representativa no por el bien de ninguna ideología, sino porque es el reflejo más fiel de cómo han evolucionado a lo largo de milenios y como siguen evolucionando. Las matemáticas aún están llenas de vida y continúan siendo un deporte de equipo internacional.

Pensemos en el que en principio es el mayor avance matemático de los últimos treinta años: la resolución de Andrew Wiles del último teorema de Fermat en 1995. Recordemos que según este no hay números enteros que cumplan la ecuación $x^n + y^n = z^n$, donde n es mayor que 2. Pierre de Fermat escribió en los márgenes de un libro que tenía una demostración hace casi cuatrocientos años, pero nunca se encontró. Matemáticas como Sophie Germain, entre muchos otros, intentaron abordarlo, pero hizo falta toda la fuerza de las matemáticas modernas y una serie de personajes para terminar el trabajo.

Wiles ofreció un despliegue matemático impresionante en su demostración de 129 páginas de la conjetura, pero para su método fue fundamental trabajar con otros dos matemáticos del siglo XX, los japoneses Goro Shimura y Yutaka Taniyama. Shimura se basó en el trabajo de Taniyama para detectar una conexión entre dos conceptos matemáticos que en apariencia no guardaban relación, conocidos como las curvas elípticas y las formas modulares. Conjeturó que eran lo mismo solo que visto desde dos perspectivas distintas. El matemático francés André Weil popularizó la conjetura de Taniyama-Shimura en Occidente antes de que matemáticos como el alemán Gerhard Frey y el estadounidense Ken Ribet confirmaran que demostrarlo implicaría que el último teorema de Fermat también era cierto.

Podría decirse que, a mediados de la década de 1990, el último teorema de Fermat era el problema sin resolver más famoso de las matemáticas. Basándose en todo el trabajo anterior, Wiles demostró la conjetura, y por tanto también el último teorema de Fermat. Había trabajado en secreto durante siete años hasta ese momento, y su demostración inicial incluía algunos problemas. El también británico Richard Taylor le ayudó a pulirlos, de modo que acabó considerándose coautor de uno de los artículos en los que se resumía el resultado.

Las matemáticas son una carrera de relevos

Wiles corrió el tramo final de la carrera, pero no podría haberlo hecho sin los numerosos matemáticos que habían llevado el testigo por separado hacia la línea de meta antes que él. En este caso, gran parte de la colaboración fue indirecta. Una persona avanzó un poco en el problema, luego se sumó otra y usó lo que había hecho la anterior para progresar un poco más, y así sucesivamente. Sin embargo, hay excepciones. Las matemáticas también pueden ser una búsqueda social.

Paul Erdős era originario de Hungría, pero se fue durante el ascenso de la Alemania nazi y se pasó la vida recorriendo mundo, colaborando con distintos matemáticos. Es bien sabido que se presentaba en casa de un colega sin previo aviso y declaraba: «Tengo el cerebro abierto». Se quedaba lo suficiente para colaborar en unos cuantos artículos antes de pasar al siguiente colega, y a menudo le preguntaba al anfitrión del momento a quién visitar a continuación. A lo largo de su carrera, colaboró con más de quinientos matemáticos y publicó alrededor de mil quinientos artículos, más que ningún otro matemático hasta la fecha.

Erdős era tan prolífico que algunos matemáticos aún investigan lo «cerca» que estuvieron de haber colaborado con él. Tener un número Erdős de 1 significa que has publicado trabajo con él; un número Erdős 2, que has publicado trabajo con alguien que publicó con Erdős; etc.* Hay una sola persona con un número Erdős de 0, y es el propio Paul Erdős. Más de once mil personas tienen un número Erdős de 2, un indicador del alcance que puede llegar a tener la colaboración.

Resulta difícil estimar con exactitud cuántos matemáticos hay en el mundo en un momento determinado, pero el Mathematics Genealogy Project da algunas pistas. El proyecto se inició a mediados de la década de 1990 y en su página web afirman que el objetivo es «recabar información sobre TODOS los matemáticos del mundo». Sin duda, toda declaración de intenciones con un uso tan descarado de las mayúsculas hay que tomarla EN SERIO.

La cantidad de entradas en sus registros al año muestra que los matemáticos han crecido de forma notable como grupo durante los últimos años.

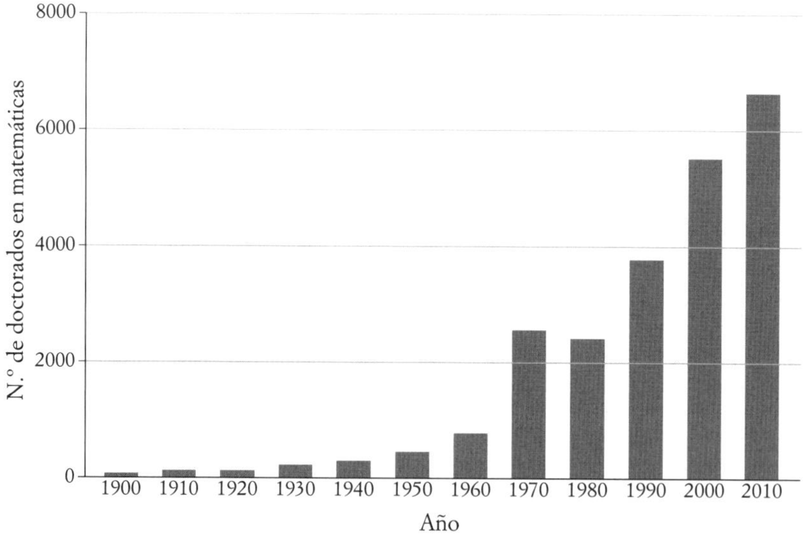

* Timothy tiene un número Erdős de 4, y el de Kate es de 5.

Estas cifras exactas deberían tomarse con pinzas. Es mucho más fácil reunir registros sobre personas que terminan doctorados en las últimas décadas que hace cien años, y se tarda un tiempo en actualizar por completo los últimos años. Sin embargo, hace unas décadas que los doctorados matemáticos registrados por el proyecto se cuentan por miles al año en lugar de en decenas y centenares.

No obstante, si miramos mucho más allá del gráfico, queda claro que las matemáticas siguen estando sesgadas. Pese a que las mujeres constituyen el cincuenta por ciento de estudiantes de doctorado en todas las asignaturas en países de la OCDE,[1] en matemáticas la proporción es mucho más baja. Según el Departamento de Educación de Estados Unidos, las mujeres obtuvieron solo el veintinueve por ciento de estudios de doctorado en matemáticas en 2013-2014.[2] El informe «She Figures 2021» de la Oficina de Publicaciones de la Unión Europea descubrió que poco más del treinta y dos por ciento de los doctorados en matemáticas y estadística en Europa eran mujeres,[3] comparado con casi el cincuenta por ciento en todas las disciplinas. En toda África, las mujeres suponen alrededor del treinta por ciento de las personas que se dedican a la investigación en ciencia, tecnología y matemáticas.[4] Son solo unos cuantos datos, pero otros informes cuentan historias parecidas.

Pese a que está pasando poco a poco, se ven pequeñas señales de que está empezando a cambiar. Pensemos en dos de los premios más importantes en matemáticas: la Medalla Fields y el Premio Abel. Los premios son solo un aspecto de lo que es importante en ciencia, y a menudo son políticos. La historia de la física no es la misma que la historia de los Premios Nobel de Física, por ejemplo. Sin embargo, son un reflejo de lo que se está impulsando y, tal vez más importante, de quién.

Pese a que se han concedido más de cien Medallas Fields y Premios Abel, hasta hace aproximadamente una década todos fueron a parar a hombres. Eso cambió cuando Maryam Mirzajani ganó una Medalla Fields en 2014. Estos galardones se entregan una vez cada cuatro años en el congreso de la Unión Matemática Internacional a entre dos y cuatro matemáticos menores de cuarenta años. Podría decirse que es el premio más codiciado, y ganarlo supone un increíble reconocimiento del trabajo. Desde que se concedió por primera vez en 1936, noventa personas han ganado una, ochenta y ocho de ellas hombres.

Mirzajani rompió esta tendencia en muchos sentidos. Nacida en Irán, demostró tener un talento matemático inmenso desde una edad muy temprana. De adolescente, se convirtió en la primera iraní que ganó una medalla de oro en las Olimpiadas Internacionales de Matemáticas, una competición consolidada en la que los jóvenes matemáticos ponen a prueba sus habilidades en el plano internacional. Un año después obtuvo otra medalla de oro y una puntuación perfecta. Se mudó a Estados Unidos para dedicarse a la investigación, con puestos primero en la Universidad de Princeton y luego en Stanford. Pronto se acercó a un campo de estudio centrado en objetos y espacios geométricos extraños, basándose en el tipo de trabajo que hacían Bolyai, Gauss, Lobachevski y Riemann, en el que, junto con su coautor Alex Eskin, demostró un resultado tan magnífico que se popularizó como «el teorema de la varita mágica».

Así lo explicó Eskin en 2019.[5] Imaginemos una habitación con una forma extraña hecha de espejos y una vela en el medio. La luz rebotará en los espejos, pero ¿iluminará todo el espacio o algunos puntos del espacio quedarán sin iluminar? El teorema de la varita mágica responde. «No hay puntos oscuros —dijo Eskin—. Todos los puntos de la sala están iluminados». Los puntos oscuros en una habitación iluminada por una vela pueden parecer una situación muy concreta, y lo es, pero el teorema de la varita mágica es mucho más general. Utilizando conceptos del álgebra y de la geometría, codifica una amplia relación entre determinadas formas y determinadas vías. El resultado es que la varita mágica se puede agitar en muchas situaciones en las que hay partículas en movimiento.

Estas situaciones abundan, sobre todo en física teórica, así que aún están por descubrir todas las aplicaciones del teorema.

Mirzajani murió joven, pero su historia sigue sirviendo de inspiración a las niñas, sobre todo en Irán, para estudiar matemáticas. La Universidad de Tecnología de Sharif ha puesto su nombre a la biblioteca de su Facultad de Matemáticas, y el instituto Farzanegan, en el que estudió, ha puesto su nombre al anfiteatro y a la biblioteca. Ahora el Día Internacional de las Mujeres Matemáticas se celebra el 12 de mayo, el cumpleaños de Mirzajani.

En 2022, mientras le dábamos los últimos retoques a este libro, se anunciaron los últimos cuatro ganadores de la Medalla Fields. Entre ellos estaba la matemática ucrania Marina Viazovska, por su demostración de que «el retículo E8 ofrece el empaquetamiento más denso de esferas idénticas en ocho dimensiones». En otras palabras, averiguó cómo empaquetar esferas en ocho dimensiones para dejar la mínima cantidad de espacio vacío. El empaquetamiento de esferas ha sido un problema matemático duradero y de una dificultad sorprendente. En dos dimensiones, donde las esferas son círculos, Joseph Lagrange demostró en la década de 1770 que es mejor un patrón hexagonal, donde un solo círculo está rodeado de seis círculos más, como en un panal.

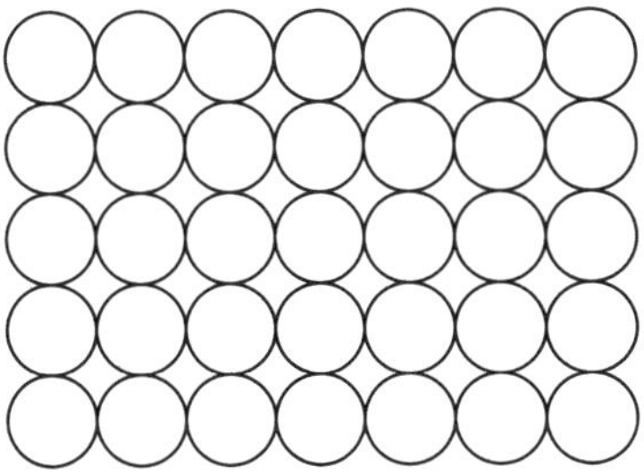

Empaquetamiento cuadrado

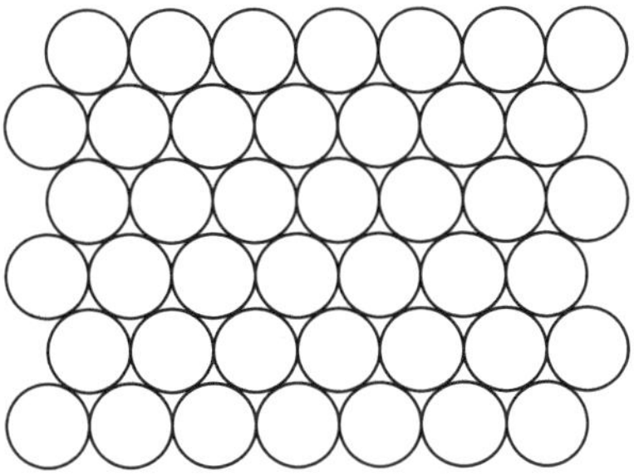

Empaquetamiento hexagonal

Se pueden encajar más círculos en un espacio reducido usando un empaquetamiento hexagonal.

Hasta finales de la década de 1990, más de doscientos años después, no se obtuvo el siguiente resultado, cuando Thomas Hales demostró que las «estructuras compactas», una especie de configuración que suele producirse de forma natural en cristales, es la manera óptima de empaquetar esferas en tres dimensiones. Sin embargo, aún no se conocía el resultado para dimensiones mayores, hasta que Viazovska lo demostró para ocho dimensiones en 2016. Poco después, participó en el intento de averiguar la mejor configuración para veinticuatro dimensiones. Ahora conocemos la mejor manera de empaquetar esferas en una, dos, tres, ocho y veinticuatro dimensiones, pero no otras. El trabajo de Viazovska podría ser la clave para desbloquear otras dimensiones.

El Premio Abel tal vez se parezca más a un Nobel de las matemáticas, y suele concederse a la trayectoria vital de alguien. Por ejemplo, Andrew Wiles lo ganó en 2016 por su demostración del último teorema de Fermat. El Abel se ha concedido todos los años desde 2003, pero la hegemonía masculina no se rompió hasta el vigésimo galardón, cuando en 2019 Karen Uhlenbeck lo ganó por su trabajo en la teoría de campo de gauge y el análisis geométrico. Estas dos ramas tienen usos muy diversos, entre ellos respaldar la unificación en una teoría de dos fuerzas fundamentales de la naturaleza: el electromagnetismo y la fuerza nuclear débil.

Tal vez Mirzajani, Viazovska y Uhlenbeck sean casos atípicos. Tal como hemos visto en el libro, siempre ha habido personas que nadan a contracorriente y consiguen logros increíbles. Uhlenbeck fue la primera mujer que dio una conferencia plenaria en el Congreso Internacional de Matemáticos desde que lo hizo Emmy Noether en 1932, setenta años antes. Nuestra esperanza es que solo sea la punta del iceberg. Durante las últimas décadas, cada vez más mujeres se han dedicado a las matemáticas. Queda mucho camino por recorrer en paridad en cuanto a licenciaturas, y aún más en cargos académicos, pero la tendencia empieza a virar poco a poco.

Desde el punto de vista geográfico, las matemáticas también se están abriendo y se están convirtiendo en una disciplina más global que nunca. Se han creado organismos como el Centro Internacional de Matemáticas Puras y Aplicadas (CIMPA) con la intención de promover la investigación matemática en países con ingresos bajos y medios. Hasta 2022, el CIMPA ha inaugurado casi cuatrocientos cursos intensivos de matemáticas de investigación para fomentarlas. La creación del Instituto Africano de Ciencias Matemáticas también está logrando un mayor acceso a los estudios de posgrado a través de su red panafricana.

Problemas por solucionar

Las matemáticas son una disciplina de ideas. Como son inclusivas y reúnen talentos de muy diversos orígenes, se producirán más avances, y más rápido. Y a los matemáticos aún les queda mucho por hacer.

En el año 2000, el Instituto Clay de Matemáticas reunió siete problemas matemáticos importantes y les puso dianas en la espalda en forma de premio de un millón de dólares para quien los resolviera. La iniciativa se inspiraba en la publicación de David Hilbert de veintitrés de los problemas más importantes en el ámbito matemático en 1900. Hilbert no ofrecía un premio, pero su anunció centró la investigación matemática durante gran parte del siglo XX. Ahora se han resuelto cerca de la mitad de los problemas, pero solo uno de los llamados premios del milenio.

En la lista de premios del milenio hay problemas importantes, y sus soluciones serían monumentales. Una solución al problema de P y NP, por ejemplo, supondría reformular nuestra idea de lo que pueden hacer los ordenadores, y una solución a la ecuación Navier-Stokes, fundamental para la mecánica de fluidos, nos convertiría en maestros de las sustancias que conforman nuestro mundo. El que se ha resuelto es la conjetura de Poincaré, demostrada en 2002 por el ruso Grigori Perelman. Un aspecto de esta conjetura es que nos habla de las posibles formas del universo. Si el espacio-tiempo es finito y tiene la sencilla propiedad de que cualquier lazo de una esfera se puede reducir a un punto de forma continua, tiene que ser una hiperesfera, una versión de una esfera con más dimensiones.

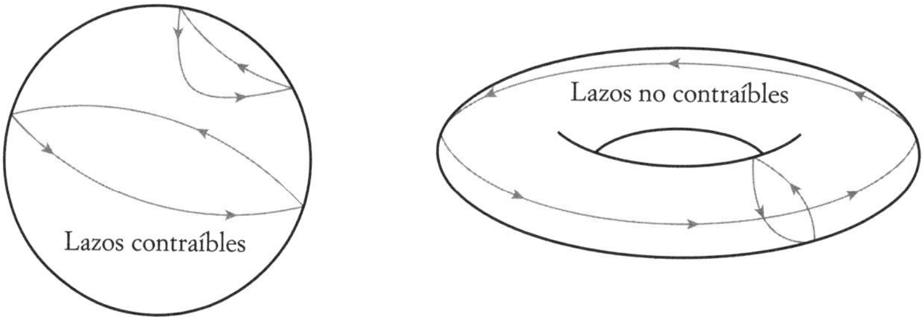

Todos los lazos de una esfera se pueden reducir a un punto de forma continua, pero no todos los que están sobre un toro.

A Perelman le ofrecieron el premio de un millón de dólares por su demostración, pero lo rechazó porque creía que su aportación era equiparable a la de otro matemático: Richard Hamilton. Aunque Perelman fue al fondo de la conjetura, se basó en el trabajo de Hamilton hasta tal punto que consideraba que merecía el mismo reconocimiento.

Otros problemas matemáticos duraderos parecen estar tentadoramente cerca de la solución, pero necesitan ayuda para cruzar la frontera. Pensemos en la conjetura de los números primos gemelos. Recordemos que postula que existen infinidad de números primos separados solo por 2, conocidos como números primos gemelos. Por ejemplo, 3 y 5 son números primos gemelos, como 5 y 7, y 11 y 13. La conjetura tiene por lo menos ciento cincuenta años de antigüedad y es un problema muy conocido de la teoría de números. Durante años parecía impenetrable, hasta que en 2013 el chino Yitang Zhang le dio un gran impulso. Demostró que había infinidad de números primos que difieren en 70 millones o menos. Esta diferencia de 70 millones es mucho mayor que el salto de 2 que buscamos, pero hasta Zhang no había ningún límite en la diferencia. Luego, un proyecto colaborativo basado en internet, Polymath8, salió al rescate para pulir el trabajo de Zhang. En el momento de escribir el libro, el proyecto ha conseguido reducir la diferencia a 246, o 6, si se sostienen como verdaderos unos cuantos resultados más.

El futuro de las matemáticas dependerá de matemáticos de todo el mundo que parten de tradiciones matemáticas globales muy ricas. Hará falta que gente de orígenes muy diversos aporten ideas y planteamientos diversos. Surgirán ideas que se redescubrirán en un contexto distinto, mientras que otras permanecerán latentes durante siglos. El avance de las matemáticas nunca es una línea recta.

Con frecuencia las matemáticas han ido de la mano de la evolución de la astronomía. Siempre y en todas partes, los matemáticos han contemplado el cielo en busca de inspiración. Intentar comprender cómo y por qué se movían los cuerpos celestes ayudó a impulsar el desarrollo de nuevas técnicas y maneras de entender el mundo. Seguirá siendo así durante todo el siglo XXI. La tecnología nos está permitiendo adentrarnos más que nunca en las profundidades del universo. Los telescopios enviados al espacio destaparán cada vez más detalles y darán más trabajo a los matemáticos. Por ejemplo, el telescopio espacial James Webb, cuyas imágenes pueden verse en la web de la NASA, será capaz de captar la primera luz del universo, además de detectar agua en planetas de fuera del sistema solar. El telescopio Xuntian, cuyo lanzamiento está previsto para 2025, pretende clasificar casi mil millones de galaxias.

Quedan sin resolver problemas antiguos, como los problemas del milenio, pero también surgirán otros. Todo, desde la inteligencia artificial, los viajes al espacio, la sanidad y mucho más, requerirá una enorme cantidad de ingenio para perfeccionarlo y mejorarlo. El mundo está inundado de datos. Igual que las computadoras humanas afrontaron el desafío de una eclosión de información nueva, los científicos de datos deberán lidiar con nuestra sociedad cada vez más rica en datos. Necesitamos métodos y técnicas nuevos para entenderlo todo. Tal vez necesitemos también ordenadores nuevos. Ordenadores cuánticos que hagan tareas que un ordenador clásico tardaría miles de años en realizar quizá pronto serán una realidad.

Las matemáticas han recorrido un largo camino desde que la humanidad empezó a grabar pensamientos matemáticos en huesos, arcilla y papel. En el mundo actual, el conocimiento es más accesible que nunca a más gente que nunca. A medida que las matemáticas y las personas que se dedican a ellas ganen diversidad en todos los sentidos, lo mismo ocurrirá con nuestros recursos para abordar problemas. Nos encontramos en la superficie de un esferoide oblato contemplando el cosmos matemático, con enrevesados teoremas ahí fuera a la espera de que los descubran. El progreso no será lineal, nunca lo ha sido. Y nunca debería serlo. La diversidad de ideas y planteamientos es lo que hace que la búsqueda humana del saber resulte tan fructífera. Si adoptamos esta postura, los próximos capítulos de las matemáticas podrían ser los mejores.

AGRADECIMIENTOS

Kate

Nunca olvidaré esa tarde, tomando té en una librería de Charing Cross, Londres. Mi eterno sueño de escribir una historia global de las matemáticas jamás se habría hecho realidad si mi agente, Max Edwards, y el de Tim, Toby Mundy, no nos hubieran puesto en contacto ese día. Gracias, Max y Toby, por esta oportunidad de escribir un libro con Tim. Gracias, Tim, por asumir este proyecto y crearlo conmigo. Es un gran privilegio trabajar contigo, y los años que hemos pasado escribiendo juntos se han convertido en una parte preciosa de mi vida. Y gracias a nuestros editores, Connor Brown, Greg Clowes, Nick Amphlett y Sarah Day por leer los borradores tantas veces y ayudarnos a pulir la obra en tan poco tiempo.

He tenido suerte. La gente dice que la suerte llega cuando la preparación se encuentra con la oportunidad, y mis amigos y colegas son los que me allanaron el camino para aprovechar esta oportunidad. Mi suerte ha sido trabajar con matemáticos e historiadores maravillosos de todo el mundo. Estoy en una enorme deuda con Jeremy Gray, Keith Hannabuss, Chris Hollings y Bernie Lightman por ayudarme a mejorar mis habilidades de investigadora. Son muy buenos amigos y he aprendido mucho de ellos a lo largo de los años. Hablar con ellos, trabajar con ellos y recibir ánimos de ellos me ha permitido crecer en lo profesional como historiadora de las matemáticas. Por último, mi más sincero agradecimiento a mi profesor de matemáticas, Bill Casselman, por su orientación y amistad constante desde que era estudiante universitaria en la Universidad de Columbia Británica.

Decidí entrar en la agencia espacial japonesa mientras escribía este libro. Este cambio en mi carrera afectó al libro en muchos sentidos, y agradezco a mis nuevos colegas y amigos que me aportaran una nueva perspectiva.

Con este libro, volveré a viajar. Llamaré a mis amigos de todo el mundo. Les contaré lo fantástico que ha sido este viaje. Luego empezará el siguiente capítulo de mi vida. Mis padres, mi familia y mis amigos, los de siempre y los nuevos, están conmigo. Bueno, ¿y ahora qué?

TIMOTHY

Un libro es tarea de muchos, y este no es una excepción. Sin embargo, *agradecimientos* me parece un término demasiado suave para captar de verdad la importancia que ha tenido mucha gente en este proyecto. *Inmensa gratitud* encajaría más.

Estoy inmensamente agradecido a mi agente, Toby Mundy, y al de Kate, Max Edwards. Los dos nos animasteis desde el principio y nos orientasteis estupendamente durante todo el proceso. Vuestras sabias palabras ayudaron a hacer del libro lo que es, y la experiencia, lo que fue.

Siento una gratitud inmensa hacia los equipos de Penguin Random House y HarperCollins. Connor Brown, entendiste lo que intentábamos hacer en cuanto viste la propuesta, defendiste nuestra idea y diste un valioso *feedback* que nos ayudó a definir el rumbo. Greg Clowes y Nick Amphlett, editasteis el primer borrador y los posteriores con destreza y mimo, ayudasteis a exponer mejor lo que pretendíamos decir. Sarah Day, tus correcciones fueron de un valor incalculable. Muchos otros han contribuido entre bambalinas.

Siento una inmensa gratitud hacia mi coautora y amiga Kate Kitagawa. Tu entusiasmo infatigable, tu humor y pericia hicieron que fuera un placer trabajar contigo. Siento un orgullo increíble cuando veo lo que hemos conseguido.

Me siento enormemente agradecido con mis amigos y mi familia, que me dan su amor y apoyo constantes, sobre todo mi madre, mi padre y mi hermana, Big Dave y Drubs, y mi familia danesa. *Tusind tak til jer alle*: mil gracias a todos.

Y siento una gratitud inmensa hacia mi pareja, Emilie Steinmark. Sin ti, nada de esto sería posible. Emilie, *du er den eneste ene*.

BIBLIOGRAFÍA SELECCIONADA

1. Al principio

Barrow-Green, June, Jeremy Gray y Robin Wilson, *The History of Mathematics: A Source-Based Approach*, vols. 1 y 2, Providence, The Mathematical Association of America, 2019, 2022.

Bradley, Michael, *The Birth of Mathematics: Ancient Times to 1300,* Nueva York, Chelsea House, 2007.

Bruno, Leonard C., y Lawrence W. Baker, *Math and Mathematicians: The History of Math Discoveries around the World*, Detroit, UXL, 1999.

2. La tortuga y el emperador

Cullen, Christopher, *Astronomy and Mathematics in Ancient China: The Zou bi suan jing*, Cambridge, Cambridge University Press, 1996.

—, *Heavenly Numbers: Astronomy and Authority in Early Imperial China*, Oxford, Oxford University Press, 2017.

Dauben, Joseph W., «Suan Shu Shu: a book on numbers and computations», en *Archive for History of Exact Sciences*, vol. 62, 2008, pp. 91-178.

Lam Lay Yong y Ang Tian Se, *Fleeting Footsteps: Tracing the Conception of Arithmetic and Algebra in Ancient China*, (ed. rev.), River Edge, NJ, World Scientific, 2004.

Martzloff, Jean-Claude, *A History of Chinese Mathematics*, Berlín, Springer, 1987.
Swann, Nancy Lee, *Pan Chao, Foremost Woman Scholar of China, First Century ad. Background, Ancestry, Life, and Writings of the Most Celebrated Chinese Woman of Letters*, Nueva York, Century Co., c. 1932.

3. Una ciudad llamada Álex

Deakin, Michael A. B., «Hypatia and her mathematics», en *American Mathematical Monthly*, vol. 101 (3), 1994, pp. 234243.
—, *Hypatia of Alexandria: Mathematician and Martyr*, Amherst, NY, Prometheus Books, 2007.
Dzielska, Maria, *Hypatia of Alexandria*, traducción al inglés de F. Lyra, Cambridge, MA, Harvard University Press, 1996.
Knorr, Wilbur Richard, *Textual Studies in Ancient and Medieval Geometry*, Boston, Birkhäuser, 1989.
Lawrence, Snezana, y Mark McCartney (eds.), *Mathematicians and Their Gods: Interactions between Mathematics and Religious Beliefs*, Oxford, Oxford University Press, 2015.
McLaughlin, Gráinne, «The logistics of gender from classical philosophy», en Fiona McHardy y Eireann Marshall (eds.), *Women's Influence on Classical Civilization*, Londres, Routledge, pp. 7-25, 2004.
Wardhaugh, Benjamin, *The Book of Wonders: The Many Lives of Euclid's Elements*, Londres, William Collins, 2020.
Watts, Edward, *Hypatia: The Life and Legend of an Ancient Philosopher*, Oxford, Oxford University Press, 2017.

4. Los albores de los tiempos

Denny, Mark, *Ingenium: Five Machines that Changed the World*, Baltimore, Johns Hopkins University Press, 2007.
Gleick, James, *Time Travel: A History*, Londres, HarperCollins, 2016.
Hawking, Stephen, *A Brief History of Time*, Londres, Bantam Press, 1988 (trad. cast.: *Historia del tiempo*, Barcelona, Crítica, 2013).
Lebrun, David, *Cracking the Maya Code*, documental histórico, 2008, <pbs. org/wgbh/nova/mayacode>.

North, John, *God's Clockmaker: Richard of Wallingford and the Invention of Time*, Londres, Continuum, 2005.
Ogle, Vanessa, *The Global Transformation of Time, 1870-1950*, Cambridge, MA, Harvard University Press, 2015.
Robson, Eleanor, «The tablet house: a scribal school in old Babylonian Nippur», en *Revue d'Assyriologie et d'Archéologie Orientale*, vol. 93, pp. 39-66, 2001.
Rovelli, Carlo, *The Order of Time*, Londres, Penguin, 2018.

5. Sobre la(s) procedencia(s) del cero

Brown, Nancy Marie, *The Abacus and the Cross: The Story of the Pope Who Brought the Light of Science to the Dark Ages*, Nueva York, Basic Books, 2010.
Burnett, Charles, *Numerals and Arithmetic in the Middle Ages*, Farnham, Ashgate Variorum, 2010.
Clark, Walter Eugene (trad. y ed.), *The Āryabhatiya of Āryabhata: An Ancient Indian Work on Mathematics and Astronomy*, Chicago, University of Chicago Press, 1930.
Cooke, Roger, *The History of Mathematics: A Brief Course*, Nueva York, Wiley, 1997.
Dutta, Amartya Kumar, «Āryabhata and axial rotation of Earth: 3. a brief history», en *Resonance*, 2006, pp. 58-72.
Eraly, Abraham, *The First Spring: The Golden Age of India*, Nueva Delhi, India Viking, 2011.
Hammer, Joshua, *The Bad-Ass Librarians of Timbuktu: And Their Race to Save the World's Most Precious Manuscripts*, Nueva York, Simon and Schuster, 2016.
Joseph, George Gheverghese, *The Crest of the Peacock: Non-European Roots of Mathematics*, Princeton, Princeton University Press, 2000.
Padmanabhan, Thanu (ed.), *Astronomy in India: A Historical Perspective*, Nueva Delhi, Indian National Science Academy y Springer India, 2014.
Saad, Elias N., *Social History of Timbuktu: The Role of Muslim Scholars and Notables 1400-1900*, Cambridge, Cambridge University Press, 1983.

6. La Casa de la Sabiduría

Al-Khalili, Jim, *The House of Wisdom: How Arabic Science Saved Ancient Knowledge and Gave Us the Renaissance*, Nueva York, Penguin Press, 2011.

Brooks, Michael, «Mathematics in Africa has been written out of history books — it's time we reminded the world of its rich past», *Independent*, 24 de octubre de 2021; <https://www.independent.co.uk/voices/african- mathematicsblack-history-b1944288.html>.

Burnett, Charles, *The Introduction of Arabic Learning into England*, Londres, British Library, 1997.

Knuth, Donald E., «Algorithms in modern mathematics and computer science», en A. P. Ershov y D. E. Knuth (eds.), *Algorithms in Modern Mathematics and Computer Science*, Berlín, Springer, 1981, pp. 82-99.

Loop, Jan, Alastair Hamilton, y Charles Burnett (eds.), *The Teaching and Learning of Arabic in Early Modern Europe*, Leiden, Brill, 2017.

Lyons, Jonathan, *The House of Wisdom: How the Arabs Transformed Western Civilization*, Nueva York, Bloomsbury, 2009.

Roberts, Victor, «The planetary theory of Ibn al-Shātir: latitudes of the planets», *Isis*, 1996, 57 (2), pp. 208-219.

Saliba, George, *Islamic Science and the Making of the European Renaissance*, Cambridge MA: MIT Press, 2007.

Zemanek, Heinz, «Al-Khorezmi: his background, his personality, his work, and his influence», en A. P. Ershov y D. E. Knuth (eds.), *Algorithms in Modern Mathematics and Computer Science*, Berlín, Springer, 1981, pp. 1-81.

7. El sueño imposible

Devlin, Keith J., *The Unfinished Game: Pascal, Fermat, and the Seventeenth-Century Letter that Made the World Modern*, Nueva York, Basic Books, 2008.

Gorroochurn, Prakash, «Thirteen correct solutions to the "Problem of Points" and their histories», en *Mathematical Intelligencer*, 2014, 36, pp. 56-64, doi: 10.1007/s00283-014-9461-5.

Kitagawa, Tomoko L., «Passionate souls: Elisabeth of Bohemia and

René Descartes», *Mathematical Gazette*, 2021, 105 (563), pp. 193-200.

Pal, Carol, *Republic of Women: Rethinking the Republic of Letters in the Seventeenth-Century*, Cambridge, Cambridge University Press, 2012.

Raj, Kapil, *Relocating Modern Science: Circulation and the Construction of Knowledge in South Asia and Europe, 1650-1900*, Nueva York, Palgrave Macmillan, 2007.

Remmert, Volker R., «Inventing tradition in 16th- and 17th-century mathematical sciences: Abraham as teacher of arithmetic and astronomy», en *Mathematical Intelligences*, 2015, 37 (3), pp. 55-59.

Riskin, Jessica, «Machines in the garden», en *Republics of Letters: A Journal for the Study of Knowledge, Politics, and the Arts*, 2010, 1 (2), pp. 16-43.

Schiebinger, Londa, *The Mind Has No Sex?: Women in the Origins of Modern Science*, Cambridge, MA, Harvard University Press, 1989.

Shapiro, Lisa (ed. y trad.), *The Correspondence between Princess Elisabeth of Bohemia and René Descartes*, Chicago, University of Chicago Press, 2007.

—, «Princess Elizabeth and Descartes: The union of soul and body and the practice of philosophy», en *British Journal for the History of Philosophy*, 1999, 7 (3), pp. 503-520.

8. Los (primeros) pioneros del cálculo

Bertoloni Meli, D., «Caroline, Leibniz, and Clarke», en *Journal of the History of Ideas*, 1999, 60 (3), pp. 469-486.

The Birth of Calculus, documental de la BBC, 1986.

Blank, Brian E., «Book review: *The Calculus Wars*», en *Notices of the American Mathematical Society*, 2009, 56 (5), pp. 602-610.

Fara, Patricia, *Life after Gravity: Isaac Newton's London Career*, Oxford, Oxford University Press, 2021.

Hellman, Hal, *Great Feuds in Mathematics: Ten of the Liveliest Disputes Ever*, Hoboken, NJ, John Wiley and Sons, 2006.

Joseph, George Gheverghese, *A Passage to Infinity: Medieval Indian Mathematics from Kerala and Its Impact*, Nueva Delhi, Sage, 2009.

Katz, Victor J., «Ideas of calculus in Islam and India», en *Mathematics Magazine*, 1995, 68 (3), pp. 163-174.

Pingree, David, «The logic of non-Western science: mathematical discoveries in medieval India», *Daedalus*, 2003, 132 (4), pp. 45-53.

Rajagopal, C. T., y Rangachari, M. S., «On an untapped source of medieval Keralese mathematics», en *Archive for History of Exact Sciences*, 1978, 18 (2), 89-102.

—, y Venkataraman, A., «The sine and cosine power-series in Hindu mathematics», *Journal of the Royal Asiatic Society of Bengal – Science*, 1949, 15, pp. 1-13.

Sarma, K. V., *A History of the Kerala School of Hindu Astronomy (in Perspective)*, Hoshiarpur, Vishveshvaranand Institute, 1972.

Stillwell, John, *Mathematics and Its History*, Nueva York, Springer, 2010.

Strogatz, Steven, *Infinite Powers: How Calculus Reveals the Secrets of the Universe*, Nueva York, Mariner Books, 2020.

9. Newtonianismo para señoritas

Arianrhod, Robyn, *Seduced by Logic: Émilie du Châtelet, Mary Somerville and the Newtonian Revolution*, Nueva York, Oxford University Press, 2012.

Boran, Elizabethanne, y Mordechai Feingold (eds.), *Reading Newton in Early Modern Europe*, Leiden, Brill, 2017.

Brasch, Frederick E., «The Newtonian epoch in the American colonies (1680-1783)», en *Proceedings of the American Antiquarian Society*, 1939, 49 (2), pp. 314-332.

Cifarelli, Luisa, y Raffaella Simili (eds.), *Laura Bassi – The World's First Woman Professor in Natural Philosophy: An Iconic Physicist in Enlightenment Italy*, Cham, Springer Nature, 2020.

Ferreiro, Larrie D., *Measure of the Earth: The Enlightenment Expedition that Reshaped Our World*, Nueva York, Basic Books, 2013.

Findlen, Paula, «Calculations of faith: mathematics, philosophy, and sanctity in 18th-century Italy (new work on Maria Gaetana Agnesi)», en *Historia Mathematica*, 2011, 38 (2), pp. 248-291.

Matytsin, Anton M., *The Specter of Skepticism in the Age of Enlightenment*, Baltimore, Johns Hopkins University Press, 2016.

Mazzotti, Massimo, *The World of Maria Gaetana Agnesi, Mathematician of God*, Baltimore, Johns Hopkins University Press, 2018.

—, «Newton for ladies: gentility, gender, and radical culture», *British Journal for the History of Science*, 2004, 37 (2), pp. 119-146.

Terrall, Mary, *The Man Who Flattened the Earth: Maupertuis and the Sciences in the Enlightenment*, Chicago, Chicago University Press, 2002.

Zinsser, Judith P., *Emilie du Châtelet: Daring Genius of the Enlightenment*, Nueva York, Penguin, 2007.

10. Una síntesis espléndida

Cullen, Christopher, y Catherine Jami, «Christmas 1668 and after: how Jesuit astronomy was restored to power in Beijing», *Journal for the History of Astronomy*, 2020, 51 (1), pp. 3-50.

Dauben, Joseph W., y Christopher Scriba (eds.), *Writing the History of Mathematics: Its Historical Development*, Basilea, Birkhäuser Verlag, 2002.

Elman, Benjamin, *On Their Own Terms: Science in China, 1550-1900*, Cambridge, MA, Harvard University Press, 2005.

Engelfriet, Peter M., *Euclid in China: The Genesis of the First Chinese Translation of Euclid's Elements Books I-VI (Jihe Yuanben; Beijing, 1607) and Its Reception up to 1723*, Leiden, Brill, 1998.

Gerritsen, Anne, y Giorgio Riello (eds.), *The Global Lives of Things: The Material Culture of Connections in the Early Modern World*, Abingdon, Routledge, 2016.

Han Qi, «Emperor, prince and literati: role of the princes in the organization of scientific activities in early Qing period», en Yung Sik Kim y Francesca Bray (eds.), *Current Perspectives in the History of Science in East Asia*, Seúl, Seoul National University, 1999, pp. 209-216.

Ho, Clara Wing-chung (ed.), *Biographical Dictionary of Chinese Women: The Qing Period, 1644-1911*, Armark, Nueva York, M. E. Sharpe, 1998.

Jami, Catherine, *The Emperor's New Mathematics: Western Learning and Imperial Authority during the Kangxi Reign (1662-1722)*, Oxford, Oxford University Press, 2012.

—, «Revisiting the Calendar Case (1664-1669): science, religion, and politics in early Qing Beijing», *Korean Journal for the History of Science*, 2015, 37 (2), pp. 459-477.

Lingfeng, Lü, «Eclipses and the victory of European astronomy in China», *East Asian Science, Technology, and Medicine*, 2007, 27, pp. 127-145.
Mungello, D. E., *The Great Encounter of China and the West, 1500-1800*, 4.ª ed., Lanham, MD, Rowman & Littlefield, 2012.
Peterson, Barbara Bennett (ed.), *Notable Women of China: Shang Dynasty to the Early Twentieth Century*, Armonk, NY, M. E. Sharpe, 2000.
Subrahmanyam, Sanjay, *Europe's India: Words, People, Empires, 1500-1800*, Cambridge, MA, Harvard University Press, 2017.
Yan, Lǐ, y Dù Shíràn, *Chinese Mathematics: A Concise History*, John N. Crossley y Anthony W. C. Lun (trad.), Oxford, Clarendon Press, 1987.
Yong, Lam Lay, y Shen Kangshen, «Methods of solving linear equations in traditional China», *Historia Mathematica*, 1989, 16 (2), pp. 107-122.

11. La sirena matemática

Audin, Michèle, *Remembering Sofya Kovalevskaya*, Londres, Springer, 2011.
Cooke, Roger, *The Mathematics of Sonya Kovalevskaya*, Nueva York, Springer, 1984.
Kaufholz-Soldat, Eva, «"[...] the first handsome mathematical lady I've ever seen!": on the role of beauty in portrayals of Sofia Kovalevskaya», *Journal of the British Society for the History of Mathematics*, 2017, 32 (3), pp. 198-213.
Koblitz, Ann Hibner, *A Convergence of Lives: Sofia Kovalevskaia: Scientist, Writer, Revolutionary*, New Brunswick, NJ, Rutgers University Press, 1993.
Kovalevskaya, Sofya, *A Russian Childhood*, Beatrice Stillman (trad.), Nueva York, Springer, 2013.
Laubenbacher, Reinhard y David Pengelley, «"Voici ce que j'ai trouvé": Sophie Germain's grand plan to prove Fermat's Last Theorem», *Historica Mathematica*, 2010, 37 (4), pp. 641-692.
Munro, Alice, *Too Much Happiness*, Toronto, McClelland & Stewart, 2009.
Musielak, Dora, *Sophie Germain: Revolutionary Mathematician*, 2.ª ed., Cham, Springer, 2020.

Singh, Simon, *Fermat's Enigma: The Quest to Solve the World's Greatest Mathematical Problem*, Toronto, Penguin, 1998.

Van Tiggelen, Brigitte, «Emilie du Châtelet and the nature of fire: *Dissertation sur la nature et la propagation du feu*», en Annette Lykknes y Brigitte Van Tiggelen (eds.), *Women in Their Element: Selected Women's Contributions to the Periodic System*, Hackersack, NJ, World Scientific, 2019, pp. 70-84.

12. Revoluciones

Boyer, C. B., *A History of Mathematics*, Princeton, Princeton University Press, 1985.

Brading, Katherine, «A note on general relativity, energy conservation, and Noether's theorems», en A. J. Kox y Jean Eisenstaedt (eds.), *The Universe of General Relativity*, Boston, Birkhäuser, 2005, pp. 125-135.

Brylevskaya, Larisa I., «Lobachevsky's geometry and research of geometry of the universe», *Publications of the Astronomical Observatory of Belgrade*, 2008, 85, pp. 129-134.

Gray, Jeremy, «Gauss and non-Euclidean geometry», en András Prékopa y Emil Molnár (eds.), *Mathematics and Its Applications: Janús Bolyai Memorial Volume*, vol. 581, Nueva York, Springer, 2006, pp. 61-80.

History Working Group [en el Institute for Advanced Study], «Emmy Noether's paradise: how IAS helped support the first female professor in Germany when she became a displaced refugee», *The Institute Letter Spring 2017.*

Kitagawa, Tomoko L., «Moscow, Oxford, or Princeton: Emmy Noether's move from Göttingen (1933)», en James Read y J. Nicholas (eds.), *The Philosophy and Physics of Noether's Theorems: A Centenary Volume*, Cambridge, Cambridge University Press, 2022, pp. 52-65.

Lochhead, Jamie E. (guión y direcc.), *Inside Einstein's Mind: The Enigma of Space and Time*, documental de la BBC, 2015.

Roselló, Joan, *Hilbert, Göttingen and the Development of Modern Mathematics*, Newcastle upon Tyne, Cambridge Scholars Publishing, 2019.

Rowe, David E. y Mechthild Koreuber, *Proving It Her Way: Emmy Noether, a Life in Mathematics*, Cham, Springer, 2020.

Tobies, Renate, *Felix Klein: Visions for Mathematics, Applications, and Education*, traducción al inglés de Valentine A. Pakis, Cham, Birkhäuser, 2021.

13. =

Black, Robert, *David Blackwell and the Deadliest Duel*, Unionville, NY, Royal Fireworks Press, 2019.

Blackwell, David, Leo Breiman y A. J. Thomasian, «Proof of Shannon's transmission theorem for finite-state indecomposable channels», *Annals of Mathematical Statistics*, 1958, 29 (4), pp. 1209-1220.

Cerami, Charles, *Benjamin Bannaker: Surveyor, Astronomer, Publisher, Patriot*, Nueva York, J. Wiley & Sons, 2002.

Cox, Elbert, «On a class of interpolation functions for system of grading», *Journal of Experimental Education*, 1947, 15 (4), pp. 331-341.

DeGroot, Morris H., «A conversation with David Blackwell», *Statistical Science*, 1986, 1 (1), pp. 40-53.

Donaldson, James A., y Richard J. Fleming, «Elbert F. Cox: an early pioneer», *American Mathematical Monthly*, 2000, 107 (2), pp. 105-128.

Kelly, Susan E., Carly Shinners y Katherine Zoroufy, «Euphemia Lofton Haynes: bringing education closer to the "goal of perfection"», *Notices of AMS*, octubre de 2017, pp. 995-1003.

Shannon, C. E., «A mathematical theory of communication», *Bell System Technical Journal*, 1948, 27, pp. 379-423, 623-656.

Slater, Robert Bruce, «The blacks who first entered the world of white higher education», *Journal of Blacks in Higher Education*, 1994, 4, pp. 47-56.

Visionaryproject, «David Blackwell: Working at Howard University», <https://www.youtube.com/watch?v=sMzntPFemmM&t=367s>.

14. Un mapa de las estrellas

Abbate, Janet, *Recoding Gender: Women's Changing Participation in Computing*, Cambridge, MA, MIT Press, 2012.

Dick, Steven J. (ed.), *Remembering the Space Age*, Washington DC, National Aeronautics and Space Administration Office of External Relations History Division, 2008.

Geiling, Natasha, «The women who mapped the universe and still couldn't get any respect», *Smithsonian Magazine*, 18 de septiembre de 2013; <https://www.smithsonianmag.com/history/the-women-who-mapped-the-universe-and- still-couldnt-getany-respect-9287444/>.

Glass, I. S., *The Royal Observatory at the Cape of Good Hope: History and Heritage*, Ciudad del Cabo, Mons Mensa Publishing, 2015.

Haley, Paul A., «Entente céleste: David Gill, Ernest Mouchez, and the Cape and Paris Observatories, 1878-92», *Antiquarian Astronomer*, 2016, 10, pp. 13-37.

Hearnshaw, J. B., *The Measurement of Starlight: Two Centuries of Astronomical Photometry*, Cambridge, Cambridge University Press, 1996.

Johnson, George, *Miss Leavitt's Stars: The Untold Story of the Woman Who Discovered How to Measure the Universe*, Nueva York, W. W. Norton, 2005.

Jones, Derek, «The scientific value of the Carte du Ciel», *Astronomy & Geophysics*, 2000, 41(5), pp. 5.16-5.20.

Nakamura, Tsuko, y Wayne Orchiston (eds.), *The Emergence of Astrophysics in Asia: Opening a New Window on the Universe*, Cham, Springer, 2017.

Schuster, William J., y Marco Arturo Moreno-Corral, «Astronomy in Mexico during the first years of the IAU», en Christiaan Sterken, John Hearnshaw y David Valls-Gabaud (eds.), *Under One Sky: The IAU Centenary Symposium*, Cambridge, Cambridge University Press, 2019.

Sobel, Dava, *The Glass Universe: How the Ladies of the Harvard Observatory Took the Measure of the Stars*, Nueva York, Viking, 2016.

Spangenburg, Ray, y Kit Moser, *African Americans in Science, Math, and Invention*, Nueva York, Facts On File, 2003.

Turner, H. H., *The Great Star Map: Being a Brief General Account of the International Project Known as the Astrographic Chart*, Nueva York, E. P. Dutton y Company, 1912.

15. Triturar los números

Cartwright, M. L., «Mathematics and thinking mathematically», *American Mathematical Monthly*, 1970, 77 (1), pp. 20-28.

Grattan-Guinness, I., «Russell and G. H. Hardy: a study of their relationship», *Journal of the Bertrand Russell Archives*, 1991-1992, 11, pp. 165-179.

Hardy, G. H., *A Mathematician's Apology*, Cambridge, Cambridge University Press, 1940.

Hodges, Andrew, *The Enigma*, Londres, Vintage, 2012.

Kanigel, Robert, *The Man Who Knew Infinity: A Life of the Genius Ramanujan*, Nueva York, Washington Square Press, 1991.

Kitagawa, Tomoko L., y Eder Kikianty, «A history of mathematics in South Africa: modern milestones», *Mathematical Intelligencer*, 2021, 43 (4), pp. 33-47.

Littlewood, J. E., *A Mathematician's Miscellany*, Londres, Methuen, 1953.

McMurran, Shawnee L., y James J. Tattersall, «The mathematical collaboration of M. L. Cartwright and J. E. Littlewood», *American Mathematical Monthly*, 1996, 103 (10), pp. 833-845.

Ono, Ken y Robert Schneider, «We're still untangling Ramanujan's mathematics 100 years after he died», *New Scientist*, 22 de abril de 2020, <https://www.newscientist.com/article/mg24632792-600-werestill-untangling-ramanujans-mathematics-100-years-after-he-died/>.

Williams, H. Paul, «Stanley Skewes and the Skewes number», *Journal of the Royal Institution of Cornwall*, 2007, pp. 70-75; <http://eprints.lse. ac.uk/31662/>.

Winterson, Jeanette, *12 Bytes: How We Got Here, Where We Might Go Next*, Londres, Jonathan Cape, 2021, <https://www.bbc.co.uk>/.

Epílogo

Green, Judy, «How many women mathematicians can you name?», *Math Horizons*, 2001, 9 (2), pp. 9-14.

Selin, Helaine (ed.), *Mathematics across Cultures: The History of Non-Western Mathematics*, Dordrecht, Springer Science + Business Media, 2000.

Wilson, Robin, *Number Theory: A Very Short Introduction*, Oxford, Oxford University Press, 2020.

NOTAS

Preludio

1. Artículo de prensa citado en Karen D. Rappaport, «S. Kovalevsky: a mathematical lesson» en *American Mathematical Monthly* (1981), 88 (8), pp. 564-574.

2. Sónya Kovalévsky, *Her Recollections of Childhood*, Isabel F. Hapgood (trad.), Nueva York, Century, 1895, p. 316.

Capítulo 1

1. The Rhind Papyrus, vol. 1, British Museum; <https://upload.wikimedia.org/wikipedia/commons/7/7b/The_Rhind_Mathematical_Papyrus,_ Volume_I.pdf>.

Capítulo 2

1. Jane Qiu, «Ancient times table hidden in Chinese bamboo strips», *Nature*, 7 de enero de 2014; doi: 10.1038/nature.2014.14482.

2. <https://leibniz-bouvet.swarthmore.edu/letters/letter-j-18-may-1703-leibniz-to-bouvet/>.

CAPÍTULO 3

1. Platón, *La república*, libro VII.
2. <http://classics.mit.edu/Aristotle/physics.4.iv.html>.
3. Leonard C. Bruno y Lawrence W. Baker, *Math and Mathematicians: The History of Math Discoveries around the World*, Detroit, UXL, 1999, vol. 1, pp. 125-126.
4. Papo de Alejandría, Colección, 3. 1, 1-8.
5. K. Wider, «Women philosophers in the ancient Greek world: donning the mantle», *Hypatia*, 1986, 1 (1), pp. 21-62; doi: 10.1111/j.1527-2001.1986. tb00521.x.
6. Benjamin Wardhaugh, *The Book of Wonders: the Many Lives of Euclid's Elements*, Londres, William Collins, 2020, p. 34.
7. Edward Watts, *Hypatia: The Life and Legend of an Ancient Philosopher*, Oxford, Oxford University Press, 2017, p. 29.
8. Michael A. B. Deakin, «Hypatia and her mathematics», *American Mathematical Monthly*, 1994, 101 (3), pp. 234-243 (239).
9. Michael A. B. Deakin, *Hypatia of Alexandria: Mathematician and Martyr*, Amherst, NY: Prometheus Books, 2007, pp. 92-93, 97.
10. *Ibidem*, p. 97.
11. *The Letters of Synesius of Cyrene*, citado en Michael Bradley, *The Birth of Mathematics: Ancient Times to 1300*, Nueva York, Chelsea House, 2007, p. 63.
12. Juan de Nikiû, *Crónica* 84: 88, citado en Watts, *Hypatia*, p. 157, n.° 4.
13. Juan de Nikiû, *Crónica*, 84, 87-88, 100-103.
14. Watts, *Hypatia*, p. 116.
15. Watts, *Hypatia*, pp. 105–106.
16. Maria Dzielska, *Hypatia of Alexandria*, F. Lyra (trad.), Cambridge, MA: Harvard University Press, 1996, p. 102.
17. Watts, *Hypatia*, p. 5.
18. M. Von Seggem, «Notable mathematicians: from ancient times to the present», *Gale Academic Onefile*, 1988, 38 (2), pp. 257.

Capítulo 4

1. Eberhard Zangger y Rita Gautschy, «Celestial aspects of Hittite religion: an investigation of the rock sanctuary Yazılıkaya», *Journal of Skyscape Archaeology*, 2019, 5 (1), pp. 5-38; <https://doi.org/10.1558/jsa.37641>; <https://www.newscientist.com/article/mg24232353-600-yazilikaya-a-3000-yearold-hittite-mystery-may-finally-be-solved/>.

Capítulo 5

1. D. J. Merritt y E. M. Brannon, «Nothing to it: precursors to a zero concept in preschoolers», *Behavioural Processes*, 2013, 93, 91-97; doi: 10.1016/j. beproc.2012.11.001.
2. George Gheverghese Joseph, *The Crest of the Peacock*, Princeton: Princeton University Press, 2000, cita inicial.
3. D. S. Hooda y J. N. Kapur, *Āryabhata: Life and Contributions*, Nueva Delhi, New Age International Publishers, 1996, p. 78.
4. Kim Plofker *et al.*, «The Bakhshālī manuscript: a response to the Bodleian Library's radiocarbon dating», *History of Science in South Asia*, 2017, 5 (1), 134-50; doi: 10.18732/H2XT07
5. Huylebrouch, Dirk. «Mathematics in (central) Africa before colonization», *Anthropologica et Praehistorica* 117 (2006): 135-62.

Capítulo 6

1. Al-Khalili, Jim, *The House of Wisdom: How Arabic Science Saved Ancient Knowledge and Gave Us the Renaissance*, Nueva York, Penguin Press, 2011, p. 132.

Capítulo 7

1. Carta del 16 de mayo de 1643, en Lisa Shapiro, «Princess Elizabeth and Descartes: the union of soul and body and the practice of philosophy», *British Journal for the History of Philosophy*, 1999, 7 (3), pp. 503-520 (505).

2. Descartes en una carta a Pollot del 21 de octubre de 1643, en Carol Pal, *Republic of Women: Rethinking the Republic of Letters in the Seventeenth Century*, Cambridge, Cambridge University Press, 2012, p. 46.

Capítulo 8

1. David Pingree (trad.), «The logic of non-Western science: mathematical discoveries in medieval India», *Daedalus*, 2003, 132 (4), pp. 45-53 (49).
2. Citado en Steven Strogatz, *Infinite Powers: How Calculus Reveals the Secrets of the Universe*, Nueva York, Mariner Books, 2020, p. 200.
3. *Ibidem*, p. 201.
4. Todo citado en Brian E. Blank, «Book review: *The Calculus Wars*», *Notices of the American Mathematical Society*, 2009, 56 (5), pp. 602-610 (607).
5. Citado en *ibidem*, p. 607.
6. La reunión la registró *lady* Cowper y se cita en D. Bertoloni Meli, «Caroline, Leibniz, and Clarke», *Journal of the History of Ideas*, 1999, 60 (3), pp. 469-486 (474).
7. Carta de Caroline a Leibniz, 24 de abril de 1716.
8. Carta de Isaac Newton a Robert Hooke, 1675; <https://discover. hsp.org/Record/dc-9792/Description#tabnav>.

Capítulo 9

1. <https://sourcebooks.fordham.edu/mod/newton-princ.asp>.
2. <https://www1.grc.nasa.gov/beginners-guide-to-aeronautics/newtonslaws-of-motion/>.
3. Simon Singh (trad.), «Math's hidden woman»; <https://www.pbs.org/wgbh/nova/article/sophie-germain/>.

Capítulo 10

1. Christopher Cullen y Catherine Jami, «Christmas 1668 and after: how Jesuit astronomy was restored to power in Beijing», *Journal for the History of Astronomy*, 2020, 51 (1), pp. 3-50 (18).

2. Qi Han, «Emperor, prince and literati: role of the princes in the organization of scientific activities in early Qing period», en *Current Perspectives in the History of Science in East Asia*, edición de Yung Sik Kim y Francesca Bray, Seúl, Seoul National University, 1999, pp. 209-216 (210).

3. Mei Wending, *Fangcheng lung (On Simultaneous Linear Equations)*, 1672. Citado y traducido al inglés en Joseph W. Dauben y Christopher Scriba, *Writing the History of Mathematics: Its Historical Development*, Basilea, Birkhäuser Verlag, 2002, p. 299.

4. Qi Han, «Astronomy, Chinese and Western: the influence of Xu Guanga's views in the early and mid-Quing», en Catherine Jami, Peter Engelfriet y Gregory Blue (eds.), *Statecraft and Intellectual Renewal in Late Ming China. The Cross-cultural Synthesis of Xu Euangki* (1562–1633), Leicten, Brill, 2001, p. 365.

5. Traducción al inglés de Barbara Bennet Peterson, en Peterson (ed.), *Notable Women of China*, Nueva York, An East Gate Book, 2000, p. 344.

6. *Ibidem*.

7. *Ibidem*, p. 345.

Capítulo 11

1. Michèle Audin, *Remembering Sofya Kovalevskaya*, Nueva York, Springer, 2011, p. 167.

2. Traducción al inglés de Leigh Whaley, en Whaley, «Networks, patronage and women of science during the Italian Enlightenment», *Early Modern Women*, 2016, 11 (1), p. 188.

3. Traducción al inglés de Beatrice Stillman, en Sofya Kovalevskaya, *A Russian Childhood*, Nueva York, Springer-Verlag, 2013, p. 122.

4. *Ibidem*, p. 215.

5. *Ibidem* p. 218.

6. Traducción al inglés de Simon Singh, en Singh, *Fermat's Enigma: The Epic Quest to Solve the World's Greatest Mathematical Problem*, Toronto, Penguin, 1998, p. 62.

7. *Ibidem*, p. 107.

8. *Ibidem*, p. 107.

9. Traducción al inglés de Stillman, en Kovalevskaya, *A Russian Childhood*, p. 241.

10. <https://mathshistory.st-andrews.ac.uk/Projects/Ellison/chapter-17/>.

11. Carta de Sofía a Aleksander, de diciembre de 1883, en Ann Hibner Koblitz, *A Convergence of Lives: Sofia Kovalevskaia: Scientist, Writer, Revolutionary*, Nueva York, Dover, 1993, p. 179.

12. Roger Cooke, *The Mathematics of Sonya Kovalevskaya*, Nueva York, Springer, 1984, p. 103.

13. <https://mathshistory.st-andrews.ac.uk/Projects/Ellison/chapter-17/>.

14. Steven G. Krantz, *Mathematical Apocrypha: Stories and Anecdotes of Mathematicians and the Mathematical*, Washington DC, Mathematical Association of America, 2002, pp. 124-125. El nombre Sonja se usa para Sofía.

15. Carta de Weierstrass a Kovalevskaya, 21 de septiembre de 1874, en Eva Kaufholz-Soldat, «"[...] the first handsome mathematical lady I've ever seen!": On the role of beauty in portrayals of Sofia Kovalevskaya», *Journal of the British Society for the History of Mathematics*, 2017, 32 (3), pp. 198-213(209).

16. E. T. Bell, *Men of Mathematics*, vol. 2, Londres, Penguin, 1953, p. 468.

17. Kaufholz-Soldat, «"[...] the first handsome mathematical lady I've ever seen!"», 209, 211.

18. Sónya Kovalévsky, *Her Recollections of Childhood*, traducción al inglés de Isabel F. Hapgood, Nueva York, The Century Co., 1859, p. 316.

Capítulo 12

1. W. K. Bühler, *Gauss: A Biographical Study*, Berlín, Springer-Verlag, 1981, p. 106.

2. Carl B. Boyer, *A History of Mathematics*, Princeton, Princeton University Press, 1985, p. 587.

3. June Barrow-Green, Jeremy Gray y Robin Wilson, *The History of Mathematics: A Source-Based Approach*, vol. 2, Providence, MAA Press, 2022, p. 394.

4. *Ibidem*, p. 395.

5. <https://mathshistory.st-andrews.ac.uk/OfTheDay/ofthe-day-11-08/>.

6. <https://www.nytimes.com/2012/03/27/science/emmy-noether-the-most-significant-mathematician-youve-never-heardof.html>.

7. *Dokumente zu Emmy Noether* (s.f.). Recopilados por Peter J. Raquette, 1.2, 9, de Helmut Hasse al curador de la Universidad de Gotinga, <https://www.mathi.uni-heidelberg.de/.quette/Translenp tioner/ DOKNOE_070228.pdf>.

8. Louise S. Grinstein y Paul J. Campbell, «Anna Johnson Pell Wheeler: her life and work», *Historia Mathematica*, 1982, 9 (1), pp. 37-53 (42).

9. Escrito el 3 de mayo de 1935, y publicado el 5 de mayo de 1935.

Capítulo 13

1. <https://www.whitehousehistory.org/benjamin-bannaker>.

2. *Ibidem*.

3. *Washington Post*, 2 de diciembre de 1969.

4. Susan E. Kelly, Carly Shinners y Katherine Zoroufy, «Euphemia Lofton Haynes: bringing education closer to the "goal of perfection"», *Notices of the AMS*, octubre de 2017, 64 (9), pp. 995-1002(997).

5. *Ibidem*, p. 1000.

6. Donald J. Albers y G. L. Alexanderson, *Mathematical People: Profiles and Interviews*, Wellesley, MA, A. K. Peters, 2.ª ed. 2008, p. 20.

7. *Ibidem*, p. 19.

8. <https://stat.illinois.edu/news/2020-07-17/david-h-blackwell-profileinspiration-and-perseverance>.

9. Morris H. DeGroot, «A conversation with David Blackwell», *Statistical Science*, 1986, 1 (1), pp. 40-53 (41).

Capítulo 14

1. <https://vcencyclopedia.vassar.edu/distinguished-alumni/antonia-maury/>.

2. <https://makerswomen.tumblr.com/post/171799965773/they-were-goingto-the-moon-i-computed-the-path>.

Capítulo 15

1. G. H. Hardy, «The Indian mathematician Ramanujan», *American Mathematical Monthly*, 1937, 44 (3), pp. 137-155 (152).
2. Harald August Bohr, *Collected Mathematical Works*, Copenhague, Dansk matematisk forening, 1952, p. xxvii.
3. Carta de Ramanujan, 16 de enero de 1913.
4. G. H. Hardy, obituario de S. Ramanujan, *Nature*, 1920, 105, pp. 494-495; <https://doi.org/10.1038/105494a0>.
5. Robert Kanigel, *The Man Who Knew Infinity: A Life of the Genius Ramanujan*, Nueva York, Washington Square Press, 1991, p. 167.
6. Shawnee L. McMurran y James J. Tattersall, «The mathematical collaboration of M. L. Cartwright and J. E. Littlewood», *American Mathematical Monthly*, 1996, 103 (10), pp. 833-845 (836).
7. W. K. Hayman, «Dame Mary (Lucy) Cartwright, D.B.E., 17 December 1900–3 April 1998», *Biographical Memoirs of Fellows of the Royal Society*, 2000, 46, pp. 19-35 (31); <https://doi.org/10.1098/rsbm.1999.0070>.
8. <https://www.bbc.com/news/magazine-21713163>.
9. G. H. Hardy, *A Mathematician's Apology*, Cambridge, Cambridge University Press, 1940.

Epílogo

1. <https://link.springer.com/article/10.1007/s43545-021-00098-6>.
2. <https://math.mit.edu/wim/2019/03/10/national-mathematics-survey/>.
3. <https://op.europa.eu/en/web/eu-law-and-publications/publicationdetail/-/publication/67d5a207-4da1-11ec-91ac-01aa75ed71a1>.
4. <https://journals.plos.org/plosone/article?id=10.1371/journal.pone.0241915>.
5. <https://www.livescience.com/breakthrough-prize-mathematics2019-winners.html>.

LISTA DE ILUSTRACIONES

La proyección de Mercator 10
Hueso de Ishango (Real Instituto Belga de Ciencias Naturales) 16
Babilonia 19
Números babilónicos cuneiformes (adaptada de Josell7) 21
Aproximación babilónica de $\sqrt{2}$ (Colección babilonia de Yale) 23
Jeroglíficos numéricos egipcios (adaptadas de MacTutor) 24
La civilización maya 26
Numerales mayas (adaptadas de J. Montgomery) 28
Réplica del caparazón de una tortuga (Museo nacional de Escocia) 33
Numerales de un hueso oracular 34
Cintas de bambú (Colección Jimlop en Alamy) 35
Ejemplos de varillas 36
Un hexagrama del *I Ching* 42
Polígonos dentro y fuera de un círculo (adaptadas de Fredrik y Leszek Krupinski) 45
Colección completa de ilustraciones y textos de los primeros tiempos a la actualidad, de Liu Hui 46
Ban Zhao, obra de Jin Guliang 52
Tratado para todos los tiempos, texto japonés de matemáticas (Biblioteca de la Universidad de Tōhoku) 54
La Biblioteca de Alejandría 57
Fragmento de *Elementos* de Euclides (Bill Casselman) 58

Mecanismo de un astrolabio plano 66
Hipatia según Julius Kronberg 71
La civilización hitita........................ 78
Disposición de las deidades en la Cámara A (adaptada de Eberhard Zangger, 2021)........................ 79
Las deidades de la Cámara A (adaptada de Luwian Studies).... 80
Reloj elefante de al-Jazari (adaptada de *La Casa de la Sabiduría*, de Jim al-Khalili, 2011) 82
Primer reloj de péndulo 84
Reloj pagoda del siglo XVIII 85
El Conejo Blanco de *Las aventuras de Alicia en el País de las Maravillas*........................ 86
Mapa del Imperio gupta 93
Meru Prastara y el triángulo de Pascal 96
Numeración brahmi 99
Numeración gupta........................ 99
Ceros mayas (adaptadas de Patrice Bonnafoux).............. 102
Manuscrito de Bakhshali........................ 103
Cero jemer (Amir Aczel) 103
Cero en forma de círculo encontrado en la isla de Banka 104
Cero de Gwailor (MBRAS)........................ 104
Algunos de los sistemas numéricos que se han usado en África (adaptadas de Dirk Huylebrouck) 108
Un ejemplo de *quipu* 109
El califato abasí 112
Una biblioteca abasí 115
Uno de los mapas de papel más antiguos que han perdurado ... 117
Los números indo-arábigos se han convertido en los números actuales (adaptada de *La Casa de la Sabiduría*, de Jim al-Khalili, 2011)........................ 118
Dibujo de al-Tusi de los acoples Tusi y esbozo de Ibn al-Shatir de un nuevo modelo 126
Esbozos del cuaderno de Leonardo (Dennis Hallinan en Alamy) 127
Un globo aerostático en 1783 128
La última cena de Leonardo con las líneas auxiliares que indican el punto de fuga (Ian Dagnall Computing en Alamy) 130
La Pascalina........................ 132

Miembros de la Academia de Ciencias francesa saludando a Luis XIV . . . 135
Varias soluciones para el problema de Apolonio (adaptadas de MathWorld) . . . 142
Vista de Calicut en 1572 . . . 147
Newton y Leibniz (Well/BOT en Alamy; The Royal Society) . . . 159
Rueda de Leibniz (Science History Images en Alamy) . . . 161
Carolina, princesa de Gales . . . 165
Tycho Brahe y Sophia Brahe . . . 170
Órbitas circulares y elípticas . . . 171
La Tierra tiene forma de una esfera achatada, conocida como esferoide oblato . . . 175
El telescopio personalizado de George Graham (Historic Images en Alamy) . . . 176
Observaciones astronómicas y físicas (Artokoloro en Alamy) . . . 178
Émilie du Châtelet . . . 180
Disertación sobre la naturaleza y la propagación del fuego . . . 182
Newtonianismo para señoritas . . . 186
Jesuitas en China (BNF) . . . 195
El *gnomon* que se instaló en 1668 (Colección Ciudad de Amberes, Biblioteca Hendrik Conscience Heritage) . . . 197
Tapiz de un emperador chino con curas jesuitas . . . 198
Instituciones analíticas, de Agnesi . . . 210
Sofía Kovalévskaya (The History Collection en Alamy) . . . 214
Tres ejemplos de peonzas (adaptadas de Sofía Kovalévskaya) . . . 222
Carta manuscrita de Sofía Kovalévskaya (Instituto Mittag-Leffler) . . . 223
Heliotropo y gran triángulo de Gauss . . . 229
Un triángulo en la Tierra . . . 230
La versión de Billingsley de *Elementos* de Euclides (Universidad de Aberdeen) . . . 231
La geometría de Euclides y un ejemplo de geometría absoluta o hiperbólica (adaptadas de Martin Sera) . . . 234
Curvatura positiva, curvatura cero y curvatura negativa (adaptadas de Martin Sera) . . . 237
«Cuadrados» en distintas dimensiones . . . 239
La infinidad de líneas paralelas que atraviesan un único punto en la geometría hiperbólica (adaptada de Trevor Goodchild) 240

Cinta de Moebius y botella de Klein (adaptadas de Wikipedia) 241
Matemáticos en Nikolausberg en 1933 (Natascha Artin en los archivos de P. Roquette y C. Kimberling/archivos del Instituto de Investigación Matemática de Oberwolfach) . . . 246
Benjamin Bannaker (Centro de Historia y Cultura de Maryland) 252
Miembros del Círculo de Euclides en 1916 254
Euphemia Lofton Haynes (ACUA) 257
Euphemia Lofton Haynes y su marido Harold (ACUA) 258
David Blackwell (Biblioteca Bancroft, Universidad de California, Berkeley) 262
Las placas de cristal que usaban las computadoras de Harvard (Science History Images en Alamy) 271
Procesamiento de datos en el Observatorio de Harvard (Archivos de la Universidad de Harvard) 273
Un anuncio de «chicas computadoras» de la década de 1940 (Robert Spencer/*The New York Times*/Redux/Eyevine) 274
El Observatorio Astronómico Nacional de México (Instituto de Astronomía, México) 275
El método de Euler 278
Control de la misión durante la primera órbita de John Glenn (NASA) 279
Srinivasa Ramanujan 288
Mary Cartwright (National Portrait Gallery) 290
Stanley Skewes (Departamento de Matemáticas y Matemáticas Aplicadas de la Universidad de Ciudad del Cabo) 296
Empaquetamiento cuadrado y hexagonal (adaptadas de MathWorld) 309
Lazos contraíbles y no contraíbles (adaptadas de Science4All) . . 312

El autor y el editor agradecen los permisos concedidos para reproducir el material protegido por derechos de autor que aparece en este libro. Se han hecho todos los esfuerzos razonables para proporcionar fuentes exactas de todas las imágenes que aparecen en este libro. Cualquier discrepancia u omisión será rectificada en futuras ediciones.

ÍNDICE ANALÍTICO

Los números de páginas en cursiva indican ilustraciones. Los números importantes comentados en el texto se citan en orden ascendente al principio del índice.

0, *véase* cero
1, 56
10, 56
12, 16
15, 31
20, 26, *28*, 76
48, 16
60, 16, 20-23, *23*, 26, 118
64, 40
360, 20, 76, 118

ábaco, 18, 38, 109, 199, 242
abasí, califato/dinastía abasí, 111-112, *112*, 113-114, *115*, 116, 124-125
  biblioteca, 114, *115*
  Casa de la Sabiduría, 114-118, *115*, 123, 125, 129, 170
  comercio con Europa, 114
  fabricación de papel, 113-114
  final del, 124-125
  lengua oficial del, 113
  primer califa del, 112
  revolución, 111-112
Abel, Premio, 307, 310
Abelice, *26*
abstracto, pensar en, 17, 158
Academia de Ciencias de Bolonia, 183, 184
Academia de Ciencias francesa, 133, 134, *135*, 135, 175, 181, 203, 205, 224
Academia de Ingeniería de Viena, 233
acadios, 18, 78
  véase también asirios; babilonios
aceleración, 157, 172-173, 243
Acta Eruditorum, 163
Acta Mathematica, 221
adivinación, 32-33, *33*, 39, 43
África, 15-18
  concepto del cero en, 106, 108

mujeres en la investigación, 307
occidental, 17, 249
representación del reloj elefante en 82, *82*
subsahariana, 107, *108*
Sudáfrica, 267-268, 274, 295-297
afroamericanos, 254, 255, 256
Agencia Astronómica de Beijing, 193, 194, 196
Agnesi, Maria Gaetana, 209-210, *210*
Ahmes, 24
akan, pueblo, 17
ala oeste de la Casa Blanca, El, serie, 9
Alejandría, 55-56, 57, 59-61, 62, 67, 68, 69, 70, 76
bibliotecas en, 56, *57*, 58
caos provocado por la religión en, 68
fundación/formación de, 55
matemáticos en, 57-71
Musaeum de, 57, 58, 63
véase también Aristóteles; Euclides; Hipatia; Pandrosion; Papo; Platón; Pitágoras
Alejandro Magno, 55
alemanes
académicos, 248
astrónomos, 65, 170-172, 265-266
ejército, 299
lengua, 137
lógico, 95
matemáticos, 12, 41, 146, 181, 214, 217, 229, 244-248, *246*, 310
polímata, 146
químico, 226
véase también Leibniz, Gottfried Wilhelm
Alemania, 9, 143, 164, 236, 245-248, 304
académicos japoneses enviados a, 242
carrera de Leibniz en, 160
discriminación racial en, 255
guerra en, 137, 299
invención del volante regulador, 84
mujeres en la academia en, 216, 219
nazi, 245, 299, 305
Algarotti, Francesco, conde, 185
álgebra, 20, 63, 102, 199, 212, 250, 308
aplicaciones prácticas, 199-200
en el papiro de Rhind, 25
en *Nueve capítulos*, 43
origen de la palabra, 118
padre de, 97-98; *véase también* Aryabhata I
puente entre la geometría y, 139-143, *139*
resolviendo ecuaciones, 119
teoría de Galois en, 260
y doblar el cubo, 60
algoritmos, 37, 45, 118, 120-122, 288
Al-Ḥarrani, Al-Ṣabi Thabit ibn Qurra, 124
Al-Haytham, Ḥasan ibn, 233
al-jabre véase álgebra
Al-Jazari, Ismail, 82, *82*, 83
Al-Juarismi, Muhammad ibn Musa, 106-107, 116-120, *117*, 122, 124, 200
Al-Kashi, Jamshid, 45
Al-Kindi, Abu Yusuf Ya'qub ibn Ishaq, 123, 299
Almagesto de Ptolomeo, 63, 123
Al-Mamún, califa, 114-115, 116, 123

almanaques, 249, 251, *252*
Al-Mansur, 112, 113, 114
al-muqabla, 119
Al-Mustazhir, Abu Mansur al-Faḍl ibn Ahmad, 125
Al-Shatir, Ibn, *126*, 126
Al-Tusi, Nasir al-Din al-, 125, *126*, 126, 201
alumno(s), 59, 63, 64, 158
  afroamericanos, 254, 257, 296
  de Hardy, Godfrey Harold, 290-292, *290*, 297
  de Hipatia, 67
  de Kovalévskaya, Sofía, 13
  de Lagrange, Joseph-Louis, 216, 217
  de Littlewood, John Edensor, 297, 298
  de Noether, Emmy, 247
  de Pandrosion, 61
  de Robie, Thomas, 187
  de Skewes, Stanley, 297
  de Veratti, Laura Maria Caterina Bassi, 184
  de Weierstrass, Karl, 215, 220
  indios, 97, 147, 151
Amarillo, río, 31, 39
América (s), 134
  Mesoamérica, 27, 76, 108
  newtonianismo en, 186-189
  Norte, 58, 85, 269
  Sur, 9, 179, 268
  véase también Estados Unidos/Estados Unidos de América
American Mathematical Society, 263
American Philosophical Society, 188
Anguiano, Ángel, 274, *275*
año solar, 75, 81, 124
apartheid, 258, 296
Apolonio, 63, 65, 113, 129, 141-142, *142*
árabe (s), 17, 111-126
  astrónomos, 124, 126
  califas, 112
  ciudadanos no, 111, 124
  comerciantes, 17, 106-108
  eruditos, 124, 125
  matemáticos, 45-46, 107, 116-120, 122-123, 200
árabe, idioma, 194, 208
  números brahmí traducidos al, 116-117
  números indo-, *99*, 107, 117, *118*
  palabra para álgebra, 118
  traducción de obras al, 113, 114-115
arábiga, península, 11, 109
área, cálculo del, 25, 44
  círculo, 98, 154
  cuadrado, 48
  curva, 75, 158, 161
  gráfico, 155-157, *155*, *156*, *157*, 160
  paralelogramo, 153-154
  triángulo, 48
Areta de Cirene, 62
Argelia, 107, 267
Arinna, diosa del Sol, 78
Aristóteles, 56, 63, 98
aritmética, 25, 41, 63, 162, 199, 212, 218, 250
  calculadora para, 161
  de Leibniz, 161
  del astrónomo, 118
  en el Manuscrito de Bajshali, 102
  operaciones *véanse* suma; división; multiplicación; resta
  teorema fundamental de la, 293
  textos sobre, 116-118, 151
  triángulo, *96*

uso del cero en cálculos, 105
Aritmética (Diofanto), 63-64
Arquímedes, 44, 113
Aryabhaṭa I, 97, 98, 99, 100, 113
Aryabhaṭiya, 97-98, 100
Asia oriental, 32, 43, 53, 58, 107, 191
Asia, 242, 268
cero, concepto en, 105-106
oriental, 32, 43, 53, 58, 107, 191
asirio(s), 18, 77
Asociación Nacional para el Progreso de las Penas de Color (NAACP), 253
Aspasia, 62
As-Saffah, Abu al-Abbas, 112
asteroides, 266 y n.
astrolabio, 66, *66*, 75
astrología, 113, 150, 193, 194
astronomía, 65, 67, 96, 118, 124, 151, 158, 249, 250, 265, 270, 277
catálogos de, 267-275, 313-314
ecuaciones simultáneas y, 64
en China, 40-41, 192-197, 202, 204-205
en la civilización maya, 25-29
en la India, 93, 97, 147, 150
enseñanza de la, 51
escuela de, 62-63
estudio de la, 64, 67, 193
europea, 193, 199
griega, 123
historia de las matemáticas y, 313
mapa del cielo, 267-275
occidental, 201
traducción de obras sobre, 113, 115
astrónomo(s), 65, 99, 118, 125, 189, 204, 207, 215, 270, 273, 276
alemán, 65, 170-172, 265-266
árabe, 123-124, 126
babilonio, 75
chino, 40, 193-197, 201, 204-205, 267; *véanse también* Liu, Xin; Mei, Wending
danés, 151, 169-170, *170*
escocés, 96, 267-268
estadounidense, 188, 249-251
francés, 177
griego, 123, 266-267
húngaro, 265
indio, 93, 97-100, 106, 113, 120, 149
italiano, 265-266
jesuita, 188, 193-196, 199
maya, 27-29, 267
polaco, *véase* Copérnico, Nicolás
sueco, 177
Atenas, 56, 69
Aubigné, Françoise d', 131
Australia, 274
Austria, 136
axiomas, 47, 58-59, 236, 240, 243, 285, 291, 298

Babilonia, 18-19, *19*, 29, 37, 47, *78*, 93, *102*, 267
babilonio(s), 18-25, 77, 267
astrólogos, 75
astrónomos, 75, 267
calendarios, 75
símbolo del cero, 101, *102*
sistema de cálculo del tiempo, 20
sistema legal, 18, 20
sistema numérico, *21*, 21-23, 118
tablas de multiplicar, 34
usos prácticos de las matemáticas, 20
valor de pi, 44
Bagdad, 18, 64, 111, 112, 114, 124-125

Bajshali, Manuscrito de, 102-103, *103*
Ban, Biao, 50
Ban, Gu, 50
Ban, Zhao, 50, 51, *52*, 53, 71
Bannaker, Benjamin, 263
Banu Musa, hermanos, 124
Bartels, Martin, 235
Bassi *véase* Veratti, Laura Maria Caterina Bassi
batalla de los relojes, 86
Batavia, 196-197
Beijing, 194, 196, 205
  Ciudad Prohibida, 191
Bell, E. T., 226
Bell, Johann Adam Schall von, 194
Benedicto XIV, papa, 183, 209
Berlín, 135, 163, 214, 215, 218, 219, 220, 270 n.
Bernoulli, Jacob, 254
Bernoulli, Johann, 163, 174, 254
  números de, 254
Bhinmal, 100
Biblioteca Bodleiana, 102
Biblioteca de Alejandría, 57, *57*
bibliotecas, 209, 217, 221, 309
  abasí, 114, *115*
  en Alejandría, 56, *57*, 58
  en China, 51
  en Oxford, 102
  en París, 181
Bihar, 92, 97
Blackwell, David, 259-263, *262*
  canal de, 262
Bohemia, reino de, 136-137
Bohr, Harald, 285
Boineburg, Johann Christian von, 160
Bolonia, 135, 183-184, 210, 246
Bolyai, Farkas, 236, 237, 238, 308
Bolyai, János, 233-234, 235
Bordin, Prix, 207, 224
botella de Klein, 240, *241*
Bouguer, Pierre, 177, 178
Bouvet, Joachim, 41, 205-206
Brahe, Sophia, 169, *170*
Brahe, Tycho, 151, 169, *170*
Brahmagupta, 100-101, 103, 105, 106, 109, 113, 116, 120, 150
brahmanes, 149, 286
Brahmasphutasiddhanta (Doctrina de Brahma expuesta correctamente), 100-101
Brannon, Elizabeth, 91
Brown contra el Consejo de Educación, caso, 257
Brown, Linda Carol, 253
Brown, Oliver, 253
Bryn Mawr, 246, 247-248
budismo/budista, 94, 97, 100, 104, 106
Buena Esperanza, cabo de, 267
Bugoslavskaya, Evguenia, 277
Bunsen, Robert, 226
Bürgi, Jost, 96

calculadoras, 35, 132, *132*, 161
cálculo, 106, 152-167, 208
  analogía del pastel, 152-155
  área de un círculo usando el, 154
  áreas de gráficos usando, 155-157, *155*, *156*, *157*
  consecuencias de, 11-12, 145, 157
  curvas, 153-155, 158, 161
  de variaciones, 244
  diferenciación, 155, 157, 162
  en las leyes del movimiento, 172-173
  integración/integral, 155, 157, 162, 209, 212
  inventores, 146

límites, 155, 157
orígenes del, 12, 146, 151
tangentes, 159, 161-162
teorema fundamental del, 155, 163
véanse también Leibniz, Gottfried Wilhelm; Madhava; Newton, Isaac
calendario(s), 16, 25, 28, 50, 74, 75, 76, 77, 79, 81, 147, 150, 185, 193, 194, 196, 204
almanaques, 249-251, *252*
babilonio, 75-76
casa de los, 28
cósmico, 75-77
chino, 76, 194-196
lunar, 28
maya, 41, 76
occidental, 194. 204
precisión, 193-194
sistema, 50, 75
tridimensional, 79, *79*
y eclipses, 194
Yazilikaya, 77-81
Calendario de las estaciones, 202
calendario de Tzolk'in, 76, 77
calendario occidental, 194, 204
califas, 111, 112, 113-114, 116, 123, 124-125
Camboya, 103
Cambridge, 158, 187, 246, 283, 285, 287, 290, 297, 298, 300
campos, 38, 43, 151
Canadá, 254
Cannon, Annie Jump, 270-271
canto recto, 60, 141-142
Cantor, Georg, 95
Cao, Shishu, 50
caos, teoría del, 297
Caracol, observatorio El, 27
Cardano, Girolamo, 133
Carlomagno, emperador, 114
Carlos II, rey de Inglaterra, 84
Carolina, princesa de Gales, 164, *165*
carrera especial, 276, 277
carta(s)
de la princesa Carolina a Leibniz, 164
de LeBlanc/Germain, 216, 217, 218
de Orestes sobre la conducta de Cirilo, 67
de protesta, 245, 247
de Ramanujan a Hardy, 285-287, 289
de Turing a Skewes, 301
entre Descartes e Isabel, 140-141
entre Kovalévskaya y otros, 220, 222, 226
entre matemáticos, 129, 134-135, 143, 285-287, 289, 301
entre Newton y Leibniz, 162
entre Sinesio e Hipatia, 66
Carte du ciel (mapa del cielo), 268, 269, 273, 274, 275
cartesianos, 174, 183
cartógrafos, 9
Cartwright, Mary Lucy, 289, 290, *291*, 291-292, 297
Casa de la Sabiduría, 114-115, 116, 117, 118, 122, 123, 125, 129, 170
Cassini de Thury, Giovanni Domenico, 186
Catalogue Astrographique (Catálogo astrográfico), 268, 269, 273, 274, 275
Celsius, Anders, 177
Ceres, 266, *266*
cero, 56, 89, 91-109, 281
ausencia de, 21-22, 36

como marcador, 36-37, 101, *103*, 105, 106
en cálculos aritméticos, 105
en distintas lenguas, 106
en el mundo, 106-109
en la India, 92-96, 100-106
filosofía del, 106
forma de círculo, 103, *104*
Gwalior, *104*
jemer, *103*
maya, 92, 101, *102*
puntos para representar, 103, *103*
símbolos del, 92, 100-105
verdadero, 22, 104-105, 106, 150
Chandra Gupta I, 92
Châtelet, Émilie du, 179-183, 184, 185, *186*
Chebishev, Pafnuti, 219, 225
Chicago, 257
China, 11, 29, 31-54, 98, 104
ábacos en, 38; *véanse también* ábacos
adivinación, 31-34, *33*, 39-40, 43
astronomía en, 40-41, 192-197, 202, 204-205
cintas de bambú, 34-35, *35*, 114
comercio en, 191, 241
cuadrado mágico, 32, 39
dinastía Qing, 241, 247
dinastía Tang, 113, 267
fábricas de papel/fabricación de papel en, 113-114
filósofos en, 39, 53-54
geometría/*jihe* en, 44, 53-54, 199
hexagramas, 39-43, *40*, *42*, 206
huesos oraculares, 32-35, *33*, *34*
influencia intelectual de, 191
jesuitas en, 41, 189, 194-196, *195*, 200
libro en, *véase en I-ching*; *nueve capítulos sobre el arte matemático, Los*
matemáticas en, 24, 29, 31-54, 188-189, 192, 200-206, 313
misioneros cristianos en, 41, 107, 192, 205
numeración con varillas, 36-38, *36*, 107, 200
relación con Europa, 41, 189, 191-192
reloj de agua en, 81-82
relojes en, 84
síntesis espléndida en, 191-206
sistema de calendario en, 76, 194-196
sistema numérico, 33-38
sistemas de orientación por satélite de, 87
teoremas y demostraciones, 47-50, *48*
trigonometría en, 25
véase también Beijing
chinos
astrónomos, 40, 193-197, 201, 204-205, 267; *véanse también* Liu, Xin; Mei, Wending
comercio con Japón, 241-242
cultura, 40, 41, 42, 83, 191; *véanse también* yang; yin
filósofos, 39, 53-54
Han, 50, 51
lengua, 46, 189, 199, 242
maestros, 50-51
matemáticos, 37, 43-44, 50-53, 199-206, 312-313; *véanse también* Ban, Zhao; Liu, Hui
Choquet-Bruhat, Yvonne, 135
ciclo lunar, 76
cielo nocturno, 29, 40, 267, 268
ciencia, 49, 62, 111, 118, 129, 307

cohete, 277-279
computadora, 116, 298; *véase también* computadora(s)
de las matemáticas, 14, 211
de los números, 94
nihilismo y, 213
profesionalización de, 135
sociedad para promover la investigación científica, 187-188
cilindros, 44, 152, 161, 240
CIMPA (Centro Internacional de Matemáticas Puras y Aplicadas), 311
cintas de bambú, 34-35, *35*, 36, 114
Círculo de Euclides, *254*
círculo(s), 20, 44, 60, 65
área del, 98, 154
cero, 103-104, *104*
circunferencia de, 44, 98, 141, 148, 154
coordenadas cartesianas, 139-140, *139*
órbitas en, 170
problema sobre, 141-143, *142*
tabla de senos para, 98
valor de pi, 45, *45*, 148-149
Cirilo, 67-70
Ciudades del mundo, 147
Clairaut, Alexis Claude, 276
Clap, Thomas, 187
Clarke, Samuel, 164
clase alta, 94
Clases para mujeres, 50-53
Clay de Matemáticas, Instituto, 311
cleromancia, 39
clima, 147, 178, 292
cohetes, 12, 44, 146, 277
Colección completa de ilustraciones y textos... (Liu Hui), *46*, 61
comentarios, 44, 61, 63, 64, 69, 71, 98, 134, 147, 235
comerciantes, 35, 37, 107, 108
comercio
adivinación para el, 32
en China, 191, 241-242
en el califato abasí, 106-108
en Kerala, 146
en la civilización maya, 26
esclavos, 17
matemáticas para el, 17-18, 32, 35-36, 37-38, 118-119
cometa, 183, 266, 267, 270, 276
Comité Asesor Nacional para la Aeronáutica, 277
compás, 60, 141
Compendio de cálculo por compleción y comparación, 118
Compilación del sistema astronómico, 151
computadora(s), 91, 106
científica, 298
de Harvard, *271*, *273*, 274
digital, 300
humana, 267, 268, 274, 276, 314
mujeres, 270, *273*, 276, 278
programación dinámica, 262; *véanse también* Fleming, Williamina; Maury, Antonia
supercomputadoras, 38, 45
computadoras humanas, 268, 274, 276, 314
conferenciante, 245, 297
conferencias, 58, 184, 205, 220, 247, 310
confucianismo, 191
confuciano(s), 51, 53-54
académicos, 194, 202
sociedad, 205
Confucio, 39, 50, 51, 52, 53, 54, 191, 192, 194, 202
Congo, República Democrática del, 15

Cónicas, de Apolonio, 63, 65
conjeturas, 27, 59, 244, 282
Constantinopla, 67, 114, 129
coordenadas cartesianas, 139
Copérnico, Nicolás, 99, 126, 129, 169, 227, 237
Corea del Norte, 242
Corea, 53, 191
Cornell, Universidad de, 254
Cornell, Ezra, 254
corte del exilio, 137, 138, 140
cosmos, 32, 74, 265, 314
Coster, Salomon, 83, *84*
Cox, Elbert Frank, 253-255, *254*, 259, 263
cristianismo, 42, 69, 70, 189, 194, 206
cristiano (s), 67-68, 69, 107, 109, 111, 114, 187, 192, 196
cuadrado(s), 91, 97
  empaquetamiento, 309
  en diferentes dimensiones, 239, *239*
  mágico, 31-32, 39
  para resolver ecuaciones, 119
  y triángulos rectángulos, 48, *48*
cuadrados mágicos, 32
cuáqueros, 250
cubo, 60, 82, 96, 97, 173, 239, *239*
cuerpos celestes, 75, 123, 125, 169, 170, 173, 204, 313
cuneiforme, 20, *21*, 21-22, 101
curas, 27, *198*
curva, 153-155, 230, 233, 237, 247
  área debajo de una, 75, 158-159, 161
  asíntota, 211
  elíptica, 304
  gradiente de una, 155
  ritmo de cambio de una, 159
Damascio, 69
Damasco, 111, 112, 125, 126
Darwin, Charles, 213
datación por carbono, 102, 303
decimal(es), 20, 22, 26, 34, 35, 44, 45, 98, 118, 288
deidades, 77-78, *79*, 79, *80*
Deligne, Pierre, 289
demonios, 93, 97
demostraciones matemáticas, 46
demostraciones *véase* demostraciones matemáticas
Deng, Sui, emperatriz, 51
Departamento de Investigación Científica e Industrial (DSIR), 289-290
Descartes, René, 138-139, 140-143, 158, 174, 181
  véase también coordenadas cartesianas
descodificación, 63, 299
diferenciación, 156, 162
dígitos binarios, 261
Dinamarca, 169
Diofanto, 63-64, 113, 120
Dios/dios (es), 41, 56, 95
  adivinación de los chinos, 32-33
  en la civilización maya, 77
  no cristianos, 109
  perfil para los números mayas, 25, *28*
  Yazilikaya, 77-81, *79*, *80*
discriminación racial, 253
Discurso del método, 138
discusión, 140
distancia, 45, 46, 83, 94, 173, 174, 185, 229, 231, 265, 272
división, 37, 65, 105, 148, 161
dogón, pueblo, 250
Dongguan, Biblioteca Imperial de, 51

Doubt Concerning the Study of Astronomy, The, 201
Dowager Xiaozhuang, emperatriz, 193
Draper, Henry, 270
memorial, 272
Draper, Mary Anna Palmer, 269, 270
duelistas, dilema de los, 261
Duillier, Nicolas Fatio de, 163
Dyson, Freeman, 291
Dzielska, Maria, 70

Eckwehr, Wolter von, 235
eclipse lunar, 177, 202, 203, 204
eclipse solar, 193, 194, 204
eclipse(s), 51, 81, 149, 151, 193, 249
calendarios y, 194
folclore sobre, 93, 97
lunar, 177, 203, 204
solar, 28, 151, 193, 250
tiempos de los, 81, 149, 249
École Polytechnique de París, 216, 217
ecuaciones de segundo grado, 98, 119
ecuaciones diferenciales, 290
ecuaciones lineales, 119, 199
ecuaciones polinómicas, 200, 201
ecuaciones simultáneas, 37, 64, 199, 200
ecuador, 175, 177
Edison, Thomas, 13
egipcios, 23-24, 55-56, 77
Egipto, 47, 55-57, 77, 81, 93, 98, *102*, 160, 161
véase también Alejandría
Einstein, Albert, 87, 88, 242, 243, 244, 248
El Salvador, *26*
electricidad, 184, 188
Elementos, 58-60, *58*, 65, 203, 231, 242
actualización de los, 63
algoritmo de, 121-122
axiomas/postulados de, 58, 59, 60, 231-237
características de, 58-59
construcción de argumento matemático, 59
manual de geometría, 58, 128, *232*
postulado de las paralelas, 231-234, *232*, 236-238, 240-241
traducción al chino, 199, 242
elipse(s), 65-66, 76 n., 174, 183
élite, 35, 55, 85, 149, 235
Ellicott, Andrew, 249, 250-251
«Elogio de las mujeres viriles», 204
emirato búyida, 124
empaquetamiento hexagonal, *309*
empirismo, 174, 188
energía, 181, 219, 243, 244
enseñanza occidental, 41, 193
entropía, 88, 261-262
enumerables, 95
epiciclos, 123, 125, *126*
equinoccio(s), 27, 76, 177, 196, 204
Erdős, Paul, 305-306, *306*
Erlangen, 244, 245
esclavitud, 251, 254
esclavos, comercio de, en el Atlántico, 17, 241
Escolástico, Sócrates el, 69
escribas, 19, 24, 26, *82*, 99, 104, 114
Esencia de los números y sus principios de composición imperial, 203
esfera(s), 9, 44, 81, 85, 123, 161, 175, 176, *237*, 309, 310, 312, *312*
Eskin, Alex, 308
espacio-tiempo, 88, 243, 312

España, 184
español, lengua, 117, 187, 208, 209
españoles, 27, 109, 137, *178*, 179
estaciones, 17, 75, 76, 77, 86, 202
Estados Unidos de América, 259, 263
  académicos llegados a, 242, 246, 248
  carrera espacial, 276-279
  comercio con Japón, 241-242
  como potencia matemática, 188, 252
  cronometría en, 86
  cuerpo de comunicación del Ejército de los Estados Unidos, y patrones meteorológicos, 276
  derechos civiles, 253-256
  igualdad racial, 250, 256-258
  racismo en, 250, 251-255, 259-260
  sistema de rastreo, 258
  sistemas de navegaciones por satélite de, 87
  Tribunal Supremo de Estados Unidos, 251, 257
estadounidenses
  afroamericanos, 254-256, *254*, 277
  astrónomos, 188, 250-251
  nativos, 186-187
Estocolmo, 13, 221
estrella binaria, 270
Estrella Polar, 268
estrella(s), 65, 95
  binaria, 270
  calendarios para seguir las, 75
  clasificación de, 269-273
  mapa de, 265-279
  movimiento de, 28, 51, 93-94, 98, 250, 275
  para determinar la forma de la Tierra, 176
  suma de los ángulos entre, 236
  visión de Descartes de las, 174
estructuras compactas, 310
Euclides, 56-60, 120, 198, 227, 231-242, *254*
  afiliación al Musaeum, 58
  algoritmo, 121-122
  axiomas/postulados, 58, 60
  características de *Elementos*, 58-59
  llegada a Alejandría, 57
  postulado de las paralelas, 231-234, *232*, 236-238, 240-241
  traducción de obras al árabe, 113
  tratado matemático de *véase Elementos*
Euler, Leonhard, 207, 222, 223, 224
  método de, 278, *278*
Europa, 9, 55, 99, 120, 138, 231, 245, 247, 289
  cátedra en, 14, 208
  centros de traducción en, 117
  cero, concepto en, 106
  comercio con el pueblo abasí, 114
  cuadrados mágicos en, 32
  influencia de *Elementos* en, 58, 59
  mapa del cielo nocturno, 268
  relación con China, 41, 189, 192
  relojes de bolsillo en, 83
  Renacimiento, 25, 35, 107, 128, 129, 132, 136, 158, 192
  sociedades cultas en, 134-136
  técnica de rastreo de los movimientos de Júpiter, 75
  texto matemático enseñado en, 118

trigonometría en, 24-25
europeo(s), 17, 186
astronomía, 193, 199
cultura, 42
emperadores, 114
intelectuales, 107, 192
lenguas, 70
matemáticas, 166, 188, 198, 199, 202-203, 206
matemáticos, 159; *véanse también* Descartes, René; Fermat, Pierre de
misioneros cristianos, 107, 192
tablas de multiplicación, 35
Evans, Griffith C., 259-260
expediciones, 176-178, 179
experimentos, 91, 134, 183-184, 188, 204, 242
exponenciación, 174, 284

faraones, 24, 56, 57
Federico II, rey de Dinamarca y Noruega, 169
Federico V, «Rey de Invierno», 137
Fermat, Pierre de, 133, 134, 140, 158, 216, 217, 218, 289, 304, 305, 310
problema de la partida interrumpida, 133
último teorema de, 216, 217, 218, 289, 304, 305, 310
Fibonacci, Leonardo, 106, 107
Figuras ocultas, película, 277
filosofía, 137, 140, 209
concepto del yin y el yang, 40, 41
del cero, 106
estudio de, 63, 67, 129, 160, 184, 208
natural, 183, 187, 211
nihilismo, 213
textos/obras sobre, 62, 113, 115
filósofo(s)
chino(s), 39, 53-54
francés/franceses, 130-133, 134, 261
griego(s), 56, 62, 64-71, 98
Finlandia, 177
Física (Aristóteles), 56
física cuántica, 49, 88
física newtoniana, 183
Fleming, Williamina, 269-270, 272
Fleming-Pickering, sistema, 270, 271
Florencia, 129
fotografía, 267-275
curadores, 269-275, *273*
del cielo nocturno, 268-274
placa seca, 267-268
procesamiento de placas, 269, *271*
Foucault, León, 99
fracciones, 22, 23, *24*, 34, 121
francés, lengua, 137, 181, 182, 183, 208, 209
franceses
astrónomos, 177
filósofos, 130-133, 134, 261
gobierno, 160, 180
matemáticos, 96, 131-134, 177, 216-218, 260, 293, 304
Francia, 137, 138, 140, 205, 241, 242, 253
demostración pública del globo aerostático en, *128*
expedición al ecuador desde, 178-179
invasión de los Países Bajos, 160
newtonianismo en, 181, 183, 184, *186*
visión de Descartes del sistema solar, 174
Franklin, Benjamin, 187-188

Frey, Gerhard, 304
función de partición/particiones, 119, 284
funcionarios del gobierno, 195-196

Gagarin, Yuri, 277 n.
Galilei, Galileo, 83, 87, 99
Galois, Évariste, 260, 289
Gauss, Carl Friedrich, 227, 229, 230, 233, 238, 308
  correspondencia con Germain, 217-218, 229-231, *229*, *230*
  geometría hiperbólica, 237
  gran triángulo de, *229*
  «nueva» geometría, 235
geometría, 25, 59, 63, 102, 129, 149, 161, 198, 208, 212, 231, 250, 277, 297, 308
  absoluta, 234-235, *234*
  algebraica, *234*, 257
  «Copérnico» de la, 227, 237
  curvatura cero, *237*
  curvatura negativa, *237*, 237-238
  curvatura positiva, *237*
  de los chinos/en China, 44, 53-54, 199
  doblar el cubo, 60
  elíptica, 170, *171*, 238, 239, 294, 304
  euclidiana, 198, *234*, 236, 237, 238, 242
  hiperbólica, 234, 237, *240*, 294
  «imaginaria», 236
  manual de, 58, 128, 208; *véase también Elementos*
  métodos de Kovalévskaya aplicados a, 215
  no estándar, 243
  no euclidiana, 237-238, 239
  pangeometría, 236
  proyectiva, *130*, 132
  puente entre el álgebra y, 139-143
  significado literal de, 230
  solución de Descartes a un problema de, 138-141, *139*, *140*
  visión de Platón de, 56
geometría euclidiana, 198, *234*, 236, 237, 238, 242
Germain, Sophie, 217-218
  primos de, 218
gewu qiungli («la investigación de las cosas»), 202
Gill, David, 267-268, *273*, 274
Girshick, Meyer Abraham «Abe», 260, 261
Girton College, 290, 297
Glenn, John, 277, 278-279, *279*
globo aerostático, 128, *128*
gnomon (palo de sombra), 81, *197*
Godin, Louis, 177
Goldbach, Christian, 282
Goldbach, conjetura de, 282, 285
Gombaud, Antoine, 130-132, 134, 261
Gotinga, 215-216, *229*, 230, 238, 239-240, 244, 245, 247
Gougu, teorema de, 46 y n., 47, 49, 54, 202, 203
Gougu, triples de, 216
Gournay, Marie de, 143
gráficos, 155, 157
Graham, George, *176*, 177
Gran Bretaña, 74, 166 n., 188, 289, 301
Gran Cometa, 267
Gran Concordancia, sistema de la, 196
grandes matemáticos, Los, 226
granjeros, 38, 98, 102
Granville, Evelyn Boyd, 278
gravedad, 88, 171, 173-174, 175, 176, 222, 243

ley de la, 277
y dilación del tiempo, 88
Grecia, 11, 44, 47, 62, 68, *102*, 113, 117, 138, 184
Greenwood, Isaac, 187
griego, lengua, 61, 113, 120, 129, 137, 160, 208, 209, 286
griegos
antiguos, 11, 56, 60 y n., 65, 138
astrónomos/astronomía, 123, 266-267
creadores de las matemáticas modernas, 11
dominación masculina en la sociedad, 62
egipcios y, 55-56
enfoque axiomático de los, 58
filósofos, 56, 62, 64-71, 98
maestros, 63, 65, 67
matemáticos, 44, 56-71, 113, 267; *véanse también* Euclides; Hipatia
Guatemala, 25, *26*
guerra civil de Estados Unidos, 251
Guerra Mundial, Primera, 253
Guerra Mundial, Segunda, 255, 299
guerras del Opio, 241
Guinea, 249
Guinea, golfo de, 267
gupta(s), los
dinastía, 94, 97
Imperio, *93*, 93, 94, 100, 102, 106
jainismo, 94-96
matemáticos, 97; *véase también* Aryabhata I
mujeres académicas, 94; *véanse también* Brahmagupta; Chandra Gupta I
numerales, 99-100, *99*, 106
religión, 94
guru-shishya, 148, 149, 150
Gwalior, templo hindú de, 103

Haab, calendario de, 76, 77
Hadamard, Jacques, 293
Hales, Thomas, 310
Hamilton, Richard, 312
Hammurabi, Código de, 19
Hammurabi, rey de Babilonia, 18-19
Código de, 19-20
Han, dinastía, 50-51
Hannover, Casa de, 146, 164
Hardy, Godfrey Harold, 282, 283, 284-285, 290
alumno de, 290
carta de Ramanujan a, 285-287, 289
colaboración con Littlewood *véase* Hardy-Littlewood
invitación a Ramanujan a Cambridge, 287
personalidad de, 283
véase también Cartwright, Mary Lucy
Hardy–Littlewood, 283-292
axiomas, 285, 290, 298
círculo de, 284
colaboración de Ramanujan con, 285-289
conjetura de, 283 y n., 284
serie para la aproximación de pi, 288
«harén de Pickering» *véase* computadoras de Harvard
Harvard
computadoras de, 269-274, *273*
Observatorio de, 269, 272
Sistema de Clasificación, 270-272
Universidad de, 187-188

Harvard, John, 187
Hasse, Helmut, 245
Haya, La, 137, 140
Haynes, Euphemia Lofton, 256-257, *257*, 258, *258*, 259, 263
HBCU (Escuelas y Universidades Históricamente Negras), 253, 255-256
He, emperador, 50-51
hebreo, 160, 208, 209
Heidelberg, 214
heliotropo, 229, *229*
Heráclides, 98
herramientas matemáticas *véase* herramientas
herramientas, 15, 17, 18, 19, 38, 49, 60, 75, 139, 145, 151, 166, 192, 205, 244, 283, 289
véanse también ábaco; cálculo
Herschel, Caroline, 265, 266
Herschel, William, 265, 266
hexagramas, 40, 41, 42, *42*, 206
hidrómetro, 66
Hilbert, David, 240-241, 244, 245, 247, 311
hinduismo, 94
Hiparquía, 62
Hipatia, 62-71, *71*
asesinato de, 68
comentarios sobre textos de, 63, 64, 65
como filósofa, 64, 71
como maestra, 63, 65, 67
intelectual, 67
padres de, 62-63; *véase también* Teón
perfeccionamiento del astrolabio de, 66, *66*
reformulación de la vida de, 69-70
rumores sobre, 67
sexualización de, 70
vida personal de, 67
Hipatia, 69, 70
Hipatia de Alejandría, 70
Historias y anécdotas de matemáticas y lo matemático, 225
hitita, civilización, 77-78, *78*, 79
Hobson contra Hansen, 258
Homo sapiens, 15, 127
Honduras, 25, *26*
«hora de Bombay», 74, 86
horario estándar indio, 74
Horner, William George, 201
hueso(s)
Ishango, 15-16, *16*
oracular, 32-34, *33*, *34*
para la adivinación, *33*, 32-33
huesos oraculares, 33-34
Hultsch, Friedrich, 61
hunos, tribu de los, 100
Huygens, Christiaan, 83, *84*, 137

I Ching véase libro de los cambios, El
IBM, 278
I-Ching, 192, 206
Iglesia
anglicana, 174
católica, 41, 205, 206, 208
protestante, 164
igualdad, 53, 62, 250, 256
Imagen de la Tierra (Al-Juarismi), 116, *117*
imaginación, 14, 185
imperialismo, 11
impuestos, 20, 43, 149, 303
inca, Imperio, 108
incógnita celestial, método de la, 201
incógnitas, cantidades, 37, 43, 64, 119, 120, 200

India, 11, 47, 93-100
astronomía/astrónomos en, 93, 97-100, 106, 113, 120, 149
cero en, 92-96, 100-106
contribuciones de los jainistas, 94-96
cuadrados mágicos en, 32
Edad de Oro de la, 92-96; *véase también* gupta(s)
enseñanza en, 94, 97, 147, 150, 151
escuela de Kerala, 12, 146-151, 162, 166
hora en, 74, 86, 94
matemáticas en, 42, 92-106, 146-151, 166, 286-287
matemáticos en, 12, 94-106, 113, 120, 146, 149-151, 167, 215, 286-289, 291
observatorios en, 97, 147-148
reloj de agua en, 81-82
sistema numérico en, 95-97, 100, 107
sistema numérico de las varillas en, 37
véase también Aryabhata I; Brahmagupta; Madhava
Indiana, Universidad de, 253, *254*
Índico, océano, 267
Indonesia, 104
infinito, 95, 106, 153 y n., 154, 155, 211
infinito, serie del, 162
información, era de la, 252, 261
información, teoría de la, 261, 262
ingeniería, 12, 216, 255
Ingham, Albert, 299
Inglaterra, 85, 137, 158, 164, 174, 180, 283, 287, 296
inglés, lengua, 61, 137, 213, 247, 286, 299
innumerables, 95
Instituciones analíticas, 209, *210*
Instituto Africano de Ciencias Matemáticas, 311
Instituto de Estudios Avanzados (IAS), 247, 259
Integración de las matemáticas chinas y occidentales, 202
integración, 155-156, 162
inteligencia artificial, 301, 313
inundaciones, 38
Irán, 18, 112, 125, 308, 309
Iraq, 18, *19*, 124
véase también Bagdad
Isabel, princesa de Bohemia, 136-138, 141-143
carta a Descartes, 140
formación, 137
solución del problema de Apolonio, 140-143, *142*
Ishango, hueso de, 15, *16*, 17
islam, 104, 113, 114, 195
islámico, Imperio, 111, 112
Italia, 128, 136, 183, 208, 209
italianos, 107, 133

Jacobo I, rey de Inglaterra, 137
jainismo, 94, 95
jainista
comprensión del universo, 94
creencia, 94
descubrimiento del triángulo, 96
exponenciación, 96
matemáticos, 93-96, 100
pueblo, 93-95
sistema numérico, 94-96
sobre los sabores, 96
Jámblico, 56
Janssen, Jules, 207
Japón, 53, 191, 241, 242, 247, 255

japoneses, 242, 304
Jayam, Omar, 233
jemer, Imperio, *103*, 104
jeroglíficos, 23, 26, 28
jesuita(s), *195*
  astrónomos, 188, 193-196, 199
  matemáticos, 192, 200, 202, 204
  misioneros, 41, 83, 194, 195, 196, 205
Jim Crow, leyes de, 253
Jin Guliang, *52*
Johnson, Katherine, 277, *279*
Jones, Alexander, 61
Jones, Katherine, 143
Jones, William, 44 n.
Jorge I, rey de Gran Bretaña, 164
Joseph, George Gheverghese, 166
Journal of the Indian Mathematical Society, 286
Juan de Nikiû, 68, 69
judíos, 67, 111, 114
jugador, 130-134
  véase también Gombaud, Antoine
Jump, Mary, 270
Juno, 266 y n.
Junta de Matemáticas, 198, 203
Júpiter, 75, 123, 265, 266
  lunas de, 250
Jyesthadeva, 151

Kan, Hulagu, 125
Kangxi, emperador, 41, 83-84, 192-193, 196-198, 199, 203
Kaufholz-Soldat, Eva, 226
Kazán, 235
Keill, John, 163
Kepler, Johannes, 65, 169, 170, 171, 173
Kerala, 12, 146-147, *147*, 149, 150, 151, 166, 167
  Calicut, *147*
  Cochín, 147
  Sangamagrama, 12, 150
Kidinnu, 75
Kingsley, Charles, 70
Klein, Felix, 225, 239-240, 244, 245
Korvin-Krukóvskaya, Sofía *véase* Kovalévskaya, Sofía
Kovalévskaya, Sofía, 211-217, *214*, 219-227, 244, 272
  como primera profesora, 13, 207, 221
  distorsión del legado de, 14, 225-226
  doctorado, 215
  formación, 13, 212-214
  ganadora del Prix Bordin, 207, 224-225
  hermana, Anna, 213, 224
  hija, Foufie, 219, 221
  marido de, 213, 219, 21
  «matrimonio blanco», 213
  miembro de la Academia de Ciencias de Rusia, 225
  muerte de, 225
  padre, Vasili, 13, 211-213
  primeros años de vida, 13, 211
  problema de la peonza, 220, 222-224, *222*, *223*
  profesora en la Universidad de Estocolmo, 13, 221
  sobre la forma de los anillos de Saturno, 215
  tío, Piotr, 211
  tutelaje de Weierstrass, 214-215, 220
  tutores de, 212, 213, 215
Kovalevski, Vladímir, 213, 219, 221
Krantz, Steven, 225

L'Hôpital, marqués de, 163

La Condamine, Charles-Marie de, 177, 178
Ladies' Diary, The, 185
Lagrange, Joseph-Louis, 207, 216, 217, 222, 223, 224, 309
Lambert, Johann Heinrich, 233
Landry, Aubrey Edward, 257
Laplace, Pierre de, 215
Laponia, 177, 179
latín, 49, 61, 107, 117, 120, 137, 160, 163, *170*, 194, 208, 209
Leavitt, Henrietta Swan, 271-272
  ley de, 272
LeBlanc, Monsieur *véase* Germain, Sophie
Lecciones de física, 181
Legendre, Adrien-Marie, 216, 217
Leibniz, Gottfried Wilhelm, 151, 160-167, 181, 206, 215
  acusaciones de plagio, 163, 165
  cálculo, desarrollo del, 12, 146, 162-167
  carrera jurídica, 160
  cartas entre Newton y, 162
  disputa entre Newton y, 162-165
  formación, 160
  invención de la calculadora, 160, *161*
  retrato de la Royal Society de, *159*
  rueda de Leibniz, 161, *161*
  sistema numérico, 41
  sobre curvas y tangentes, 161
  trabajo de Ramanujan sobre las ecuaciones de, 287
Leonardo da Vinci, 127-128, *127*, *130*
Lewis, Thomas, 69
ley de conservación de la energía, 181
Ley de la gravitación universal, 171, 173, 185
Li Guangdi, 202
libertad, 70, 94, 179, 183, 22
libro de Han, El, 50, 51
libro del cálculo, El, 107
Libro Guinness de los récords, 282
Libro sobre los juegos de azar, 133
Lincolnshire, 158
Littlewood, John Edensor, 283-285, 287-292, 301
  alumnos de, 297, 298; *véase también* Skewes, Stanley
  colaboración con Hardy *véase* Hardy–Littlewood
  colaboración de Cartwright con, 291
  personalidad de, 283
  sobre la hipótesis de Riemann, 292, 295
  trabajo sobre radares, 291
Liu Xin, 40-41, 50
Liu, Hui, 44-45, *46*, 202
Lobachevski, Nikolái, 235-237, 238, 308
  «Copérnico de la geometría», 227
lógica, 47, 162, 199
Londres, 11, 158, 159, 161, 164, 176, 185, 187, 315
  hora del meridiano de Greenwich, 86
  Museo Británico, 24 n.
  relojes de, 84
  Royal Society de, 134, 135, 174
  Sociedad Londinense de Matemáticas, 290
  torre del reloj Big Ben, 73
longitudes, 116, 270
Lonsdale, Kathleen, 135
Luis XIV, rey de Francia, 131, *135*, 160-161, 179, 205
Luna, 41, 74, 93, 97, 123, 125, 151,

177, 185, 193, 199, 202, 204, 250, 267
calendario babilonio y, 75-76
calendario lunar, 16
«frases de la»/*chandravākyas*, 150
imágenes de la, 269
movimiento de la, 28, 40, 203
nueva, *79*, 79, 81
templos alineados con, 25
viaje a la, 277-279, *279*
visión de Descartes de la, 174
luz, 115, 212, 217, 221, 229, 242, 243, 270, 308, 313

Madhava, 12-13, 146, 150, 215
serie de, 151
Madrás, 74, 166, 285
Mahoma, profeta, 112
malabar, lengua, 147, 166
Malévich, Yosef, 212
manchú
lengua, 194
pueblo, 191
mangareva, pueblo, 42
manual(es), 151, 212, 242
astronomía, 270, 277
chino, *véase Nueve capítulos sobre las artes matemáticas, Los*
física, 181, 212
geometría, 128-129, 208; *véase también Elementos*
indio, 148, 151
japonés, 53, *54*
matemáticas, 24, 53, 147
mapa(s), *66*, *229*, 267, 277
de papel, 116, *117*
del Imperio gupta, *93*
falta de, 177
mundo, 9, 10, *10*
marcas, 15-16, 17, 81
marineros, 83
mariposa, efecto, 291
Marte, 28, 123, 169, 174, 265, 266
Massachusetts, 188, 271
matemáticas
adivinación y, 31-33, *33*, 39-40, 43
aplicaciones prácticas de las, 20, 32, 38
avances de, 11, 312
binarias, 42, 105, 262
ciencia de, 14, 211
como poder, 32, 39, 50
en África, 15-17
en Alejandría, 56-71; *véase también* Alejandría
en América, 249-263
en Babilonia, 18-25
en China, 24, 29, 31-54, 188-189, 192, 200-206, 313
en la civilización maya, 25-28
en la India, 42, 92-106, 146-151, 166, 286-287
en la península Arábiga, 11, 45, 107, 109, 111-126
en Sudáfrica, 295-297
enseñanza de *véase* profesor(es); enseñanza(s)
estudio de, 20, 51
europeas, 166, 188, 197, 199, 203, 206
historia de las, *véase* historia de las matemáticas
japonesas (*wasan*), *54*, 242, 304
maestra de, 14, 184, 208, 221
modernas, 11-12, 58, 105, 304
occidentales, 202-203, 242, 247
orígenes de las, 11-13, 303
premios de, 225, 263, 289, 307-308, 309, 310

problemas sin resolver en, 301-302, 304, 311-314
profesionalización de, 135
usos de *véase* aplicaciones de las matemáticas
y el mundo real, 49
matemáticas, aplicaciones de las, 16-17, 39, 56
en aspectos relacionados con el territorio, 20, 118
en astronomía, 27-29; *véase también* astronomía
en el cálculo de impuestos, 19-20
en la cronometría, 43; *véase también* calendario(s); tiempo
en la medición de distancias, 46
en las finanzas, 19-20
para crear canales, 38, 119
para descifrar códigos, 299
para el negocio/comercio, 17-18, 32, 36, 38, 119
para funcionarios del gobierno, 43
para la orientación divina, 32, 38
matemáticas, historia de las, 13, 14, 73, 166, 206, 303
astronomía y, 313
cero, evolución del, 92
distorsiones en la, 10-11
en África, 15-17
en Babilonia, 18-25
en la civilización maya, 25-29
en la India, 146-151
primeros rastros en huesos animales, 15
sistema matemático oral, 17
matemáticas árabes, 45-46, 107, 116-120, 122-123, 200
matemáticas occidentales, 203, 242, 247
matemático(s), 9-10, 55
alemán, 12, 41, 146, 181, 214, 217, 229, 244-248, *246*, 310
árabe, 45-46, 107, 116-120, 122-123, 200
belga, 293
británico, 12, 146, 163, 289-292, *290*, 297
correspondencia entre *véase* carta(s)
chino, 37, 43-44, 50-53, 199-206, 312-313
egipcio, 23-24
escocés, 96
francés, 96, 131-134, 177, 216-218, 260, 293, 304
galés, 44 n.
griego, 44, 56-71, 113, 267
húngaro, 305
indio, 12, 94-106, 113, 120, 146, 149-151, 167, 215, 286-289, 291
italiano, 107, 133, 185-186
japonés, 254, 304
jesuita, 192, 200, 202, 204
maya, 25-29
mujeres, 13, 16, 50-53, 59-71, 136, 204-205, 207, 221, 256-258, 297, 307-311
negro, 249-263
Royal Society, 161, 163-164
ruso, 13, 211-217, 219-227, 244, 272
sardo, 207, 216, 217, 222-224
sudafricano, 295-302
suizo, 96, 163, 174, 222, 254
sumerio, 18, 20, 75
ucranio, 309
materias primas, 114, 293
Mathematics Genealogy Project, 306

Maupertuis, Pierre-Louis Moreau de, 176, *176*, 179
Maury, Antonia, 270, 272
maya, civilización
astrónomos, 27-29, 267
calendarios, 41, 76
cero, símbolos para el, 92, 101, *102*
dioses, 25, 77
matemáticos, 25-29
símbolos utilizados en, 25-26, 76, 92, 101, *102*
sistema numérico, 25-28, *28*, 101
mecánica newtoniana, 171, 174, 179, 184, 187
Medallas Fields, 289 y n., 307-308, 309
Médici, familia, 129
medición de la Tierra, 231
Mei, Juecheng, 203
Mei, Wending, 199, 201-203
Ménage, Gilles, 62
mensajero de Kazán, El, 237
mercaderes, 17, 35, 37
Mercator, Gerardus, 9, *10*, 12
Mercurio, 123
Méré, Chevalier de *véase* Gombaud, Antoine
Merritt, Dustin, 91
Meru Prastara (una montaña con pico), 96, *96*
meses lunares, 28, 75, 81, 93
Mesoamérica, 27, 76
Mesopotamia, 18, *19*, 82
México, 25, *26*, 27, 274, *275*
Milán, 209, 210
Ming, dinastía, 53, 83, 194
Ministerio de los Ritos, 193
Mirzajani, Maryam, 307-308, 309, 310
misioneros
cristianos, 107, 192
jesuitas, 41, 83, 194, 195, 196, 205
Mittag-Leffler, Gösta, 220, 224, 225, 226, 272
Moebius, cinta de, 240, *241*
momento, 244, 245
mongoles, 191
monjes, 68, 70, 104
monumentos, 17, 77, 81
Moscú, 13, 211, 246
Mouchez, Ernest, 267-268, 273, 274
Mozi, 53, 54
mujer(es), 94, 246
académicas, 93-94, 143, 216-219, 307
catedráticas, 50-51, 63, 65, 67
clase alta, 63, 93-94, 149
clases para, 50-53
computadoras, 270, *273*, 276, 278; *véanse también* Fleming, Williamina; Maury, Antonia
defensoras del newtonianismo, 179-184; *véanse también* du Châtelet, Émilie; Veratti, Laura Maria Caterina Bassi
deidades, 78-79
en computación, 269-274, *273*, 276-277, 278-279; *véanse también* Fleming, Williamina; Maury, Antonia
en la academia, 13-14, 216, 219, 221, 245
estudiantes, 217
facultades de Cambridge para, 290, 297
filósofas, 62
formadas, 53, 67, 136, 213
intelectuales, 67, 149
matemáticas, 13, 16, 50-53, 59-

71, 136, 204-205, 207, 221, 256-258, 297, 307-311
negras, 256-259, 263
prejuicios contra, 14, 67, 181, 205, 211, 221
profesoras, 13, 183-184, 188, 204, 207-208, 221
real, 136
relojes que llevaban las, 85
sueldo, 14, 184, 221, 270
trabajos no remunerados para, 14, 244, 245
véanse también Ban, Zhao; Isabel, princesa; Hipatia; Kovalévskaya, Sofía; Noether, Emmy; Pandrosion
multiplicación, 35, 37, 97, 105, 151, 161
véase también tablas
Musa, Mansa, rey maliense, 107
museos, 17, 55
musulmán, 107, 111, 116-117, 202

«Nación del centro» *véase* China
Nalanda, 97, 100
Napier, John, 96
NASA, 172, 277, 278, 313
Navier–Stokes, ecuación, 311
negras, personas, 251, 253, 255
Nepal, 92
Neptuno, 266
Newton, Isaac, 151, 157-167, 170-189, 215
cálculo, invención del, 12, 146, 162-167
cartas entre Leibniz y, 162
disputa entre Leibniz y, 162-165
ley de la gravitación universal, 171, 173, 185
libros publicados por, 162-163; *véase también Principios*
presidente de la Royal Society, 163-164, 174
primeros años de vida, 157-158
retrato de la Royal Society, *159*
sobre curvas y tangentes, 159
sobre objetos en órbita, 173
visión/teoría sobre la Tierra, 174, *175*
Newtonianismo para señoritas, 185, *186*
newtonianismo, 169-189
defensores del, 179-186, 188, 249
en América, 186-189
en Francia, 179, 182-183, *186*
forma de la Tierra, 174-179
leyes del movimiento, 172-174
véanse también du Châtelet, Émilie; Rittenhouse, David; Veratti, Laura Maria Caterina Bassi
newtonianos, 176, 216
nihilismo, 213
Nilakantha, 151
Nilo, 55, *117*
Nobel, Premio, 216, 272, 307, 310
Noether, Emmy, 244-248, 310
«chicos de Noether», 247
enseñanza e investigación, 244-247
muerte, 248
primeros años de vida, 244
sobre la conservación de la energía, 181, 244
teorema de, 244
Norteamérica, 58, 85, 269
Noruega, 169
Notable Mathematicians: From Ancient Times to the Present, 71
nueve capítulos sobre el arte matemático, Los, 39

numeración indo-arábiga, 107, 117, *118*
números/sistema(s) numéricos
  babilonio, *21*, 21-23
  basado en el número 12, 16
  base 2, 108, *108*
  base 10, 22, 23, *34*, 33-34, 108
  base 20, 26-28, *28*, 101, 108, *108*
  base 60, 15, 20-23, *23*, 27, 118
  Bernoulli, 254, 286
  binario, 42-42, 105, 261
  ciencia de los, 94
  compuestos, 22, 23
  chino, 33-38; *véanse también* cintas de bambú; numeración de varillas
  decimal *véase* decimal(es)
  grandes, 95, 99-100, 108; *véase también* infinito
  indio, 95-96, 99-100, 107
  indo-arábigos, *99*, 107, 117, *118*
  maya/vigesimal, 25-28, *28*, 101
  negativo, 37, 105, 268
  posicional/basado en posiciones, 21, 22, 37
  positivos, 37, 105
  primos *véase* número(s) primo(s)
  romanos, 101, 107
  Skewes, 282, 298-299, 300
  sumerio, 20, 75
números, teoría de, 219, 281-284
  concepto de, 282
  en *Elementos*, 58
  hipótesis de Riemann, 292, 294
  importancia de los números primos en, 284, 292-294, 312
  representaciones de Galois, 289
  trabajo de Turing sobre, 300
números brahmí, 99, 116
números compuestos, 22-23
números negativos, 37, 105, 200
números romanos, 101, 107

Obama, Barack, 263
objetos celestes, 265, 268, 270, 276
Observatorio Astronómico Nacional de México, 274, *275*
Observatorio de Maragha, 125
Observatorio Imperial, 198
observatorio/observatorios
  en China, 197
  en Dinamarca, 169
  en la India, 97, 147-148
  en la península Arábiga, 124, 125
  en México, 274, *275*
  en Rusia, 236
  enviar la hora oficial a las compañías ferroviarias, 85-86
  mapa del cielo nocturno, 268-274
  para predecir cambios de estación, 27
  véase también observatorios individuales
Olimpiadas Internacionales de Matemáticas, 308
omeya, dinastía, 111, 112
ondas de radio, 290, 291
Óptica, 163, 187
órbita(s), 124, 173, 183, 270
  circular, 118, 123, 125, *171*, 174
  de cuerpos celestes, 169-170, 204
  de la Luna, 97, 123
  de los planetas, 66, 123, 158, 265
  de los satélites, 87
  del Sol, 97, 123, 124, 174
  elíptica, 76 n., 170, *171*, 174
órbitas elípticas, 170-171, *171*
Orestes, 67-69
Oriente Medio, 32, 55, 104, 118, 192, 201, 233
ortodoxia, 89, 213, 234

otomano, Imperio, 129
Oxford, 102, 187, 246, 283, 290

Padua, 208
pagano/paganismo, 69, 70
Países Bajos, 83, 137, 160, 161, 276
Pakistán, 111
Pallas, 266, *266*
palma, hojas de, 150, 166
palya, 94
Pandrosion, 59, 61
papel, 19, 26, 50, 113-114, *117*, 150
papiro, 24 y n., 25, 26, 42, *58*, 114
Papo de Alejandría, 61, 129
paralelas, postulado de las, 231-234, 236, 238, 240
paralelogramo, 152-154
Paraméshvara, 99
París, 84, 134, 136, 160, 207, 216, 217
  Congreso de, 268
  Observatorio de, *135*, 267
partida interrumpida, problema de la, 131, 132
Pascal, Blaise, 131
  Pascalina, 131-132, *132*
  triángulo de, 96, *96*
Passage to Infinity, A, 166-167
patrones, 32, 46, 100, 102, 276, 282, 289, 294
  con palos de milenrama, 39-40; *véase también* hexagramas
  en caparazones, 31, 33, *102*; *véase también* cuadrado mágico
  en el hueso de Ishango, 16
  espectral, 270
péndulos, 84
peonza, 220, 222, *222*, 223
Perelman, Grigori, 312
Pernety, Joseph-Marie, general, 218
persa(s), 56, 112, 113
Persia, 81, 112, 113
personas de color *véase* negras, personas
peruana, costa, 177
π, 45-46, *45*, 98, 148, 154, 288
Piazzi, Giuseppe, 265
Pickering, Edward Charles, 269-271
pirámides, 24
Piscopia, Elena Lucrezia Cornaro, 208
Pitágoras, 20, 46, 47, 56
pitagóricos, 56
Planck, Max, 216
planeta(s), 53, 149, 249, 314
  movimiento de, 25, 40, 81, 250
  órbitas de, 66, 123, 158, 265
  revolución en torno al Sol, 129
  templos alineados con, 25
  visión de Descartes de, 174
  véase también planetas individuales
Platón, 56, 62, 63
poder, 129, 296
  británico, 73
  conocimiento como, 55, 113-114, 132, 286
  de los nazis, 245
  del consumidor, 20
  disparidad en el, 149
  en la dinastía abasí, 124
  lucha de, 68, 69
  matemáticas como, 32, 39, 50, 304-305
poesía, 95, 129
Poincaré, conjetura de, 311
polígonos, 45, *45*
polímata(s), 41, 106, 123, 137, 146, 160, 185, 215

Polinesia, 42
política celeste, 266
política, 43, 74, 137, 145, 164, 296
Polo Norte, 175, 176, 177, 238
positivos, números, 105
postulados, 58, 60, 124, 187, 231-234, 236, 238, 240, 241, 243
Poussin, Charles-Jean de la Vallée, 293
Praga, 137
prejuicios respecto a las mujeres, 213
premios, 225, 263, 289, 307-308, 309, 310
premisas, 11, 47, 49, 54, 58, 169, 231
primos gemelos/conjetura de los primos gemelos, 284, 312
primos, número(s), 283, 312
  concepto, 15-16
  gemelos, 312
  Germain, 218
  obra de Skewes sobre, 298
  teorema de, 293, 298
  teoría de números y, 282, 284, 313
Princeton, 247, 259, 308
Principios (Newton), 171, 182, 185, 187, 188
Principios de la filosofía (Descartes), 143
Principios del cálculo (Mei), 204
principios sencillos del cálculo, Los, 204
probabilidad, teoría de la, 96, 133-134
profesor(es)
  alemán, 245, 247
  británico, 291
  chino, 50
  de Confucio, 50, 52
  de matemáticas, 51, 59, 68-69, 97, 147, 149-150, 151, 245-247, 253, 290, 297
  de universidad, 97, 187, 221, 255-256, 295
  estadounidense, 253-259, 261
  griego, 63, 65, 67
  indio, 94, 97, 147, 150, 151
  mecánica newtoniana, 187, 188
  ruso, 212, 221
  sudafricano, 296-297, 298
  telescopio(s), *176*, 177, 268, 269, 270, 272, 275, 313
  tutores, 137, 141, 164, 183, 208, 212, 217, 225
protestantismo, 137
Prusia, 164, 218, 246
Ptolemeo, matemático, 113, 123, 124, 129, 169
  Almagesto, 63, 64-65, 123
  Geografía, 116
  modelo del sistema solar, 124
  revolución del Sol alrededor de la Tierra, 65
  sobre órbitas de los cuerpos celestes, 170
  traducción de obras al árabe, 113
Ptolomeo I, faraón, 57, 59
Puduhepa, 78
punto de fuga, 130

Qin Shi Huang, 44, 51
Qin, Jiushao, 201
Qing, corte imperial, *85*, 189
Qing, dinastía, 53, 84, 191-195
quipus, 108, 109
Quito, 177, *178*

radar, 289, 290, 291
raíz cuadrada, 20, 96

rajju, 94, 95
Ramanujan, Srinivasa, 286, 287-289, *288*, 291
RAND Corporation, 260
Razones en la astronomía matemática (Jyesthadeva), 151
Réaumur, René de, 181
rectángulo(s), 44, 47, 155, 240
Recuento Largo, ciclo del, 76-77
recuento/sistemas de recuento, 42-43, 81
  del día, 20-21
  en África, 17
  en China, 33-38; *véanse también* ábaco; cintas de bambú; numeración de varillas
  véanse también números/sistema(s) numéricos
regente, 51, 193, 196
Reino Unido, 86, 241, 242, 255, 289, 291, 299
relatividad, teoría de la, 88, 242, 243, 244
religión, 43, 67, 116, 145, 164, 194, 205, 250, 253
reloj(es), 81-86
  atómico, 87-88
  batalla de los, 74, 86
  de agua, 50, 81, 82
  de arena, 83
  de bolsillo, 84, *86*, 250
  de madera, 250
  de pared, 83
  de pulsera, 85
  de sol, 50, 81, 197
  elefante, 82-83, *82*
  gnomon (palo de sombra), 81, *197*
  GPS, 87
  hora en la India, 74, 86
  mecánico, 83
  pagoda, *85*
  péndulo, 83-84, *84*, 176
  Sol como, 74, 81, 85
  sonido, 83
  véase también tiempo
reloj elefante, 82-83, *82*
reloj/relojes, 73-74, 81-86, 87, 96, 136, 176, 250
relojes de agua, 81-82
relojes solares, 50, 81, 197
Renacimiento, 35, 107, 126, 129, 132, 192
representaciones de Galois, 289
República de las Letras, movimiento, 134
república, La (Platón), 56
resta, 37, 105, 143, 161, 278
retórica, 129, 160
Revolución Científica, 129
Rhind, Alexander Henry, 24 n.
Rhind, papiro, 24, 25, 42
Ribet, Ken, 304
Ricci, Matteo, 83, 199
riego, sistemas de, 18, 25
Riemann, Bernhard, 237-238, 243, 308
  funciones zeta de, 294, 300
  hipótesis de, 292, 294, 298, 300, 302
Rinaldini, Carlo, 208
Rittenhouse, David, 188, 249, 250-251
rituales, 27, 69, 76, 94, 150, 193, 196
Roberval, Gilles Personne de, 133, 134
Robie, Thomas, 187
Roma, 41, 76, 135
Romanskaya, Sofía, 276
Royal Society de Londres, 134, 135, *159*, 161, 163-164, 174, 187, 292
Rueda de Leibniz, *161*

Rumanía, 234
Rusia, 211, 212, 213, 219, 221, 225, 235, 236, 237

Saccheri, Giovanni Girolamo, 233
Saint-Lambert, Jean-François de, 182
salones, 62, 131, 136, 183, 187
Samarcanda, 113, 114
San Petersburgo, 211, 219, 236
sankhyana, 94
Sankore, Madrasa de, 107, 108
sánscrito, 97, 100, 102, 113, 147, 148, 166
santuario de piedra caliza, 77, 78
  véase también Yazilikaya
satélites, 87
Saturno, 123, 215, 250
Schall *véase* Bell, Johann Adam Schall von
Schooten, Frans van, 140, 158
Schröter, Johann Hieronymus, 265
Schurman, Anna Maria van, 143
Seki, Takakazu, 254
Serre, Jean-Pierre, 289
sexagesimal (base 60), sistema numérico, 15, 20-23, *23*, 27, 118
Shajn, Pelageya, 276
Shang, dinastía, 52, 76
Shannon, Claude, 261-262
Shao Yong, 43
Shapley, Harlow, 272
Shepard, Alan, 277
Shimura, Goro, 304
shirsa prahelika, 94
Shun, emperador, 38
Shunzhi, emperador, 192-193, 194
símbolos, 20-23
  basados en líneas, 36; *véase también* números de varilla
  cuneiformes, 20-21, *20*, 101
  en la civilización maya, 25-26, 76, 92, 101, *102*
  en números brahmí, 99, *99*
  para cantidades incógnitas, 64
  para el cero, 92, 100-105
  para integración, 162
  sesenta y cuatro, 40; *véase también* hexagramas
  Yazilikaya, 77
simétricas, ecuaciones, 222
Sinesio de Cirene, 66
sinódicos, meses, 79
síntesis espléndida, 192
«sirena matemática», problema de la, 207-227
Siria, 18, *19*
sistema binario, 42-43
sistema de escritura, 18, 53
  véanse también cuneiforme; jeroglíficos
sistemas matemáticos, 17, 203
Sitinskaya, Nadezhda, 277
Skewes, Stanley, *296*, 300, 301, 302, 302
  número de, 282, 295-299, 300
Sobre el arte hindú del cálculo, 106, 116
Sobre las ecuaciones lineales simultáneas, 199
«Sobre un teorema de Littlewood», 301
Sócrates, 62
Sofía Carlota, reina de Prusia, 164
Sol, 28, 123, 197
  como un reloj, 74, 81, 85
  diosa del, 78
  movimiento del, 25, 40
  órbita de los planetas alrededor de, 129, 158, 265
  revolución alrededor de la Tierra, 65

templos alineados con, 25
solar, sistema, 65, 66, 99, 123, 124, 126, 169, 174, 250, 266, 313
Somayaji, Nīlakaṇṭha, 99
Stampioen, Jan, 137, 141
Stiles, Ezra, 187
Strannoliubski, Alexander, 212
Strauss, Dona, 297, 298
Strindberg, August, dramaturgo, 13, 221
Sudamérica, 9, 179, 268
Suecia, 137, 220
sumas, 35, 37, 56, 101, 151, 278, 284
Sumatra, *104*, 104
sumerios, 18, 20, 75
Sun-Tzu, 39
supercomputadoras, 38

tablas, 19, 25, 28, 34, 35, 65, 199
tablillas de arcilla, 19
tablillas, 19, 20, 75, 81
Tacconi, Gaetano, 183
Tailandia, 191
Takagi, Teiji, 247
tangentes, 158, 159, 161, 212
Taniyama, Yutaka, 304
Taussky, Olga, 247
Taylor, Richard, 305
templos, 25, 103, 115
Teón, 62, 63, 65
teorema(s), 135, 145, 151, 314
capacidad de transmisión, 262
de aritmética, 293
de cálculo, 155, 162-163
de Euclides, 59; *véase también Elementos*
de los números primos, 293, 298
de Noether, 244-245
de Ramanujan, 286, 287
de Tsen, 247
Gougu, 46 y n., 47, 49, 54, 202, 203
problema en comparación con, 61
sobre triángulos, 20
último de Fermat, 216, 217, 218, 289, 304, 305, 310
«varita mágica», 308
y demostraciones, 47-50
Tereshkova, Valentina, 277 n.
termodinámica, 88, 262
teseracto, 239, *239*
theta falsas, funciones, 223-224, 289
theta, funciones, 223-224, 289
tiempo, 43, 73-89, 173
calendarios cósmicos, 75-77; *véase también* calendario(s)
conservación, 74, 86, 87
dilación, 88
en la civilización maya, 76
en la India, 74, 86-87, 94
en Yazilikaya/civilización hitita, 77-81
espacio y, 88, 243, 312
relatividad y, 87, 242
reloj/relojes, 84-86, *86*, 250
véanse también gnomon (palo de sombra); relojes de sol,
Tierra, 9, 29, 65, 75, 87, 89, 123, 124, 129, 169, 172, 174, 193, 203, 236, 243, 269,
curvatura de la, *237*, 237
forma de la, 175, *175*, 176, 179, 186,
gran triángulo de Gauss sobre, 229-230, *229*, *230*
«plana», 89, 175
revolución del Sol alrededor de la, 65
rotación de la, 98-99, 276-277

visión de Descartes de la, 174
visión de Newton de la, 174-175, *175*
y relojes GPS, 87
Tigris, río, 18, 111
Tiloyapannatti, 94
Tirtov, Nikolái, 212
Titius-Bode, ley de, 265, 266
Tohoku Mathematical Journal, 255
Tohoku, Universidad Imperial de, 255
Toland, John, 69, 70
Tombuctú, 107-108
topología, 297-298
torre del reloj Rajabai, 73
tortuga(s), 31, 32, *33*, 39
trapezoides, 44, 75
Tratado para todos los tiempos, 54
Tratado sobre el astrolabio, 66
tratado(s), 39, 58, 78, 97, 111, 132, 138, 151, 162, 202, 231
trenes, 74, 156
triángulo(s), 20, 234
ángulos de, 138, 176, 230, 231, 232, 233, 234, 236, 238
de estrellas, 236
de Gauss, 229-231, *229*, *230*
de Pascal, 96, *96*
Pitágoras, 20
postulado de las paralelas, 231-234, *232*, 236-238, 240-241
rectángulo, 47, 48, *48*
uso práctico de, 46-47, *48*
trigonometría, 24, 25, 199, 250
triple concordancia, sistema de la, 40, 202
triples pitagóricos, 216
Tsen, Chiungtze C., *246*, 247
Turing, Alan, 299-302
Turquía, 18, 77, 125
Tusi, acoples, *126*, 126
tutores, 137, 141, 164, 183, 208, 212, 217, 225

Uganda, 15
Uhlenbeck, Karen, 310
última cena, La, 130
último teorema de Fermat, 216-217, 218, 289, 304-305, 310
Unión Europea, 87 n., 307
Unión Matemática Internacional, congreso de la, 308
Unión Soviética, 276, 277 n.
Universidad de Berkeley, 259, 261, *262*
Universidad de Bolonia, 183, 184, 210
Universidad de Ciudad del Cabo, 295, 296, 297
Universidad de Gotinga, 238, 239, 244, 245
Universidad de Helsinki, 220
Universidad de Mumbai, 73, 86
Universidad Howard, 255-256, 257, 260
universo
comprensión del, 32, 94, 145, 170, 272
ecuaciones del, 244-248
espacio-tiempo y, 88, 243
formas del, 312-313, *312*
ley de la conservación de la energía y, 181
matemático, 49
modelos del, 40-41
tratado sobre, 39; *véase también Libro de los cambios, El*
visión de Ptolemeo del, 123-124
Urano, 265
Urbana-Champaign, 259
Uzbekistán, 113, 116

Vararuci, 150
variables cefeidas, 271-272
variación de animales y plantas domesticados, La (Darwin), 213
varilla, sistema de contar, 32-39, *36*, 107, 200-201
varillas, sistema de, 36, 107
varita mágica, teorema de la, 308
Vatasseri de Paraméshvara, 150, 151
velocidad, 75, 87, 100, 132, 156-157, 172, 173, 174, 176, 181, 220, 222, 241-243, 277
Venecia, 107, 208
Venus, 28, 123, 174, 267
Veratti, Giuseppe, 184
Veratti, Laura Maria Caterina Bassi, 183
Verbiest, Ferdinand, 196-198
Versalles, palacio de, 179
Vesta, 266, *266*
Viazovska, Marina, 310
Vida de Isidoro, 69
Viena, 233, 235, 246
Vietnam, 53, 191
volante regulador, 84
volar/vuelo, 37, 127-128, 277
Voltaire, 140, 180, 181, *186*
volumen, 25, 60, 155

Wang Zhenyi, 203-205
Wanli, emperador, 83
Wantzel, Pierre, 60
Washington D.C., 255, 256
Watts, Edward, 63, 71
Weierstrass, Karl, 214-215, 220, 225, 226
Weil, André, 304
Wheeler, Anna Pell, 246, 247
Whish, Charles, 166
Wider, Kathleen, 62
Wiles, Andrew, 289, 304, 305, 310
Williams, William Lloyd Garrison, 255
Winterson, Jeanette, 301
Winthrop, John, 188
Woodard, Dudley Weldon, 255, 259, 260, 263
Wu Mingxuan, 195, 196

Xia, dinastía, 32
xixue (aprendizaje occidental), 193
Xuanye *véase* Kangxi, emperador

Yale, Universidad de, 187, 188
yang, 40, 42
Yang, Guangxian, 194-197
Yativrsabha, 94
Yazilikaya, 77, 78, 81
yin, 40, 42
Yu el Grande, emperador de China, 31-33, 38-39
Yunzhi, príncipe, 203

Zach, Franz Xaver von, 265
Zaslavsky, Claudia, 16
Zeus-Amón, 56
Zhang, Yitang, 312
Zhou, dinastía, 39
Zu Chongzhi, 45
Zúrich, 246

Impreso en España